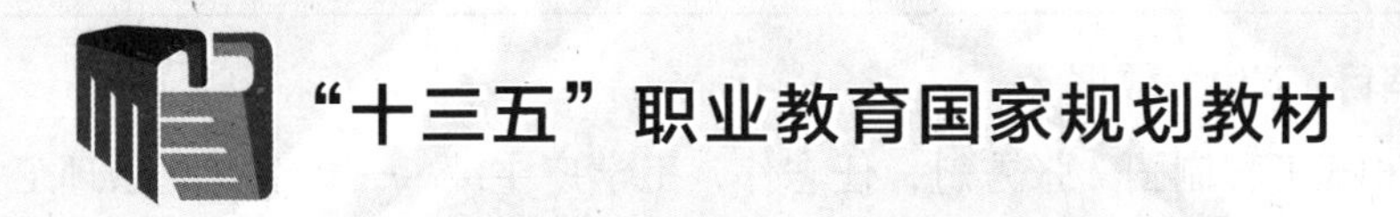

AutoCAD 2016 工程制图

主　编　张秀魁　任志伟　王学广

副主编　李勤俭　刘长起　李宝顺

　　　　高立宁

参　编　孙建中

北京理工大学出版社
BEIJING INSTITUTE OF TECHNOLOGY PRESS

图书在版编目（CIP）数据

AutoCAD 2016 工程制图 / 张秀魁，任志伟，王学广主编 . —北京：北京理工大学出版社，2023.9 重印

ISBN 978-7-5682-5537-0

Ⅰ . ① A…　Ⅱ . ①张… ②任… ③王…　Ⅲ . ①工程制图 -AutoCAD 软件　Ⅳ . ① TB237

中国版本图书馆 CIP 数据核字（2018）第 079177 号

出版发行 / 北京理工大学出版社有限责任公司
社　　址 / 北京市海淀区中关村南大街 5 号
邮　　编 / 100081
电　　话 /（010）68914775（总编室）
（010）82562903（教材售后服务热线）
（010）68944723（其他图书服务热线）
网　　址 / http：//www.bitpress.com.cn
经　　销 / 全国各地新华书店
印　　刷 / 定州启航印刷有限公司
开　　本 / 787 毫米 ×1092 毫米　1/16
印　　张 / 14
字　　数 / 287 千字
版　　次 / 2023 年 9 月第 1 版第 6 次印刷
定　　价 / 38.50 元

责任编辑 / 张荣君
文案编辑 / 张荣君
责任校对 / 周瑞红
责任印制 / 边心超

前言

AutoCAD（Autodesk Computer Aided Design）是美国 Autodesk 公司于 20 世纪 80 年代初在计算机上应用 CAD 技术而开发的绘图程序软件包，经过不断完善，已成为强有力的绘图工具，并保持自己技术上的领先地位和国际市场上的优势。

AutoCAD 可以绘制二维图形和三维图形，与传统的铅笔绘图相比，它具有很多优势，如绘图速度较快、可以随意修改和复制，易于保存和打印输出等。随着计算机技术特别是微型机及其绘图技术的发展，CAD 技术已在机械、建筑、电子、造船、服装、航空、冶金等行业得到广泛应用，可以说只要用到图纸的地方，基本上都离不开 AutoCAD。

自 AutoCAD 2007 版开始，软件中引入了工作空间，在 AutoCAD 2016 中，系统默认包括“草图与注释”“三维基础”和“三维建模”3 个空间模式。

本书主要是针对 AutoCAD 2016 编写的，包括 3 个部分。

第 1 部分：AutoCAD 2016 基本知识、基本命令与基本操作，以任务引领的方式，介绍 AutoCAD 的基本绘图方法和思路，目的是帮助读者掌握 AutoCAD 的基本设置，以及其基本命令的灵活使用。

第 2 部分：工程制图 AutoCAD 2016 机械绘图应用，也是以任务引领的方式，主要介绍各种零件图的绘制，并介绍一些与机械制图相关的知识，便于掌握我国机械设计国家标准和绘图规范。

第 3 部分：工程制图 AutoCAD 2016 建筑绘图应用，也是以任务引领的方式，分别介绍建筑标注及注释、建筑平面图、建筑立面图和建筑剖面图等建筑相关知识。

由于编者水平有限，书中难免有疏漏之处，欢迎广大读者提出宝贵意见和建议，以便今后继续改进。

编　者

CONTENTS

第 1 部分　AutoCAD 2016 基本知识、基本命令与基本操作

第 2 部分　工程制图 AutoCAD 2016 机械绘图应用

第 3 部分　工程制图 AutoCAD 2016 建筑绘图应用

第 1 部分

AutoCAD 2016 基本知识、基本命令与基本操作

本部分介绍 AutoCAD 2016 的工作界面和基本的操作方法，以任务引领的方式着重讲解完成某一特定任务所要遵循的过程和步骤。例如，通过“知识储备”环节，讲解主要用到的命令和技巧；通过“智慧百科”环节引发读者思考，帮助读者掌握命令的学习方法和技巧，解决初学者在学习过程中经常遇到的问题。本部分包括 6 个项目，分别以不同的图形进行分类讲解。

项目 1　初识 CAD

对于学习 CAD 的初学者来说，可以将此过程比作“结识新伙伴”，当人们认识一个新伙伴时，首先了解到的是他的姓名、性别、身高、家庭住址等方面的“表面”信息，随着更深入的接触和交流，才能了解到他的性格脾气、兴趣爱好、道德品质等更深层次的信息。学习一个新软件也是一样，首先需要认识它的界面构成、基本设置及一些基本的操作方法，随着时间的积累，深入的学习与练习，才能更深入地了解到更多技巧性的内容。

任务1　认识CAD界面

学习目标 ⇨ 1. 学会 AutoCAD 2016 软件的启动，以及文件的新建、打开、保存和关闭。
2. 熟识 AutoCAD 2016 工作界面。

一、明确任务

对于 AutoCAD 的初学者来说，首要任务就是熟识 AutoCAD 2016 的工作界面，学会 AutoCAD 2016 软件的启动，以及文件的新建、打开、保存和关闭。

二、分析任务

本任务是 AutoCAD 软件中最基本、最简单的操作。对于初学者来说，可以对照之前学过的其他软件界面进行学习；对于之前接触过 CAD 的用户来说，可以对比“经典界面”进行学习。

三、实施任务

1. 启动软件

双击桌面上的 AutoCAD 2016 图标，启动 AutoCAD 2016，进入 AutoCAD 2016 初始界面，如图 1-1-1 所示。

2. 创建新图形文件

单击初始界面中的“开始绘制”图标，或者单击“样板”下拉按钮，选择相应的样板进入新图形文件，弹出如图 1-1-2 所示的界面。如果想在绘图的过程中新建新图形文件，可以单击“应用程序”下拉按钮，选择下拉菜单中的“新建”→“图形”选项（或按 Ctrl+N 组合键），如图 1–1–3 所示，或者单击“快速访问工具栏”中的“新建”按钮，弹出“选择样板”对话框，如图 1–1–4 所示，选择相应的样板或单击“打开”右侧的下拉按钮，选择“无样板打开 – 公制”选项。

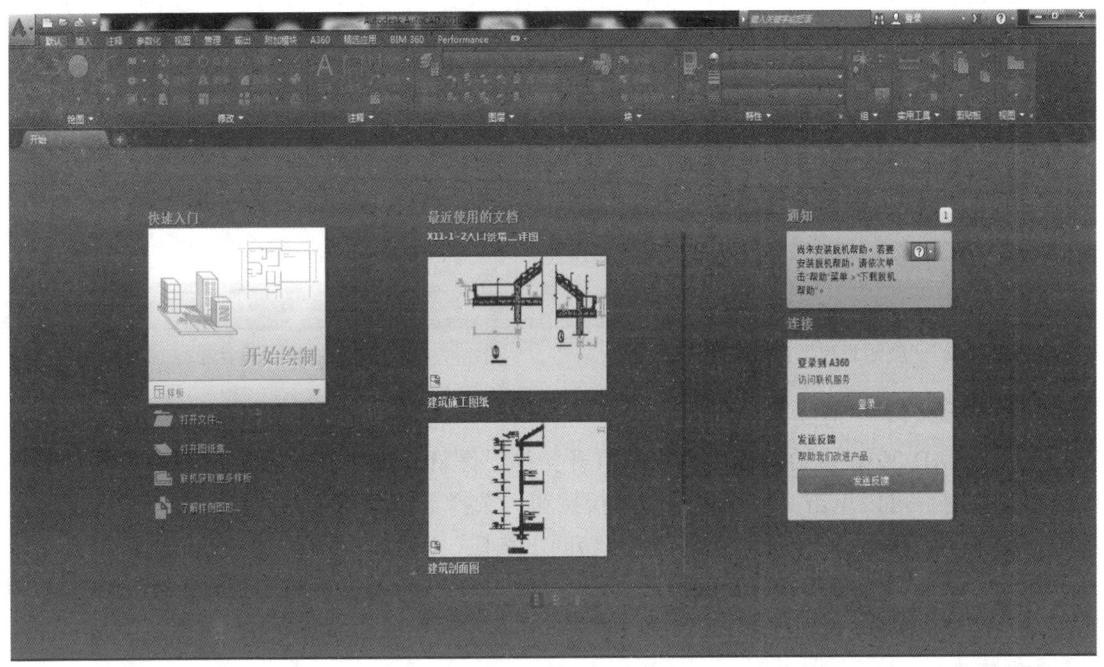

图 1–1–1　AutoCAD 2016 初始界面

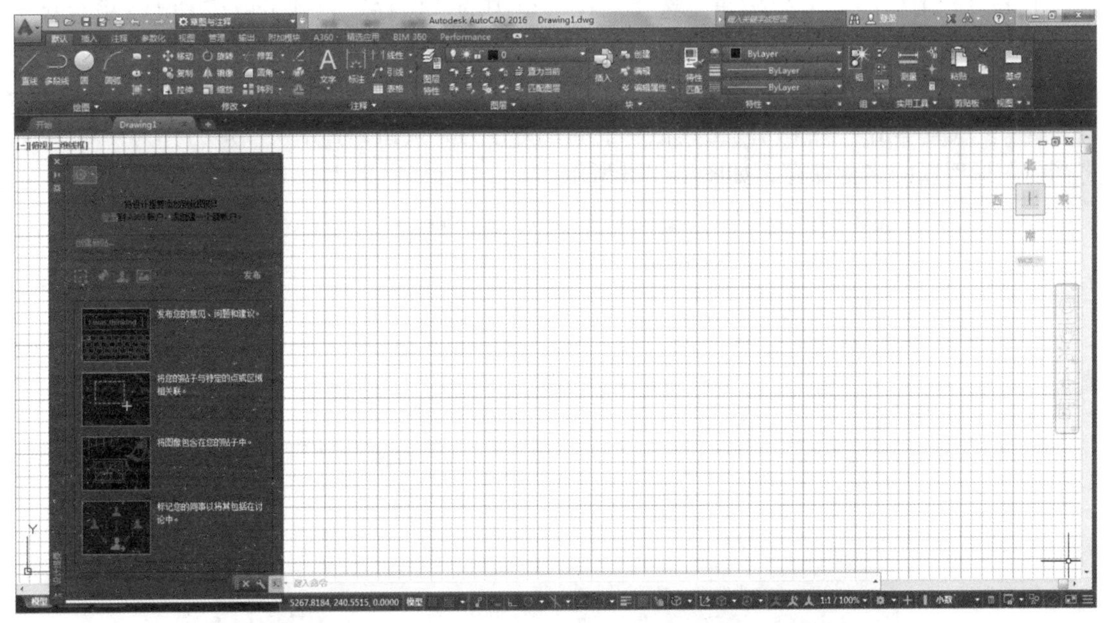

图 1–1–2　AutoCAD 2016“草图与注释”工作空间用户界面

图 1-1-3　“应用程序”菜单

图 1-1-4　“选择样板”对话框

3. 打开图形文件

在 AutoCAD 2016 初始界面中单击“打开文件”图标；或者在绘图的过程中需要打开一个图形文件时，可以单击“应用程序”下拉按钮，选择下拉菜单中的“打开”→“图形”选项（或按 Ctrl+O 组合键）；或者单击“快速访问工具栏”中的“打开”按钮，都可以打开“选择样板”对话框。选择需要打开的图形文件，在右面的“预览”区域中将显示出该图形的预览图像。默认情况下，打开图形文件的格式为 *.dwg。

4. 保存图形文件

单击“应用程序”下拉按钮，选择下拉菜单中的“保存”选项（或按 Ctrl+S 组合键），或者单击“快速访问工具栏”中的“保存”按钮，以当前使用的文件名保存图形；也可以单击“应用程序”下拉按钮，选择下拉菜单中的“另存为”→“图形”选项（或按 Ctrl+Shift+S 组合键）；或者单击“快速访问工具栏”中的“另存为”按钮，弹出“图形另存为”对话框，将当前图形以新的名称保存，如图 1-1-5 所示。

图 1-1-5　“图形另存为”对话框

【友情提示】在第一次保存创建的图形时，系统将打开“图形另存为”对话框。默认情况下，文件以“AutoCAD 2016 图形（*.dwg）”格式保存，也可以在“文件类型”下拉列表框中选择其他格式，如 AutoCAD 2000/LT2000 图形（*.dwg）、AutoCAD 图形标准（*.dws）等格式。

5. 关闭图形文件

单击“应用程序”下拉按钮，选择下拉菜单中的“关闭”选项（或按 Alt+F4 组合键），或者在绘图窗口中单击“关闭”按钮，可以关闭当前图形文件。如果当前图形没有保存，系统将弹出“AutoCAD”提示对话框，如图 1–1–6 所示，询问是否保存文件。此时，单击“是”按钮或直接按 Enter 键，即可保存当前图形文件并将其关闭；单击“否”按钮，即可关闭当前图形文件但不保存文件；单击“取消”按钮，取消关闭当前图形文件操作。

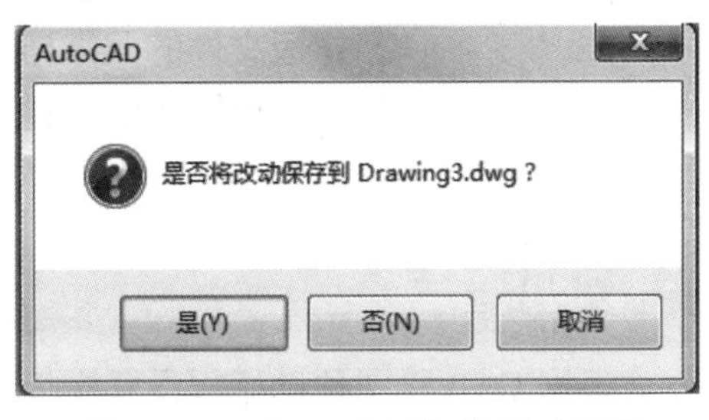

图 1–1–6　“AutoCAD”提示对话框

如果当前所编辑的图形文件没有命名，那么单击“是”按钮后，AutoCAD 会打开“图形另存为”对话框，要求用户确定图形文件保存的位置和名称。

6. AutoCAD 2016 工作界面

AutoCAD 2016 工作界面组成：“应用程序”图标、标题栏、快速访问工具栏、功能区、绘图区域、命令行窗口、状态栏等，如图 1–1–7 所示。

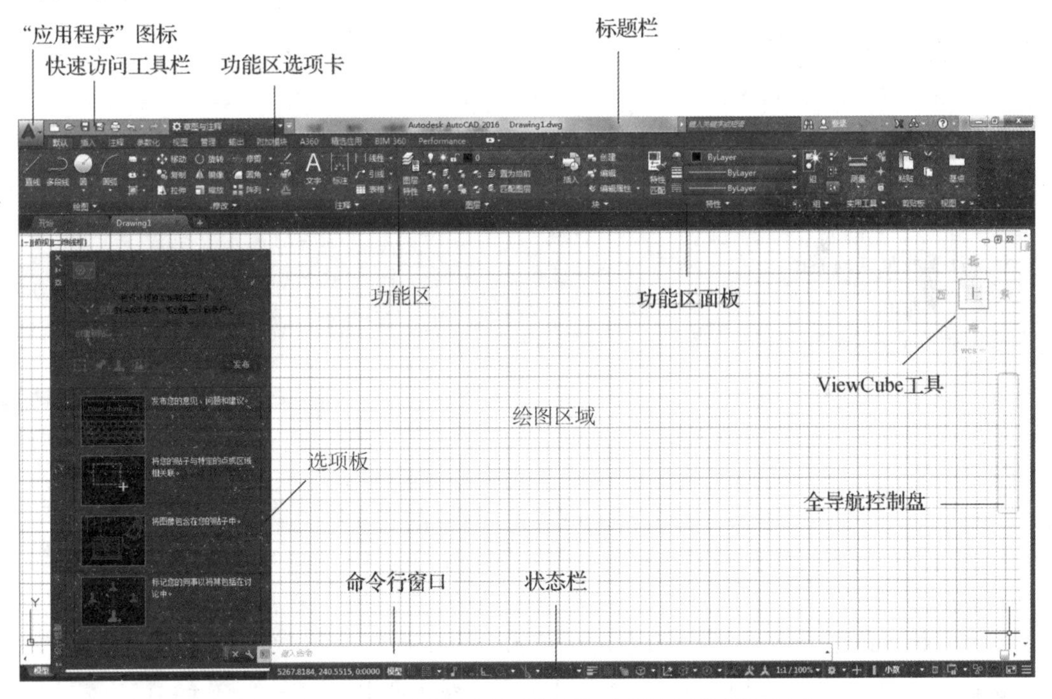

图 1–1–7　AutoCAD 2016“草图与注释”工作界面组成

【智慧百科】上面介绍了 AutoCAD 2016 软件的启动，图形文件的创建、打开、保存和关闭，以及对工作界面的初步认识。AutoCAD 与 Word 等常用软件没有太大的区别，也是由菜单加工具栏的模式组成的，连一些快捷键都一样，且常用的按钮只有 22 个，使用这些按钮就可以绘制大部分图形了。那么在绘制图形前，应做哪些准备呢？

任务2　CAD绘图预设及样板保存

学习目标 ⇨ 1. 熟悉 CAD 绘图预设流程。
2. 样板文件的保存与调用。
3. 了解绘图比例问题。

一、明确任务

根据 CAD 绘图预设流程设置样板，并学会样板文件的保存和调用。

二、分析任务

无论是机械制图，还是建筑制图，在作图前都要设置图层界限、图形单位、图层特性管理、文字样式、标注样式等几项。为了方便日后的使用，可以将上面的设置保存为“样板”，在下一次使用时就可以直接调用保存的样板了。

三、实施任务

1. CAD 绘图预设流程

【步骤 1】设置图形界限。

可以根据图纸的大小绘制图形界限，如绘制 A4 大小的图形界限。例如，在命令行中输入命令“LIMITS”→按 Enter 键→再按 Enter 键→输入“297，210”→按 Enter 键。

```
命令：LIMITS
重新设置模型空间界限：
指定左下角点或［开（ON）/ 关（OFF）］<0.0000，0.0000>：
指定右上角点 <420.0000，297.0000>：297，210
```

【步骤 2】设置图形单位。

在 AutoCAD 中，用户可以采用 1 : 1 的比例因子绘图，因此，所有的直线、圆和其他对象都可以以真实大小来绘制。例如，如果一个零件长 50cm，那么它也可以按 50cm 的真实大小来绘制，在需要打印出图时，再将图形按图纸大小进行等比例缩放。

在中文版 AutoCAD 2016 中，用户可以单击“应用程序”下拉按钮，选择“图形实用工具”→“单位”选项，如图 1-1-8 所示，在打开的“图形单位”对话框中设置绘图时使用的长度单位、角度单位，以及单位的显示格式和精度等参数，如图 1-1-9 所示。

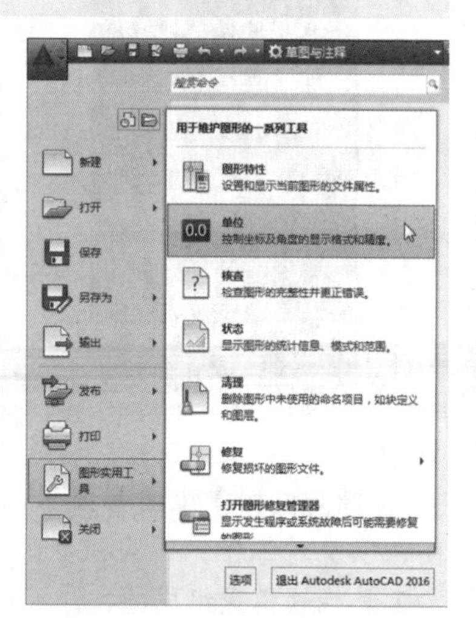

图 1-1-8 “应用程序”菜单

【步骤 3】设置图层。

单击“默认”功能区“图层”选项板中的“图层特性”图标，如图 1–1–10 所示。弹出“图层特性管理器”面板，如图 1–1–11 所示。然后单击“新建图层”图标 3 次，即新建了 3 个图层。

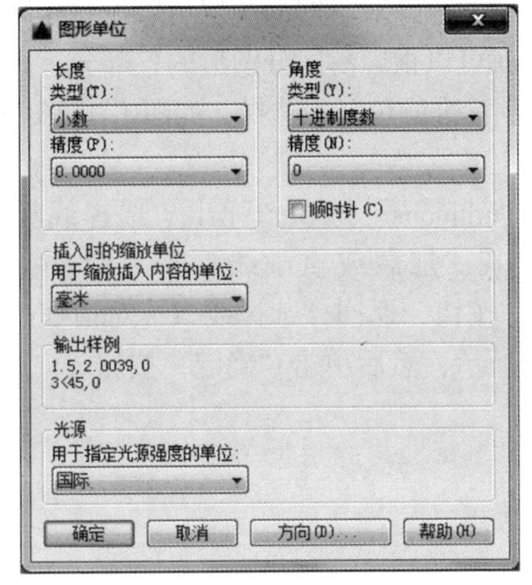

图 1–1–9　“图形单位”对话框

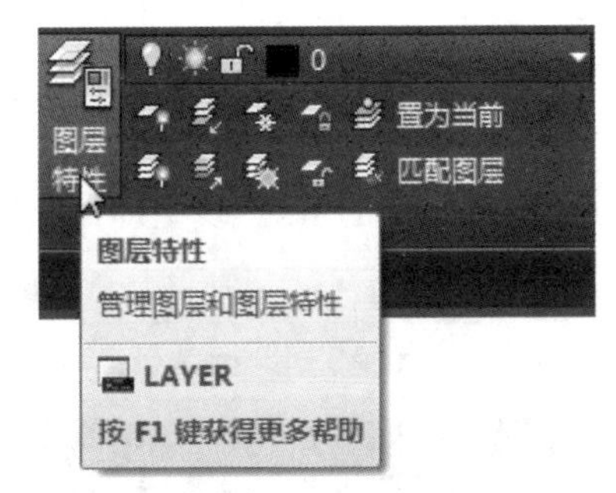

图 1–1–10　“图层特性”图标

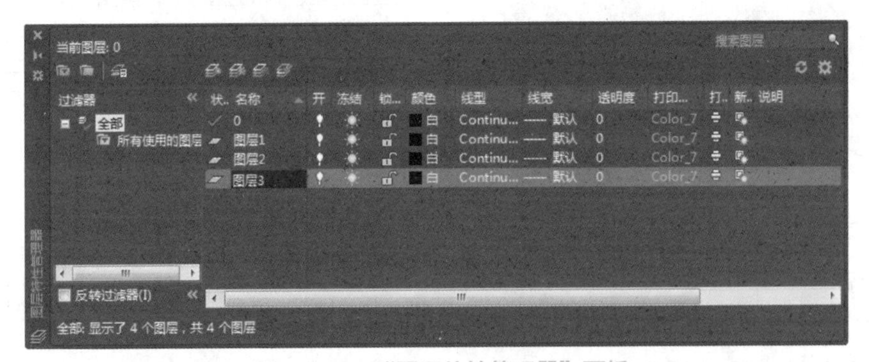

图 1–1–11　“图层特性管理器”面板

（1）设置图层名称。

单击“图层 1”使其处于选择状态，然后再单击一次，将“图层 1”的名称改为“轮廓”，并按 Enter 键确认；用同样的方法分别将“图层 2”“图层 3”的名称改为“中心线”“标注”，如图 1–1–12 所示。

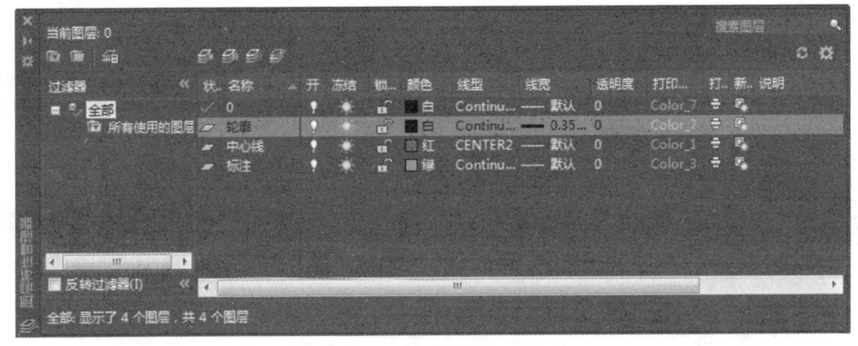

图 1–1–12　设置图层名称

（2）设置图层颜色。

单击“中心线”图层的“颜色”色块，弹出“选择颜色”对话框，在该对话框中可设置图层的颜色为“红”色，同样将“标注”图层的颜色设置为“绿”色。

颜色在图形中具有非常重要的作用，可用来表示不同的组件、功能和区域。图层的颜色实际上是图层中图形对象的颜色。每个图层都拥有自己的颜色，对不同的图层可以设置相同的颜色，也可以设置不同的颜色，这样在绘制复杂图形时就可以很容易区分图形的各部分。在制作工程图时，设置图层颜色，一般都在“索引颜色”的“标准颜色”中选择，如图 1–1–13 所示。

（3）设置图层线型。

选择“中心线”图层与“线型”栏对应的“Continuous”选项，弹出“选择线型”对话框，如图 1–1–14 所示，单击“加载”按钮，出现“加载或重载线型”对话框，选择“CENTER2”选项，如图 1–1–15 所示，单击“确定”按钮，返回“选择线型”对话框，再选择刚才加载的“CENTER2”线型即可，如图 1–1–16 所示，然后单击“确定”按钮。

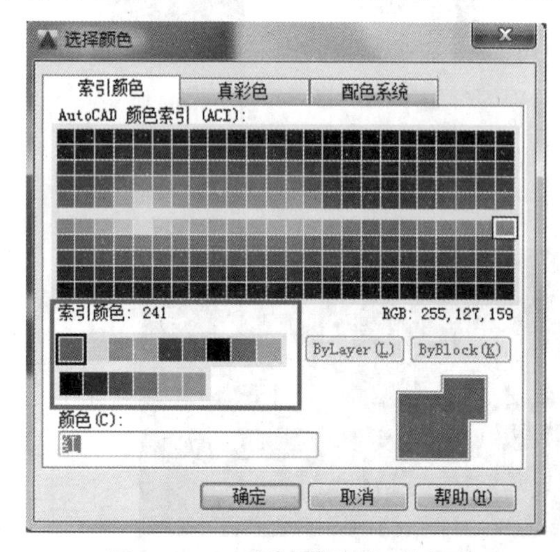

图 1–1–13　“选择颜色”对话框

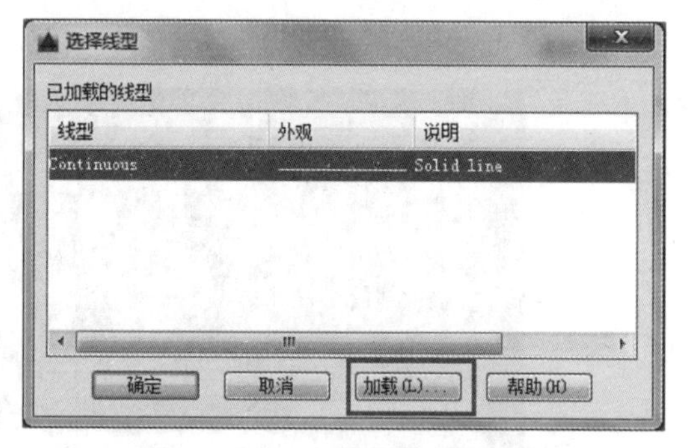

图 1–1–14　“选择线型”对话框

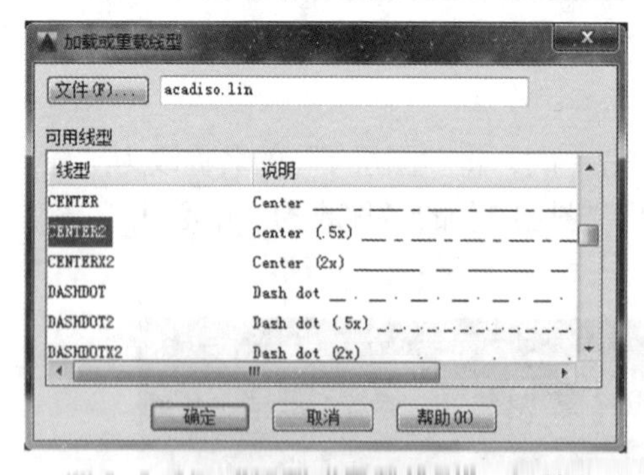

图 1–1–15　“加载或重载线型”对话框

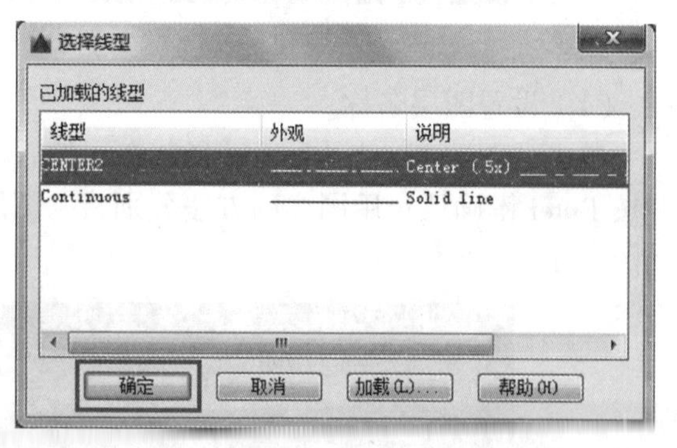

图 1–1–16　选择“CENTER2”线型

（4）设置图层线宽。

选择“轮廓”图层与“线宽”栏对应的线宽选项，弹出“线宽”对话框，如图 1–1–17 所示，在“线宽”列表框中选择“0.35mm”选项，单击“确定”按钮，返回“图层特性管理器”面板。

图1-1-17 “线宽”对话框

【步骤4】设置文字样式。

单击“注释”功能区“文字”选项板中的“文字样式”下拉按钮，在弹出的下拉列表中选择“管理文字样式”选项，如图1-1-18所示，弹出“文字样式”对话框，如图1-1-19所示，单击“新建”按钮，新建文字样式，可以根据专业需要，选择合适的“字体”“字体样式”“高度”“宽度因子”和“倾斜角度”等。

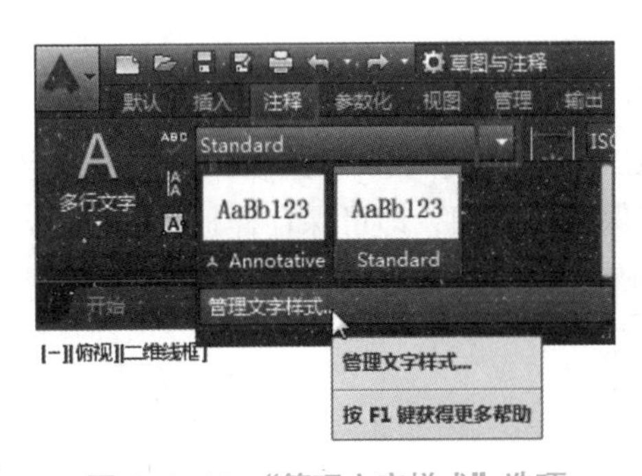

图1-1-18 “管理文字样式”选项

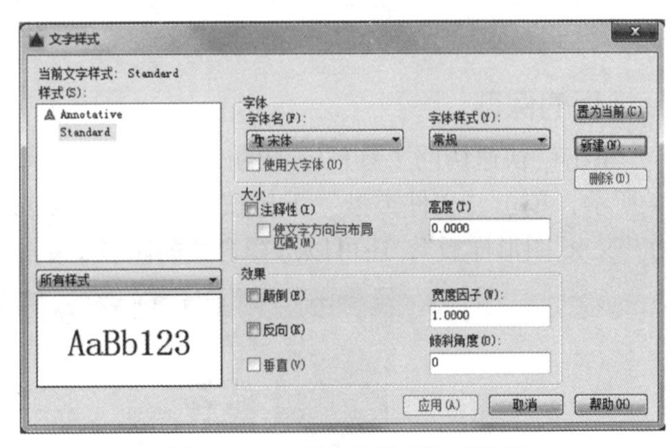

图1-1-19 “文字样式”对话框

【步骤5】设置标注样式。

单击“注释”功能区“标注”选项板中的“标注样式”下拉按钮，在弹出的下拉列表中选择“管理标注样式”选项，如图1-1-20所示，弹出“标注样式管理器”对话框，如图1-1-21所示，单击“新建”按钮，弹出“创建新标注样式”对话框，如图1-1-22所示，将“基础样式”设置为“ISO-25”，“新样式名”更改为“××标注样式”，单击“继续”按钮，弹出“新建标注样式：××标注样式”对话框，如图1-1-23所示，在该对话框中有“线”“符号和箭头”“文字”“调整”“主单位”“换算单位”和“公差”7个选项卡，可以根据绘图需要分别对其进行修改，修改完后单击“确定”按钮，返回“标注样式管理器”对话框，单击“置为当前”按钮，将刚才设置的样式作为“当前标注样式”使用，单击“关闭”按钮，即可完成设置。

图 1-1-20　“标注样式”下拉列表

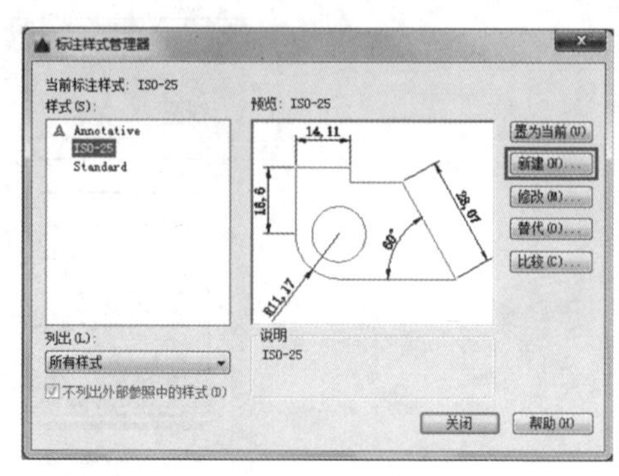
图 1-1-21　“标注样式管理器”对话框

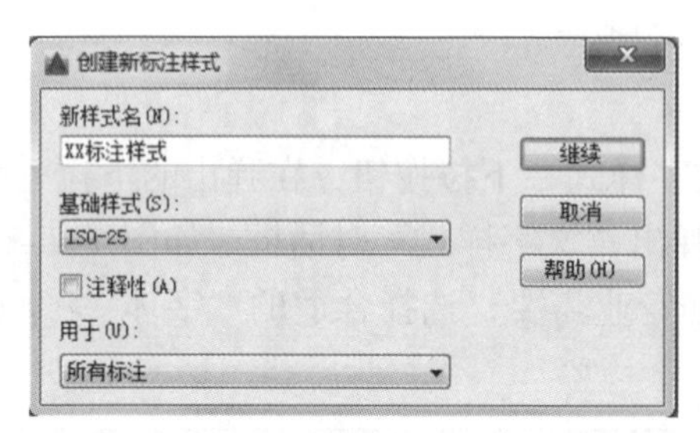
图 1-1-22　“创建新标注样式”对话框

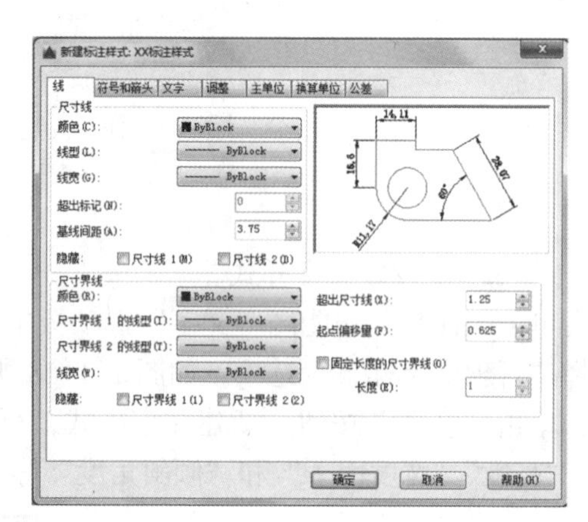
图 1-1-23　设置新标注样式

2. 样板的保存

单击“快速访问工具栏”中的“另存为”图标，弹出“图形另存为”对话框，如图 1-1-24 所示，单击“文件类型”下拉按钮，选择“AutoCAD 图形样板 *.dwt”选项，将文件命名为“× × 图形样板”，还可以选择合适的路径，单击“保存”按钮，即可保存样板。

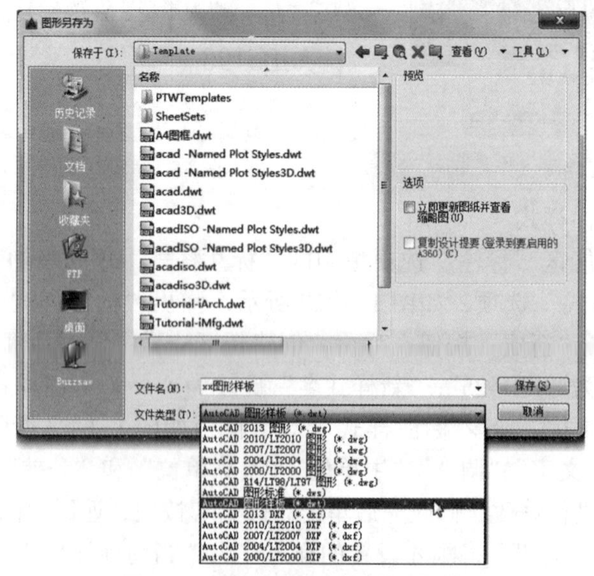
图 1-1-24　“图形另存为”对话框

3. 样板的调用

执行“文件”→“新建”命令，弹出“选择样板”对话框，通过路径选择上一次保存的“× × 图形样板”文件，单击“打开”按钮即可调用，如图 1–1–25 所示。

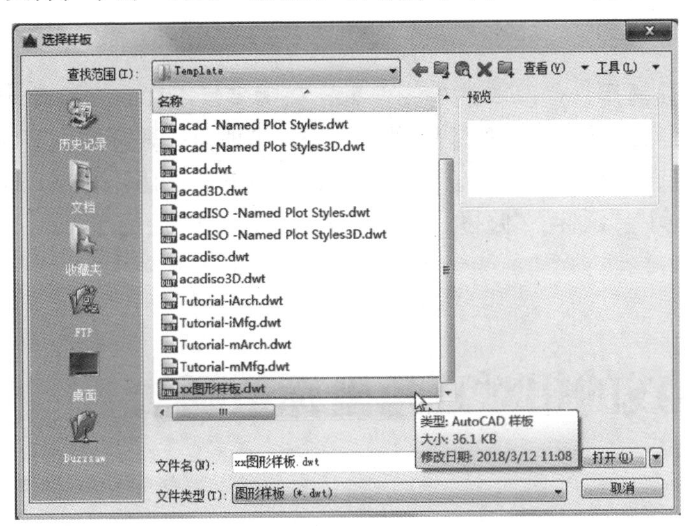

图 1–1–25　样板调用

【智慧百科】这里讲一下“绘图比例”问题。可能有一部分初学者会有疑问：如果绘制的物体非常小或非常大，那该怎么办？是不是应按照一定的比例来绘制呢？那么 AutoCAD 的绘图区域究竟有多大呢？对于 CAD 来说，绘图区域是一个无限的三维空间，无论多大或多小（大如星系，小如原子）都可以表示出来，显示器只是对绘图空间的部分显示。因此，本书建议使用 1:1 的图形比例绘制所有图形（即 1 个图形单位表示 1mm），这样方便标注和打印出图。

项目 2　直线图形的绘制

“直线”是最常用、最基本的构图要素，在很多绘图中，只需使用直线就可完成大部分的绘图任务，因此直线命令是很重要的。本项目主要介绍由直线构成图形的几种绘制方法，并通过 5 个任务，总结绘制直线构成图形的思路和技巧，以及讲解“删除”“镜像”“修剪”“延伸”“偏移”“旋转”等编辑工具的使用方法。

任务1　直线的相对直角坐标系画法

学习目标 ⇨
1. 了解直线的分类。
2. 了解 AutoCAD 的坐标系统。
3. 掌握直线的相对直角坐标系画法。
4. 掌握线性标注的方法。

一、明确任务

本任务的图例如图 1-2-1 所示。

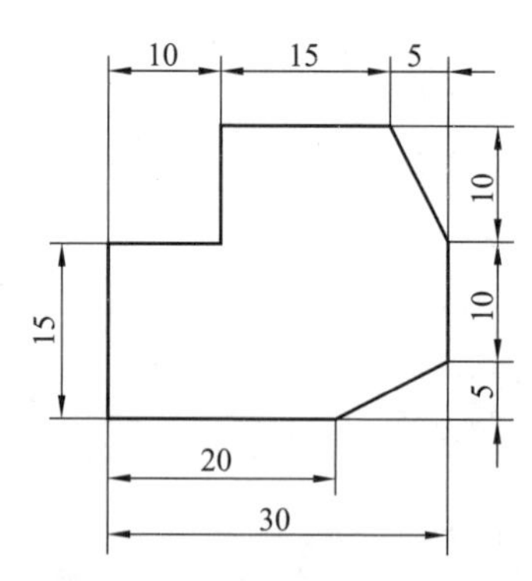

图 1-2-1　相对直角坐标系法绘制直线图形

技能训练要点：直线（L）。

二、分析任务

本图例是由“直线”构成的图形，包括“水平直线”“竖直直线”“倾斜直线”3 种，其中“倾斜直线”给出（或算出）水平方向的投影长度（即 X 轴方向，记作：ΔX）和竖直方向的投影长度（即 Y 轴方向，记作：ΔY），可以用相对直角坐标系法画出（@ΔX，ΔY）。

三、知识储备

在 AutoCAD 中，直线可以分为“自由直线”“具有一定长度的水平或竖直直线”“具有一定约束的倾斜直线”三类。其中“具有一定约束的倾斜直线”有两种画法：相对直角坐标系画法、相对极轴坐标系画法。本任务主要介绍相对直角坐标系画法。

1. 自由直线

用 AutoCAD 绘制的直线可以是一条线段，也可以是一组相连的线段。使用直线命令，在绘图区域任意绘制的直线称为“自由直线”。

例 1-2-1　使用“Line”命令绘制自由直线，绘制结果如图 1-2-2 所示。

在“绘图”选项板中单击“直线”按钮（或在命令行中直接输入“L”），命令行提示如下：

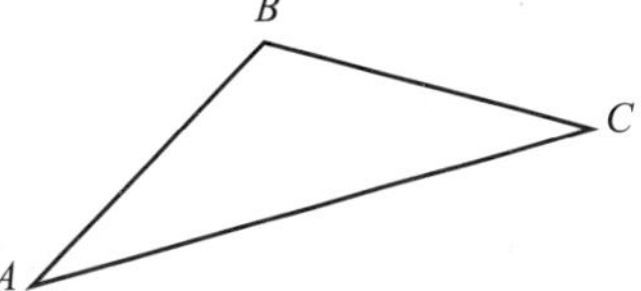

图 1-2-2　自由直线绘制

```
命令：L
LINE
指定第一个点：                                  （任意位置点 A）
指定下一点或［放弃（U）］：                      （任意位置点 B）
指定下一点或［放弃（U）］：                      （任意位置点 C）
指定下一点或［闭合（C）/ 放弃（U）］：u          （放弃线段 BC 的绘制）
指定下一点或［放弃（U）］：                      （任意位置点 C）
指定下一点或［闭合（C）/ 放弃（U）］：c          （形成闭合图形）
```

【友情提示】

其中选项的含义如下。

（1）放弃（U）：在命令行中输入“U”，按 Enter 键将删除最后一次绘制的图形；再输入“U”，按 Enter 键将删除上一次的绘制图形，以此类推。

（2）闭合（C）：在命令行中输入“C”，按 Enter 键将自动连接“终点”与“起点”，形成闭合图形。

（3）“/”表示“[　]”内的内容是并列关系；“(　)”内的字母代表前面这个命令。

（4）在 AutoCAD 中，Enter 键与 Space 键的作用是一样的。

2. 具有一定长度的水平或竖直直线

例 1-2-2　画一条长 100mm 的水平直线和一条长 100mm 的竖直直线。绘制结果如图 2-1-3 所示。

在状态栏中启用“正交”功能（或按 F8 键），在“绘图”选项板中单击“直线”按钮（或在命令行中直接输入“L”），命令行提示如下：

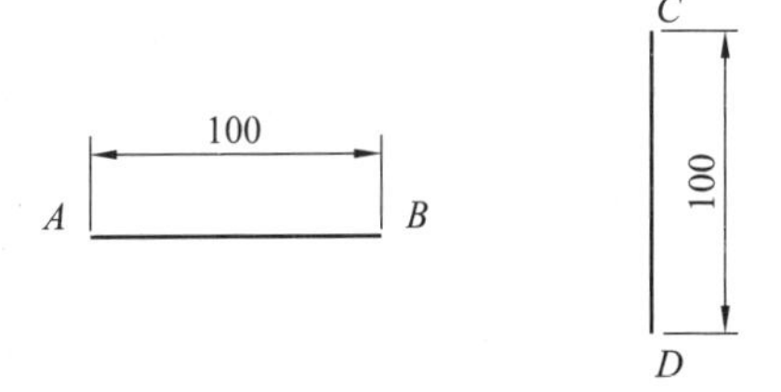

图 1-2-3　水平直线和竖直直线

```
命令：L
LINE
指定第一个点：                                  （任意位置起点 A）
指定下一点或［放弃（U）］：100                   （平移十字光标至起点右侧，在命令行输
                                                 入 100，按 Enter 键确认）
```

```
指定下一点或 [放弃(U)]:                    (按 Enter 键退出)

命令: LINE
指定第一个点:                              (任意位置起点 C)
指定下一点或 [放弃(U)]: 100                (平移十字光标至起点下方，在命令行输
                                            入 100，按 Enter 键确认)
指定下一点或 [放弃(U)]:                    (按 Enter 键退出)
```

【友情提示】

（1）状态栏中启用“正交”功能（快捷键为 F8），可以将十字光标锁定在水平方向（x 轴方向）或竖直方向（y 轴方向），常用来配合绘制水平直线和竖直直线。

（2）十字光标确定直线的“方向”，键盘数字输入确定直线的“长度”，因此这种绘制方式命名为“方向” + “长度”。

3. 相对直角坐标系法绘制倾斜直线

（1）AutoCAD 中的坐标系。

在绘图过程中，只要是精确绘图，就离不开坐标系。在 AutoCAD 中，坐标系分为世界坐标系（WCS）和用户坐标系（UCS）。在这两种坐标系下都可以通过坐标（x，y）来精确定位点（二维工作界面）。

世界坐标系：当打开 AutoCAD 界面时，在绘图区域的左下角有一个坐标系，即世界坐标系。它包括 x 轴和 y 轴，如果在 3D 工作空间还会有一个 z 轴。

用户坐标系：在 AutoCAD 中，为了能够更好地辅助绘图，用户经常需要修改坐标系的原点和方向，这时世界坐标系将变为用户坐标系。

（2）动态输入功能。

在状态栏中单击“DYN”按钮，可以打开或关闭动态输入命令，动态输入命令功能有操作命令指示、数字提示、实时坐标点显示、角度显示等，它的打开或关闭直接影响到坐标输入的方式。例如 DYN按钮关闭，绝对坐标输入；DYN 按钮打开，相对坐标输入。

绝对坐标输入：相对于当前坐标系原点（0，0）或（0，0，0）的坐标输入。可以使用分数、小数或科学记数等形式表示点的 x、y、z 坐标值，坐标间用逗号隔开，如（1,2）（1.2,3.4,5.6）等。

相对坐标输入：绘图过程中相对于某一点的 x 轴和 y 轴的位移、距离和角度。它的表示方法是在绝对坐标表达式前面加“@”，如（@1，2）和（@10<30）。

（3）相对坐标输入。

在 AutoCAD 绘图过程中，经常用到相对坐标的输入方式，并且为了输入的方便，DNY 按钮经常处于打开状态。相对坐标输入包括相对直角坐标输入法和相对极轴坐标输入法两种。

相对直角坐标输入：相对于某一点的 x 轴和 y 轴的位移，即绘制直线也可以理解为直线在 x 轴的投影长度和在 y 轴的投影长度，如图 1–2–4 所示。相对直角坐标输入的表达式为（@Δx，Δy）。Δx 是 x 轴方向上的投影长度，Δy 是 y 轴方向上的投影长度，且有正负之分。不妨将直线的起点看作坐标原点，如果直线投影落在 x 轴正向，则 $\Delta x>0$；如果直线投影落在 x 轴负向，则 $\Delta x<0$；同理，如果直线投影落在 y 轴正向，则 $\Delta y>0$；如果直线投影落在 y 轴负向，则 $\Delta y<0$（注意必须是英文输入法，包括逗号）。

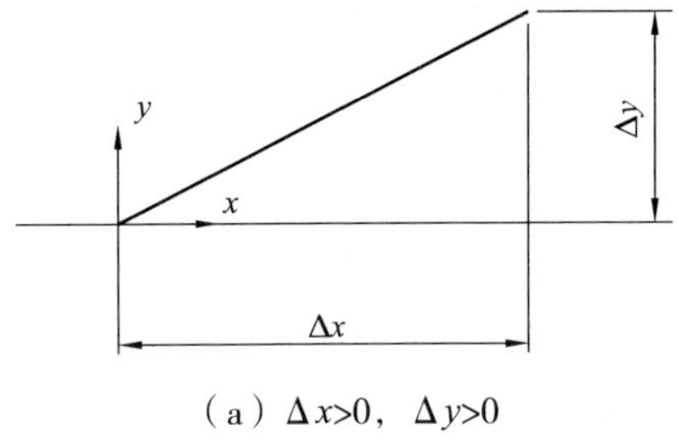

（a）$\Delta x>0$，$\Delta y>0$

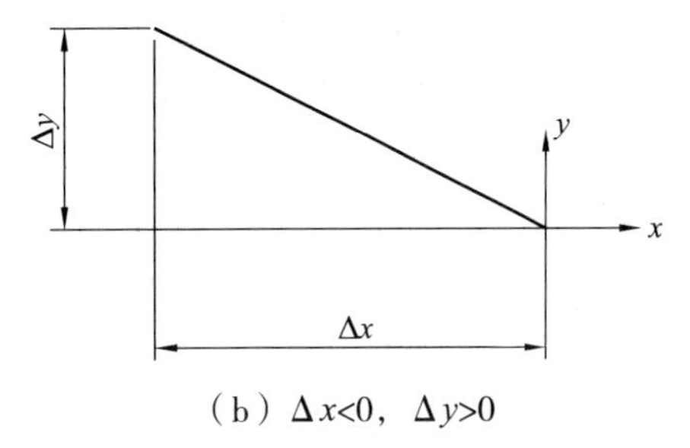

（b）$\Delta x<0$，$\Delta y>0$

图 1-2-4　相对直角坐标输入

4. 线性标注

线性标注用于标注图形对象在水平方向、垂直方向或指定方向上的尺寸。水平标注是指标注对象在水平方向上的尺寸，即尺寸线沿水平方向放置。垂直标注是指标注对象在垂直方向上的尺寸，即尺寸线沿垂直方向放置。需要说明的是，水平标注、垂直标注并不是只标注水平边或垂直边的尺寸。

标注方法：选择“注释”功能区的“标注”→“线性”选项（快捷键：Dli），AutoCAD 会提示“指定第一个尺寸界线原点或 <选择对象>：”。此时用户有两种选择，或者确定一点作为第一个尺寸界线原点，或者右击选择对象，然后 AutoCAD 会提示“指定第二个尺寸界线原点：”，即要求用户确定第二个点作为第二个尺寸界线原点；AutoCAD 继续提示“指定尺寸线位置或 [多行文字（M）/ 文字（T）/ 角度（A）/ 水平（H）/ 垂直（V）/ 旋转（R）]：”，这时可以将尺寸线的位置放在水平或垂直的位置。

该提示中各个选项的含义如下。

多行文字（M）：选择该选项将进入多行文字编辑模式，用户可以使用“文字格式”工具栏对文字进行编辑。

文字（T）：用于替换标注文字。

角度（A）：用于确定标注文字的旋转角度。

水平（H）：用于强制水平标注。

垂直（V）：用于强制垂直标注。

旋转（R）：用于输入尺寸线的旋转角度。

四、实施任务

直线图形效果如图 1-2-5 所示。

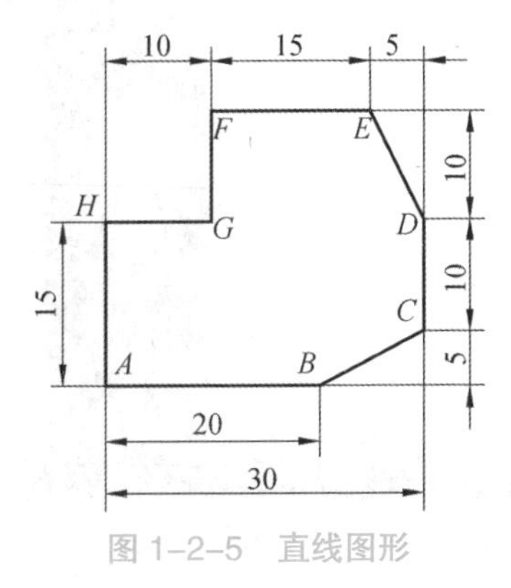

图 1-2-5　直线图形

【步骤 1】首先打开状态栏的“正交”和“DYN”功能，绘制过程如下（注意绘制水平和竖直直线时，十字光标的位置将确定绘制直线的方向）。

```
命令：L
LINE
指定第一个点：                                  （确定点 A）
指定下一点或［放弃（U）］：20                   （十字光标放在点 A 右侧，输入 20，按 Space 键，确定点 B）
指定下一点或［放弃（U）］：@10，5               （输入 10，5 确定点 C）
指定下一点或［闭合（C）/ 放弃（U）］：10        （十字光标放在点 C 上方，输入 10，按 Space 键，确定点 D）
指定下一点或［闭合（C）/ 放弃（U）］：@-5，10   （键盘输入 -5，10 确定点 E）
指定下一点或［闭合（C）/ 放弃（U）］：15        （十字光标放在点 E 左侧，输入 15，按 Space 键，确定点 F）
指定下一点或［闭合（C）/ 放弃（U）］：10        （十字光标放在点 F 下方，输入 10，按 Space 键，确定点 G）
指定下一点或［闭合（C）/ 放弃（U）］：10        （十字光标放在点 G 左侧，输入 10，按 Space 键，确定点 H）
指定下一点或［闭合（C）/ 放弃（U）］：c         （输入 C，图形闭合）
```

【步骤 2】对图 2–1–5 中的图形进行线性标注。为了使线性标注的尺寸线“对齐”，应启用状态栏的“对象捕捉（F3）”功能。

对象捕捉：在 AutoCAD 中，使用“对象捕捉”功能可以将指定点快速、精确地限制在现有对象的确切位置上（如端点、中点或交点），而不必知道坐标或绘制构造线。

对象捕捉设置：如图 1–2–6 所示，在状态栏的“对象捕捉”图标上右击，在弹出的快捷菜单中选择“对象捕捉设置”选项，弹出“草图设置”对话框，如图 1–2–7 所示，在“对象捕捉”选项卡中选中“端点”复选框，单击【确定】按钮，设置完成。

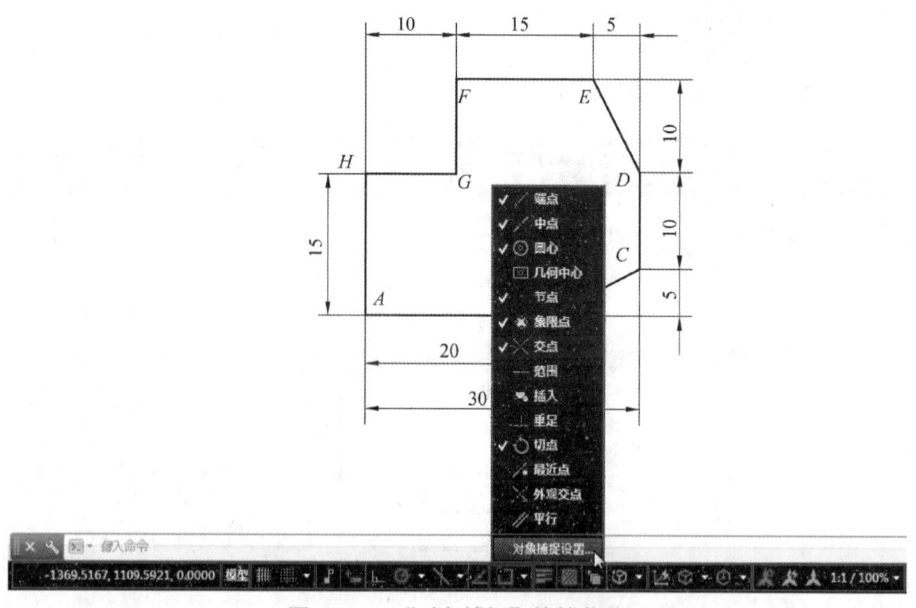

图 1–2–6 “对象捕捉”快捷菜单

【智慧百科】大家知道鼠标有 3 个键，即“左键”“右键”“中键”（滚轮），那它们在 AutoCAD 中有什么用途呢？

左键：主要用于选择图元对象和执行命令。

右键：快捷菜单或回车键功能。

中键有以下 3 个功能。

①平移视图：按住鼠标中键不放（鼠标指针变成“小手”形状）拖动视图，可以平移视图，以便浏览或绘制图形的其他部分，此时不会改变图形的比例，只改变视图在操作区域中的位置。

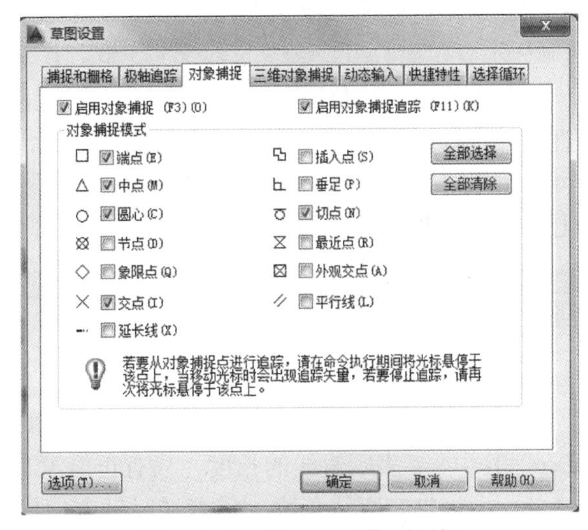

图 1–2–7　“草图设置”对话框

②缩放视图：中键向外滚动可以使图形放大显示，向内滚动可以使图形缩小显示。图形显示缩放只是将屏幕上的对象放大或缩小其视觉尺寸，就像照相机的镜头一样，放大对象时，就好像靠近物体进行观察，从而可以看清图形的局部细节；缩小对象时，就好像远离物体进行观察，以观察整个图形的全貌。执行视图缩放后，图形的实际尺寸不会改变。

③视图最大化显示：双击鼠标中键，视图中的所有图形都以最大化的形式显示出来。

任务2　直线的相对极轴坐标系画法

学习目标 ⇨ 1. 了解“点画线”大小比例的调节。
2. 掌握直线的相对极轴坐标系画法。
3. 掌握编辑工具“镜像”的使用方法。

一、明确任务

本任务的图例如图 1–2–8 所示。

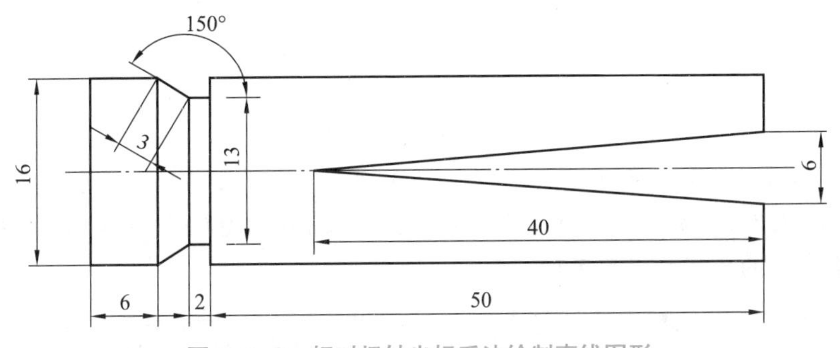

图 1–2–8　相对极轴坐标系法绘制直线图形

技能训练要点：直线（L）、镜像（Mi）、打断（Br）。

二、分析任务

本图例是“羊角锤”的一个平面视图，主要由“直线”构成，包括“水平直线”“竖直直线”“倾斜直线”3种，其中“倾斜直线”给出直线的长度（记作L）、直线的角度（记作α），可以用相对极轴坐标系画出（@$L<\alpha$）。此视图是沿“中心线”上下对称的图形，可以先绘制上半部分，再通过“镜像”命令复制出下半部分。

三、知识储备

1. 相对极轴坐标系绘制直线

如果给定一条直线的长度和角度，就可以用相对极轴坐标系绘制直线，其表达式为 @$L<\alpha$。其中，L 表示直线的长度，只有正值没有负值；α 表示直线与极轴 X 的角度，且有正负之分。当极轴与直线角度 α 沿着逆时针方向旋转时，$\alpha>0$；当极轴与直线角度 α 沿着顺时针方向旋转时，$\alpha<0$。其直线效果如图 1–2–9 所示。

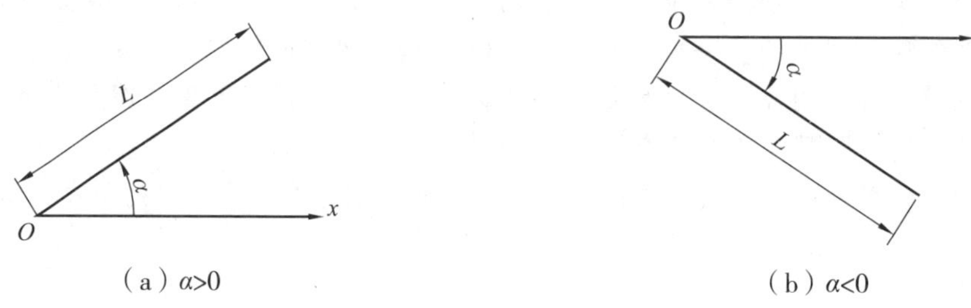

图 1–2–9 相对极轴坐标系绘制直线

2. 镜像

定义：镜像是指将对象以镜像线为对称轴复制而得到的图形，原目标对象可以保留也可以删除。

操作方法：选择“默认”功能区中的“修改”→“镜像”命令（Mirror），根据提示选择要镜像的对象，然后依次指定镜像线上的两个端点，命令行将显示“要删除源对象吗？［是（Y）/ 否（N）］<N>：”提示信息。如果直接按 Enter 键，则镜像复制对象，并保留原来的对象；如果输入“Y”，则在镜像复制对象的同时删除源对象，如图 1–2–10 所示。

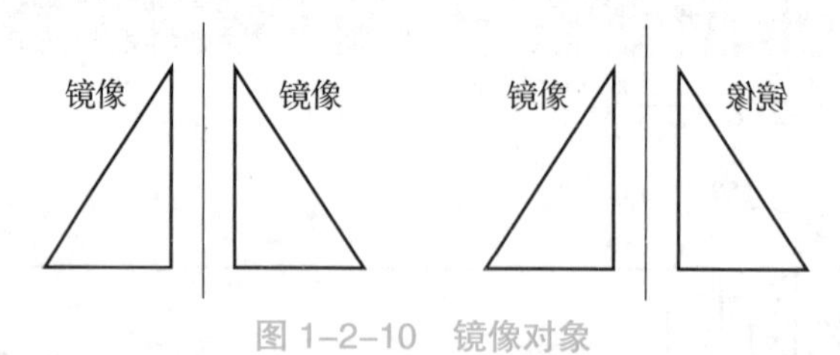

图 1–2–10 镜像对象

【友情提示】使用系统变量 MIRRTEXT 可以控制文字对象的镜像方向，如果 MIRRTEXT 的值为 0，则文字对象方向不镜像；如果 MIRRTEXT 的值为 1，则文字对象完全镜像，镜像出来的文字变得不可读。

四、实施任务

【步骤 1】绘制中心线，效果如图 1–2–11 所示。

图 1–2–11　绘制中心线

【步骤 2】根据图例绘制上半部分图形，如图 1–2–12 所示。

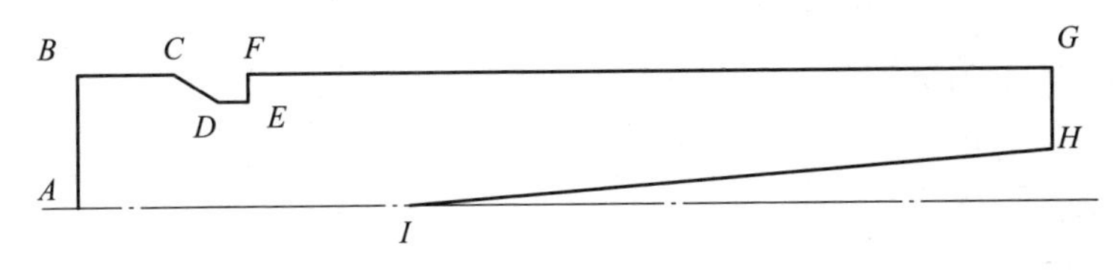

图 1–2–12　绘制上半部分图形

【步骤 3】使用“镜像”命令，以中心线为镜像线，镜像图形的下半部分，如图 1–2–13 所示。

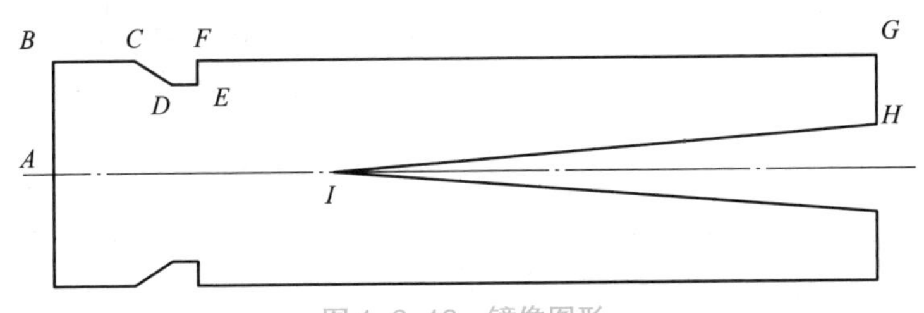

图 1–2–13　镜像图形

```
命令：MI
MIRROR
选择对象：总计 8 个                                    （选择上半部分图形）
指定镜像线的第一点：                                   （指定点 A）
指定镜像线的第二点：                                   （指定点 I）
要删除源对象吗？［是（Y）/ 否（N）］<N>：              （按 Enter 键结束）

命令：L
LINE
指定第一个点：                                         （确定点 A）
指定下一点或［放弃（U）］：8                           （确定点 B）
指定下一点或［放弃（U）］：6                           （确定点 C）
指定下一点或［闭合（C）/ 放弃（U）］：@3<-30           （相对极轴坐标系法确定点 D）
指定下一点或［闭合（C）/ 放弃（U）］：2                （确定点 E）
指定下一点或［闭合（C）/ 放弃（U）］：1.5              （确定点 F）
指定下一点或［闭合（C）/ 放弃（U）］：50               （确定点 G）
指定下一点或［闭合（C）/ 放弃（U）］：5                （确定点 H）
指定下一点或［闭合（C）/ 放弃（U）］：@-40，-3         （相对直角坐标系法确定点 I）
指定下一点或［放弃（U）］：                            （按 Enter 键结束）
```

【步骤 4】调整中心线的比例及位置。

单击“默认”功能区“特性”选项板中的“线型控制”下拉按钮，在弹出的下拉列表中选择“其他”选项，如图 1–2–14 所示，弹出“线型管理器”对话框，单击“显示细节”按钮，如图 1–2–15 所示，将“全局比例因子”设置为为合适的大小，效果如图 1–2–16 所示。

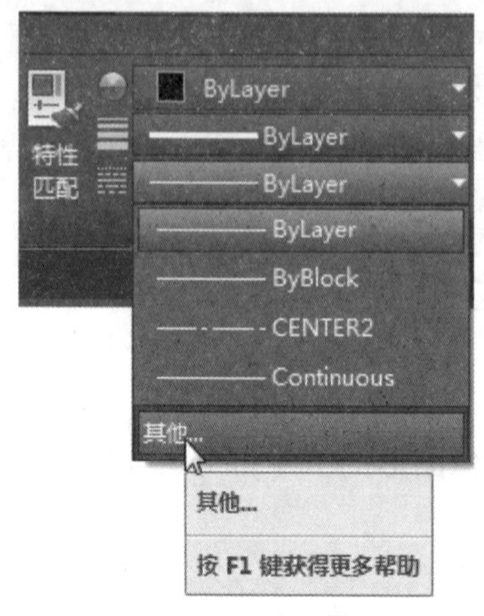

图 1–2–14　“线型控制”下拉列表

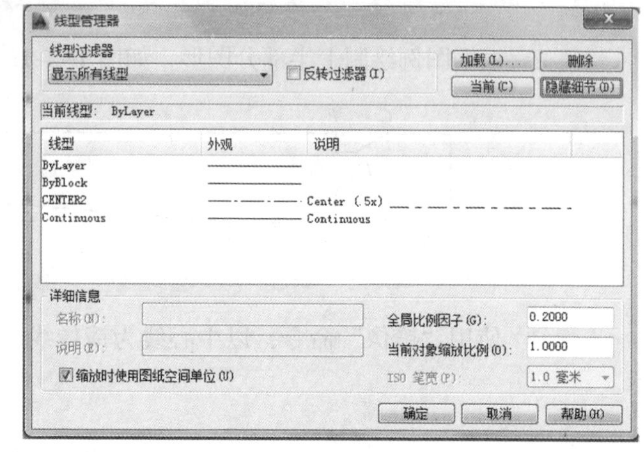

图 1–2–15　“线型管理器”对话框

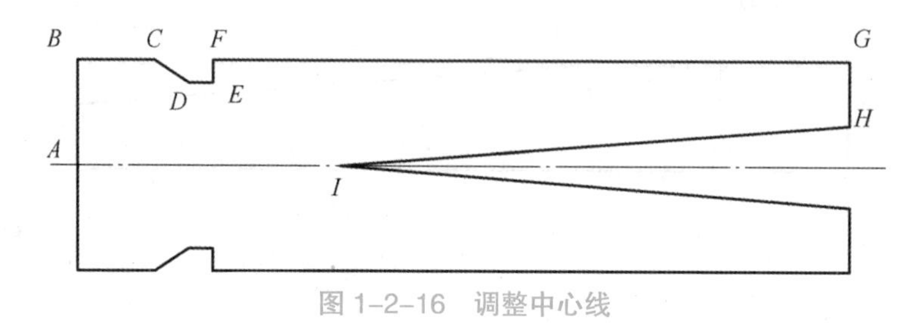

图 1–2–16　调整中心线

【友情提示】

全局比例因子：用来确定所有线型的比例因子，即对已存在的所有图形对象和新绘制对象的线型均起作用。值大于 1 时，代表放大线型比例；值小于 1 时，代表缩小线型比例。

当前对象缩放比例：用该变量设置线型比例后，在此之后所绘制图形的线型比例均为此线型比例。

如果想对已有单个线条的比例因子进行修改，需要打开“对象特性”窗口（快捷键：Ctrl+1），先选择一个或多个对象，在“线型比例”文本框中输入比值即可。

【步骤 5】使用“直线”命令，连接 *CJ*、*DK*、*EL*，如图 1–2–17 所示。

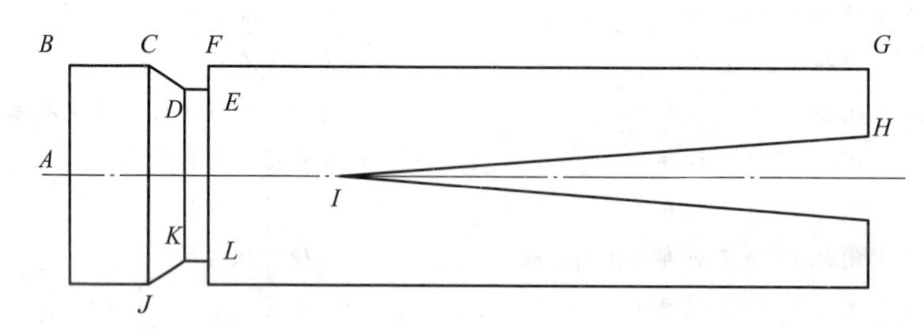

图 1–2–17　连接相应点

【步骤 6】对图形进行相应的尺寸标注，效果如图 1–2–18 所示。

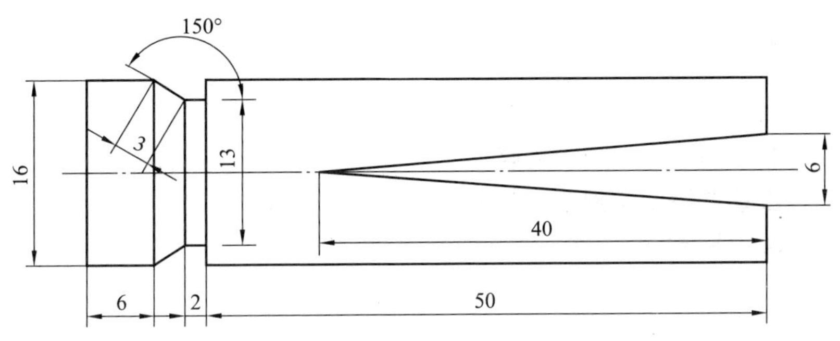

图 1-2-18　尺寸标注

【友情提示】

（1）对齐标注：指线性标注的一种特殊形式，常用于标注倾斜直线的长度。选择“注释”功能区中的“标注”→“对齐”选项（快捷键：Dal），可以对对象进行对齐标注，对齐标注的尺寸线平行于两点连线。

角度标注：可以标注圆弧的包含角、圆上某一段圆弧的包含角、两条不平行直线之间的夹角，或者根据给定的三点标注角度。选择“注释”功能区中的“标注”→“角度”（快捷键：Dan），可以标注角度。

（2）打断：使用“打断”（break）命令可以在对象上创建一个间隙，使一个对象变成两个对象，对象之间具有间隙。“break”命令通常用于为块或文字创建空间。图 1-2-18 中，为了不让中心线穿过线型标注“13”，需要对中心线进行打断（见图 2-2-11）。

打断命令说明如下。

①使用“打断”命令时，为了选择打断点不受影响，一般要暂时关闭“对象捕捉”功能。

②执行“打断”命令后，命令行提示“选择对象”，选择要打断的对象。然后命令行提示“指定第二个打断点 或［第一点（F）]：”，这时如果不指定第一点，那么刚刚单击时的位置默认为第一点。如果要指定第一点，输入“F”并按 Enter 键，然后单击第一个交点处。

③要打断对象但不创建间隙时，命令行要求指定第二个打断点时，输入“@ 0，0”来指定第二点。

④对于圆或圆弧，执行“打断”命令后，被删除的部分将是第一个打断点逆时针转到第二个打断点之间的部分。

【智慧百科】这里介绍一下 AutoCAD 中图元对象的选择方法。AutoCAD 中图元对象的选择方法在众多修改或编辑命令中都会用到，共有十多种，但最常用的有以下 3 种。

①点选：用鼠标左键直接点选一个图元对象，需要一个一个去选，选取多个图元对象时效率不高。

②框选：点两点框选，第一点在第二点的左侧，即从左往右拉出的实线框为框选，只有全部在实线框内的图元对象才能被选中。

③叉选：点两点叉选，第一点在第二点的右侧，即从右往左拉出的虚线框为叉选，只要被虚线框接触的图元对象（包括被完全框住的图元对象）都会被选中。另外，自 AutoCAD 2015 开始，引入“套索选择”功能，这种方法是按住鼠标左键不放拖动，画出一个选择范围。如果开始向右边滑动，相当于闭合选框；如果开始向左边滑动，相当于交叉选框。此外，还有“栏选（F）”“多边形闭合框选（WP）”“多边形交叉框选（CP）”“切换重叠的图元对象（Shift+Space）”和“快速选择”等方式。

任务3　直线的辅助圆画法

学习目标 ⇨ 1. 了解确定直线的要素。
2. 掌握辅助圆画法的要点。
3. 掌握删除、修剪、延伸命令的使用方法。

一、明确任务

本任务的图例效果如图 1–2–19 所示。

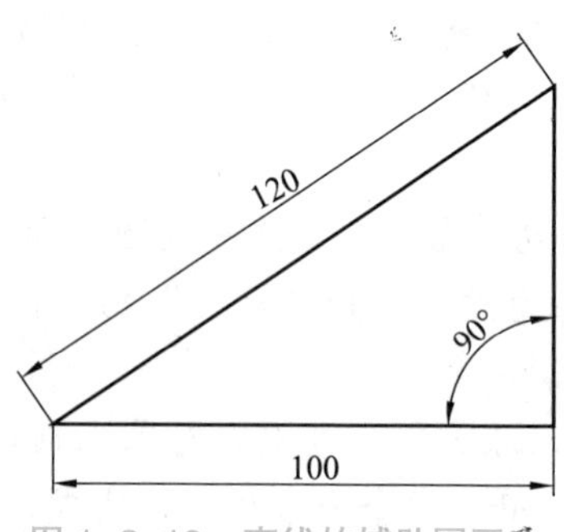

图 1–2–19　直线的辅助圆画法

技能训练要点：直线（L）、圆（C）、删除（E）、修剪（Tr）、延伸（Ex）。

二、分析任务

任务分析图如图 1–2–20 所示。

本图例是由“直线”构成的图形。直线的两要素规定为“直线的长度”和“直线的角度”（直线与极轴夹角），直线构成的图形可以通过分析直线两要素来确定绘图方案。

直线 *AB*的长度 =100mm、角度 =0°；直线 *BC*的长度 =？、角度 =90°；直线 *AC*的长度 =120mm、角度 =？。

直线 *AB* 的长度、角度都是确定值，可以先绘制；直线 *BC* 的角度确定，长度未知，绘制时在直线角度的方向上给定直线长度任意值，不妨给定长度为 100mm；直线 *AC* 长度为 120mm，方向未知，并且点 *A* 已经确定，所以以点 *A* 为圆心，以 *r*=120mm 为半径作圆，与直线 *BC* 交于点 *C*。则点 *C* 即为所求点。

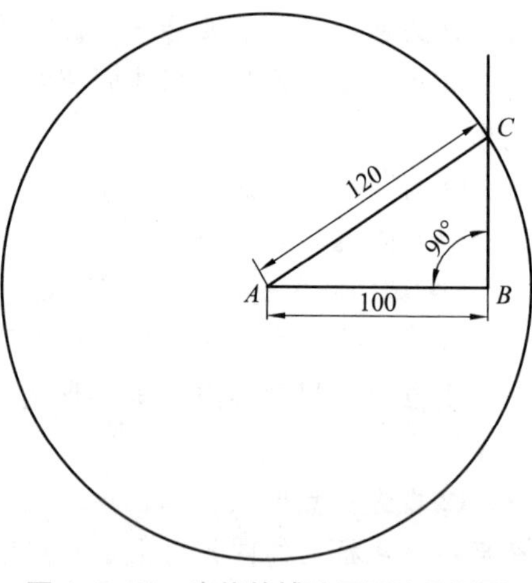

图 1–2–20　直线的辅助圆画法分析图

三、知识储备

1. 修剪

在 AutoCAD 中，可以使用任意图线为边界，对任意图线（包括边界本身）进行修剪。

操作方法：选择“默认”功能区中的“修改”→“修剪”命令（Trim），根据命令行提示“选择对象或 <全部选择>：”选择作为修剪边界的对象（直接按 Space 键表示全部选择为边界），然后选择要修剪的对象部分（单击的位置为要修剪的图线部分，如边界之间或边侧一侧的部分），即可对图线执行“修剪”命令。

【友情提示】选择修剪边界和修剪对象时，除了可以根据选项选择“栏选（F）”“窗交（C）”的方式外，还有其他一些选项设置。例如，“投影（P）”用于设置在三维图线的投影上进行修剪，“边（E）”用于指定是否在另一个对象的延长边处进行修剪。此外，使用修剪命令可以修剪尺寸标注，修剪后系统会自动更新尺寸文本（尺寸标注不能作为修剪边界）。

2. 延伸

在 AutoCAD 中，“延伸”与“修剪”的用法基本相同，并且在执行“修剪”命令时，命令行提示选择修剪对象时，按住 Shift 键就变成了“延伸”，所以只要会“修剪”命令即可。需要注意的是，选择要延伸的对象时，应注意拾取点靠近延伸的一侧，否则会出现延伸错误或无法延伸的情况。

3. 删除：从图形中删除对象

操作方法：选择“默认”功能区中的“修改”→“删除”命令（Erase），根据命令行提示“选择对象：”选择相应的对象进行删除。

【友情提示】一般情况下，先选择要删除的对象，然后按 Delete 键删除，或者输入“E”，执行删除命令，无须选择要删除的对象，只需输入一个选项即可。例如，输入“L”删除绘制的上一个对象，输入“P”删除前一个选择集，输入“ALL”删除所有对象。

四、实施任务

【步骤 1】绘制直线 AB=100mm、BC=100mm，如图 1-2-21 所示。

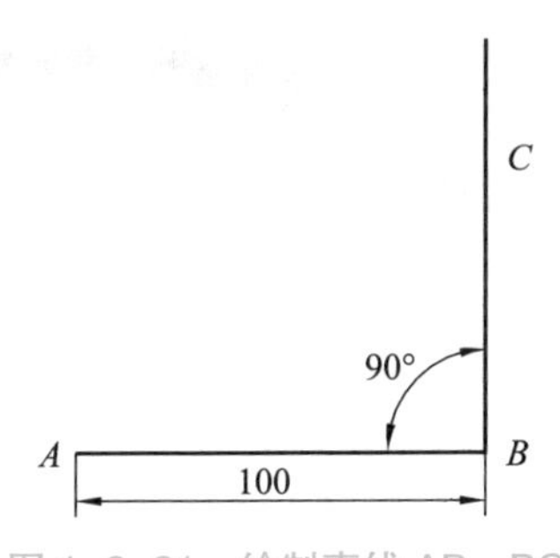

图 1-2-21　绘制直线 AB、BC

```
命令：L
LINE
指定第一个点：                              （指定点 A）
指定下一点或 [放弃（U）]：100               （输入 100，按 Enter 键，确定点 B）
指定下一点或 [放弃（U）]：100               （输入 100，按 Enter 键，绘制直线 BC）
指定下一点或 [闭合（C）/ 放弃（U）]：        （按 Enter 键确认）
```

【步骤 2】以点 A 为圆心，以 r=120 为半径画圆，交直线 BC 于点 C，连接 AC，如图 1-2-22 所示。

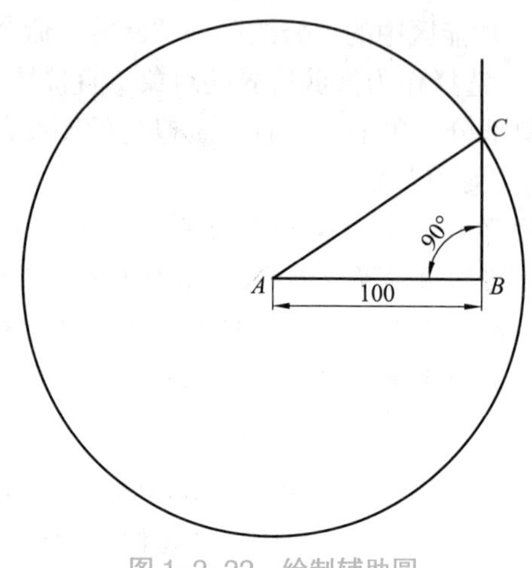

图 1–2–22　绘制辅助圆

```
命令：C
CIRCLE
指定圆的圆心或 [ 三点（3P）/ 两点（2P）/ 切点、切点、半径（T）]:        （指定点 A）
指定圆的半径或 [ 直径（D）]: 120                                        （输入圆的半径 120）
命令：L
LINE
指定第一个点：                                                          （指定点 A）
指定下一点或 [ 放弃（U）]:                                              （指定点 C）
```

【步骤 3】使用“修剪”命令，选择圆为修剪边界，修剪直线 *BC*，效果如图 1–2–23 所示。

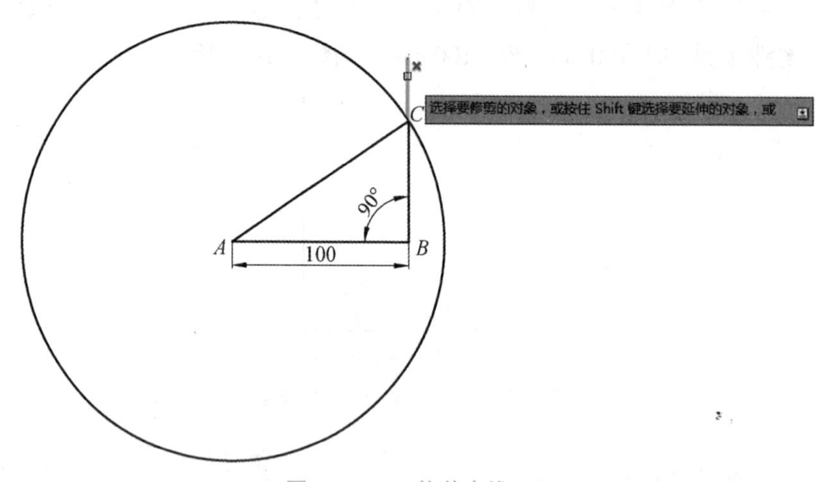

图 1–2–23　修剪直线 *BC*

```
TRIM
当前设置：投影 =UCS，边 = 延伸
选择剪切边 ...
选择对象或 <全部选择>:  找到 1 个                                      （选择圆作为修剪边界）
选择对象：
```

```
选择要修剪的对象，或按住 Shift 键选择要延伸的对象，或
[栏选(F)/窗交(C)/投影(P)/边(E)/删除(R)/放弃(U)]:  (选择图 1-2-23 中的部分进行修剪)
选择要修剪的对象，或按住 Shift 键选择要延伸的对象，或
[栏选(F)/窗交(C)/投影(P)/边(E)/删除(R)/放弃(U)]:  (按 Space 键结束命令)
```

【步骤 4】将辅助圆删除，绘制完成，并对图形标注尺寸。

【智慧百科】在 AutoCAD 中，大家习惯用滚轮上下滚动来放大或缩小视图，但在放大或缩小视图时经常会遇到滚动滚轮，而视图无法继续放大或缩小的情况，且状态栏提示："已无法进一步缩小"或"已无法进一步缩放"，但视图缩放并不满足用户的要求，还需继续缩放，那么该怎么办？这个问题对于初学者来说，可能有点困难，但对于熟悉 CAD 的用户来说却很容易解决。解决的方法有多种，可以输入"RE"（重生成）命令，按 Enter 键后就可以继续缩放了；如果想显示全图，也可以双击滚轮，让图形最大化显示；还可以在命令行中直接输入"Z"（缩放）命令，按 Enter 键，再输入"E"（范围）或"A"（全部），按 Enter 键即可按范围或全部显示图形。

任务4　直线的偏移画法

学习目标 ⇨ 1. 会使用直线的要素分析图形。
2. 掌握直线偏移画法的要点。
3. 掌握偏移命令的使用方法。

一、明确任务

本任务的图例如图 1–2–24 所示。

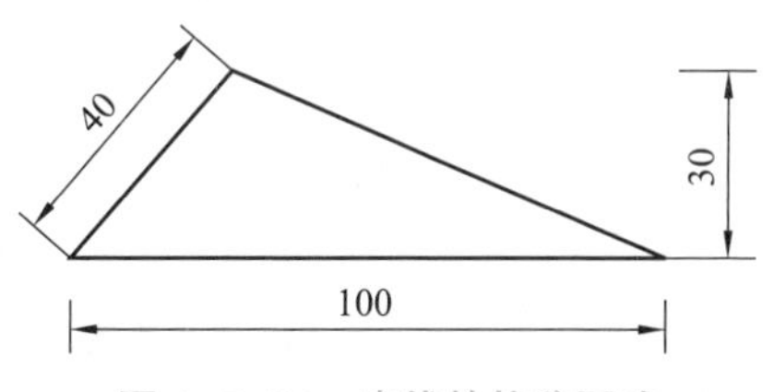

图 1–2–24　直线的偏移画法

技能训练要点：直线（L）、圆（C）、删除（E）、偏移（O）。

二、分析任务

图 1–2–25 所示的图例是由直线构成的图形，通过分析直线的两要素来构建绘图思路。直线 *AB* 的长度 =100mm、角度 =0°；直线 *AC* 的长度 =40mm，角度 =？；直线 *BC* 的长度 =？、角度 =？，但知道点 *C* 到直线 *AB* 的距离为 30mm。直线 *AB* 的长度、角度都是确定值，可以先绘制；直线 *AC* 的长度为 40mm，方向未知，并且点 *A* 已确定，所以以点 *A* 为圆心，以 *r*=40mm 为半径作圆；点 *C* 到直线 *AB* 的距离为 30mm，在直线 *AB* 的上方作距离

直线 AB 为 30mm 的平行线，交点 C 为所求点。

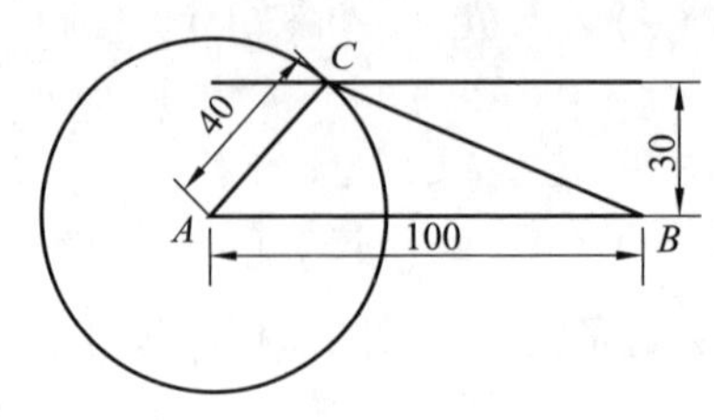

图 1–2–25　直线的偏移画法分析图

三、知识储备

偏移：偏移命令是一种特殊的复制命令。对于开放二维线来说，对它们进行偏移就是将这些图形对象复制后，以原位置为基点，按照给定的偏移距离将复制后的新图形平移到某一个指定的位置；对于闭合图形来说，对它们进行偏移就是对这些图形对象复制，并将新图形以原位置的中心点为基点，按照给定的偏移距离进行一定的缩放或扩大。

操作方法：选择“默认”功能区中的“修改”→“偏移”命令（Offset），或者按 O 键，其命令行提示“指定偏移距离或[通过（T）/ 删除（E）/ 图层（L）]：”，默认情况下，需要指定偏移距离，再选择要偏移复制的对象，然后指定偏移方向，以复制出对象；也可以输入“T”（通过），命令行提示“选择要偏移的对象，或[退出（E）/ 放弃（U）]<退出>：”，根据提示选择偏移对象，命令行提示“指定通过点或[退出（E）/ 多个（M）/ 放弃（U）]<退出>：”，指定偏移后通过的点来偏移对象，如果输入“M”（多个），可以依次指定多个点，进行多次偏移。

四、实施任务

【步骤 1】绘制直线 AB=100mm，如图 1–2–26 所示。

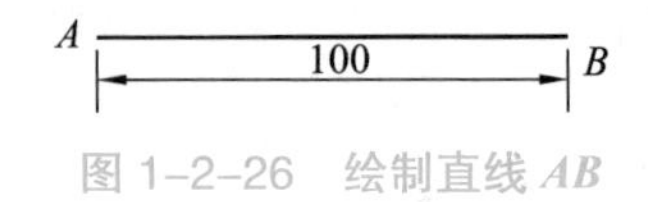

图 1–2–26　绘制直线 AB

```
命令：L
LINE
指定第一个点：                                    （指定点 A）
指定下一点或［放弃（U）］：100                    （输入 100，按 Enter 键，确定点 B）
```

【步骤 2】以点 A 为圆心，以 r=40mm 为半径，绘制圆；使用“偏移”命令将直线 AB 向上偏移 30mm，并与圆交于点 C，则点 C 即为所求点，如图 1–2–27 所示。

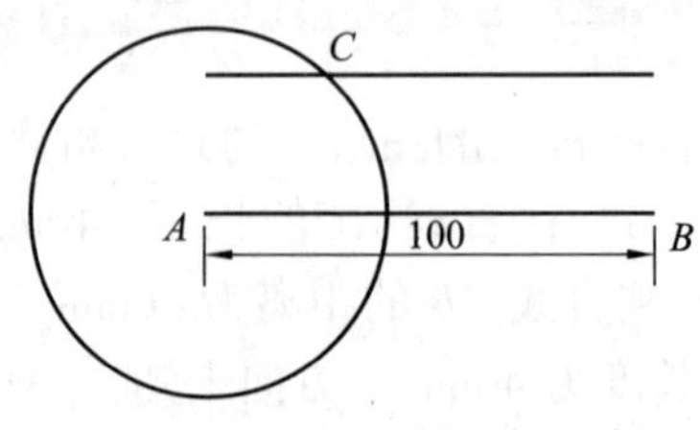

图 1–2–27　绘制圆和偏移直线

```
命令：C
CIRCLE
指定圆的圆心或［三点（3P）/ 两点（2P）/ 切点、切点、半径（T）］：           （圆心点 A）
指定圆的半径或［直径（D）］<40.0000>：40                                      （输入半径 40）

命令：O
OFFSET
指定偏移距离或［通过（T）/ 删除（E）/ 图层（L）］<40.0000>：  30             （输入偏移距离 30）
选择要偏移的对象，或［退出（E）/ 放弃（U）］< 退出 >：                         （选择直线 AB）
指定要偏移的那一侧上的点，或［退出（E）/ 多个（M）/ 放弃（U）］< 退出 >：      （在直线 AB 上方
                                                                              任意位置单击）
选择要偏移的对象，或［退出（E）/ 放弃（U）］< 退出 >：                         （按 Enter 键退出）
```

【步骤 3】连接直线 *AC*、*CB*，如图 1-2-28 所示。

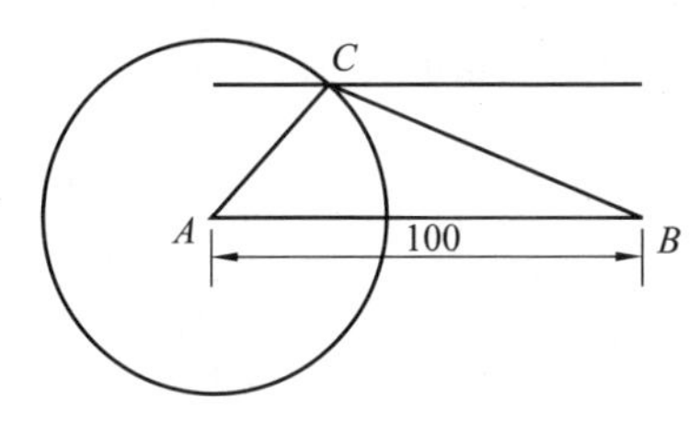

图 1-2-28 连接 *AC*、*CB*

```
命令：L
LINE
指定第一个点：                                （指定点 A）
指定下一点或［放弃（U）］：                    （指定点 C）
指定下一点或［放弃（U）］：                    （指定点 B）
指定下一点或［闭合（C）/ 放弃（U）］：          （按 Enter 键退出）
```

【步骤 4】删除辅助圆和过点 *C* 的直线，绘制完成，标注尺寸。

【智慧百科】在新建图纸时不出现对话框，只出现命令提示怎么办?

【方法 1】只需要到 OP 选项中调一下设置即可。例如：

“OP（选项）”→“系统”右侧有一个启动（A 显示启动对话框，B 不显示启动对话框）选择 A 则新建命令有效，反之则无效。需要注意的是，在 CAD 高版本对话框中无此选项，可通过设置系统变量解决。

【方法 2】输入命令“filedia”，设置其为 0 时不显示对话框，设置其为 1 时显示对话框。

任务5 直线的旋转画法

学习目标 ⇨ 1. 会使用直线的要素分析图形。
2. 掌握直线旋转画法的要点。
3. 掌握旋转、圆角命令的使用方法。

一、明确任务

本任务的图例如图 1-2-29 所示。

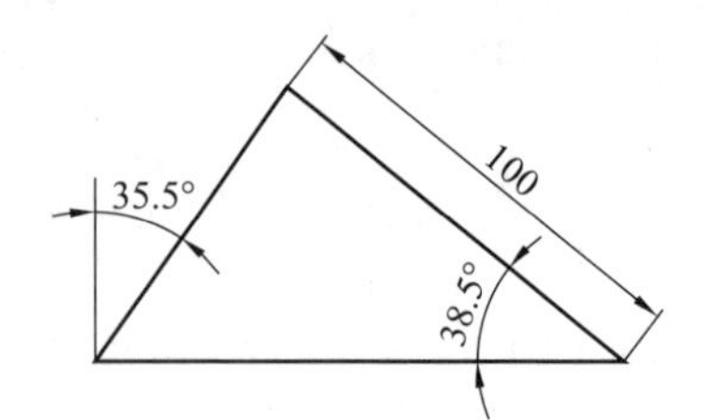

图 1-2-29 直线的旋转画法

技能训练要点：直线（L）、旋转（Ro）、圆角（F）。

二、分析任务

图 1-2-30 所示的图形是由直线构成的，通过分析直线的两要素来构建绘图思路。直线 *AB* 的长度 = 100mm、角度 α=180° −38.5° =141.5°；直线 *AC* 的长度 = ？，角度 =180°；直线 *BC* 的长度 = ？、角度与竖直方向的夹角为 35.5°，根据数学几何知识可知 β=35.5°。直线 *AB* 为确定直线，可以先绘制；直线 *AC* 的长度未知，可以给定任意长度，方向水平向左；经过点 *B* 作一条任意长度的竖直线，然后绕点 *B* 顺时针旋转 35.5°，即为直线 *BC* 的方向。则直线 *AC* 与 *BC* 的交点 *C* 即为所求点。

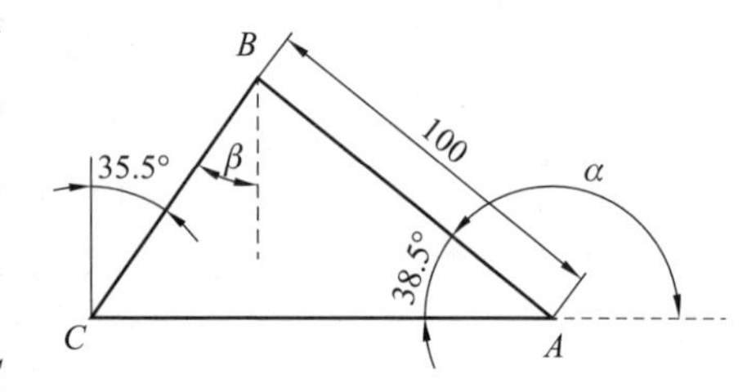

图 1-2-30 直线的旋转画法分析图

三、知识储备

1. 旋转

在编辑调整绘图时，常需要旋转对象来改变其放置方式及位置。使用“旋转”命令可以围绕基点将选定的对象旋转到一个绝对的角度。

操作方法：选择“默认”功能区中的“修改”→“旋转”命令（Rotate），其命令行提示“选择对象：”，根据提示选择对象；命令行提示“指定基点”，基点即对象旋转时围绕的中心点，一般可用鼠标拾取绘图区域上的点；命令行提示：“指定旋转角度，或[复制（C）/参照（R）]：”，直接输入旋转角度值（角度为正值时逆时针旋转，角度为负值时顺时针旋转），按 Enter 键确认，完成操作。

【友情提示】在旋转对象的过程中，如果明确知道旋转角度，可采用指定角度的方式旋转对象；如果在旋转对象的同时还要保留源对象，可采用旋转复制方式（即命令行提示指定旋转角度时，直接输入“C”（复制），然后再输入旋转角度值）旋转对象；如果不能确定旋转的准确角度，可采用参照方式旋转对象。

2. 圆角

给对象加圆角，就是用一个指定半径的圆弧光滑地将两个对象连接起来，可以对圆弧、圆、椭圆弧、直线、多段线、射线、样条曲线和构造线执行“圆角”命令。

操作方法：选择“默认”功能区中的“修改”→“圆角”命令（Fillet），命令行提示“选择第一个对象或[放弃（U）/多段线（P）/半径（R）/修剪（T）/多个（M）]：”，直接输入“R”并按Enter键，系统提示“指定圆角半径：”，输入半径值按Enter键确定，系统提示“选择第一个对象或[放弃（U）/多段线（P）/半径（R）/修剪（T）/多个（M）]：”，在绘图区域指定圆角的第一个对象，系统提示“选择第二个对象，或按住Shift键选择对象以应用角点或[半径（R）]：”，根据提示选择第二个对象，即可完成圆角操作。

【友情提示】

“圆角”命令中各选项的含义如下。

放弃（U）：恢复上一个操作。

多段线（P）：选择对象为多段线，对多段线进行圆角操作，可以一次性对多个相邻直线段进行倒圆角，如果多段线中含有圆弧段，将会聚于该圆弧段的两条直线段分开，则执行“圆角”命令将删除该圆弧段并代之以圆角圆弧（“多段线”选项对于选择“矩形”“正多边形”同样适用）。

半径（R）：定义圆角圆弧的半径，将会继承上一次半径的输入值，半径可在“选择第一个对象”之前设置，也可以在“选择第二个对象”之前设置。

多个（M）：给多个对象集加圆角，直接按Enter键结束命令。

修剪（T）：控制圆角是否将选定的边修剪到圆角圆弧的端点。

Shift键模式：如果将圆角半径设置为0或直接按住Shift键分别选择要圆角的第一、第二对象，系统会延伸或修剪相应的两条线，使二者交于一点，不产生圆角。这种模式比直接使用延伸或修剪命令快，但必须在修剪模式下此命令才会有效。

四、实施任务

【步骤1】绘制直线AB=100mm、α=141.5°，直线AC，长度任意，方向水平向左，如图1-2-31所示。

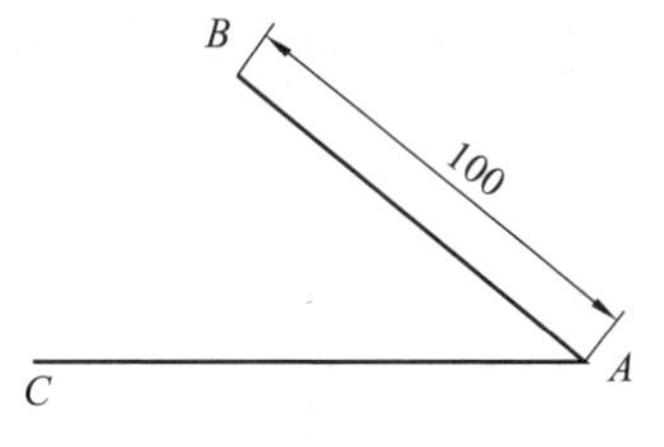

图1-2-31　绘制直线AB、AC

```
命令：L
LINE
指定第一个点：                                  （指定点A）
指定下一点或［放弃（U）］：@100<141.5            （相对极轴坐标输入确定点B）
指定下一点或［放弃（U）］：                      （按Enter键确认）
```

```
命令：L
LINE
指定第一个点：                                  （捕捉点A）
```

```
指定下一点或 [ 放弃 (U)]:                   ( 水平向左任意一点 )
指定下一点或 [ 放弃 (U)]:                   ( 按 Enter 键确认 )
```

【步骤 2】过点 B 竖直绘制一条直线，长度任意；然后将这条直线绕点 B 顺时针旋转 35.5°，如图 1–2–32 所示。

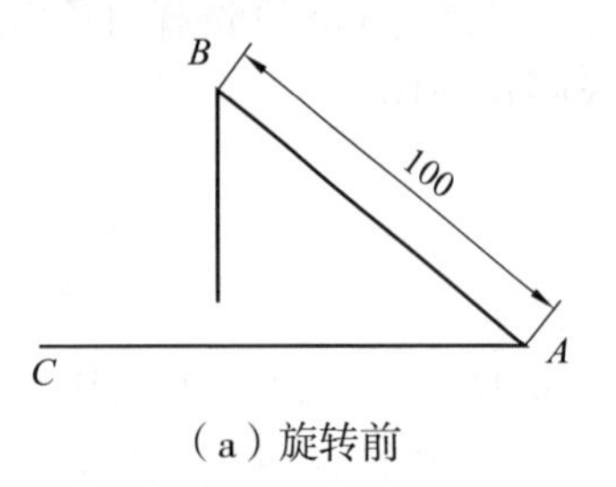

（a）旋转前

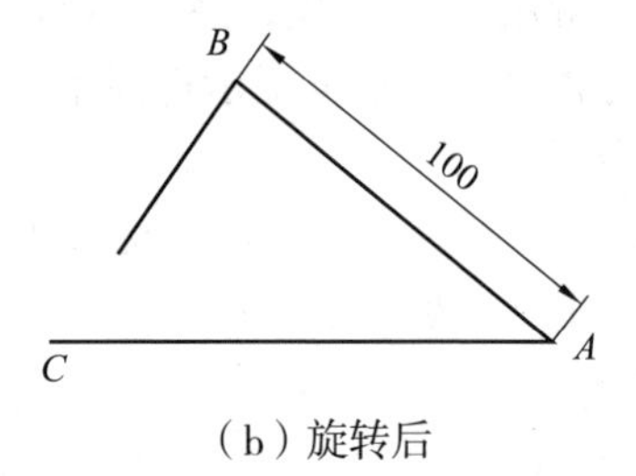

（b）旋转后

图 1–2–32　直线旋转前后对比

```
命令: L
LINE
指定第一个点:                                 ( 捕捉点 B)
指定下一点或 [ 放弃 (U)]:                     ( 竖直向下任意一点 )
指定下一点或 [ 放弃 (U)]:                     ( 按 Enter 键确认 )

命令: RO
ROTATE
UCS 当前的正角方向:  ANGDIR= 逆时针   ANGBASE=0
选择对象: 找到 1 个                           ( 选择刚才绘制的直线 )
选择对象:                                     ( 按 Enter 键确认 )
指定基点:                                     ( 捕捉点 B)
指定旋转角度, 或 [ 复制 (C) / 参照 (R)] <0>:  -35.5     ( 输入旋转角度, 按 Enter 键确认 )
```

【步骤 3】使用“圆角”命令，在 Shift 模式下，使直线 AC、BC 交于点 C，点 C 即为所求点，如图 1–2–33 所示。

图 1–2–33　“圆角”命令确定点 C

```
FILLET
当前设置: 模式 = 修剪, 半径 = 20.0000
选择第一个对象或 [ 放弃 (U) / 多段线 (P) / 半径 (R) / 修剪 (T) / 多个 (M)]: ( 点选直线 BC)
```

```
选择第二个对象，或按住 Shift 键选择对象以应用角点或 [半径(R)]:  (按住 Shift 键点选直
                                                              线 AC)
```

【步骤 4】根据图例标注相应尺寸，如图 1-2-34 所示。

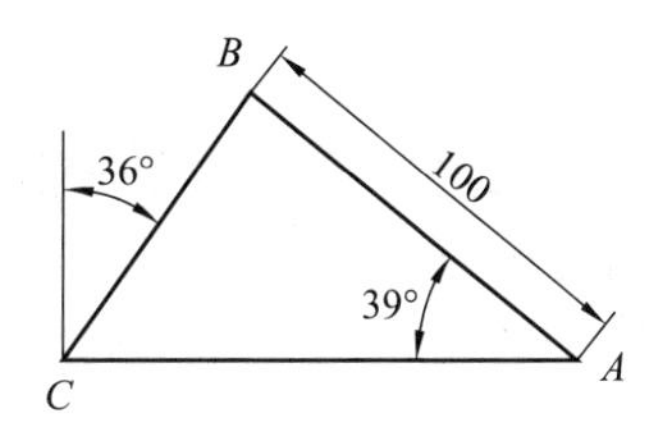

图 1-2-34　标注尺寸

问题来了，刚才输入角度时是“小数”，但标注后角度都变成了“整数”？难道是计算错了吗？其实这与标注时设置角度的精确度有关，只需将“标注样式”中的角度精确度设置为“保留小数点后一位”即可。

【智慧百科】关于图形的“旋转”，当不知道旋转角度时，通常采用“参照”方式旋转对象，下面通过一个例子介绍一下“旋转参照”的使用方法。图 1-2-35（a）所示的三角形旋转至图 1-2-35（b）所示的位置，由于直线 *AC* 与水平方向的角度不知道，因此采用“旋转参照”的方式旋转对象，操作如下。

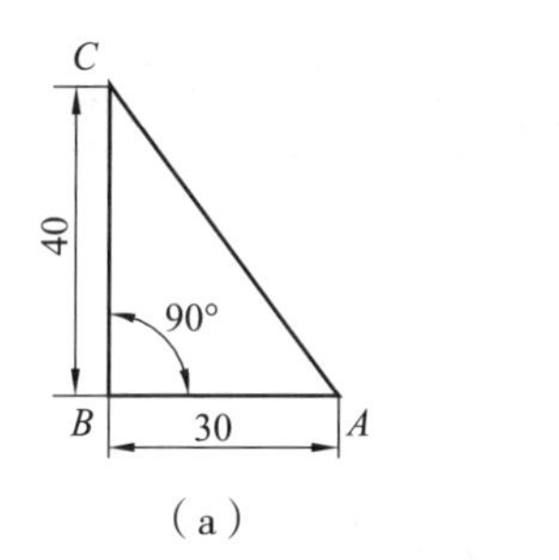

（a）

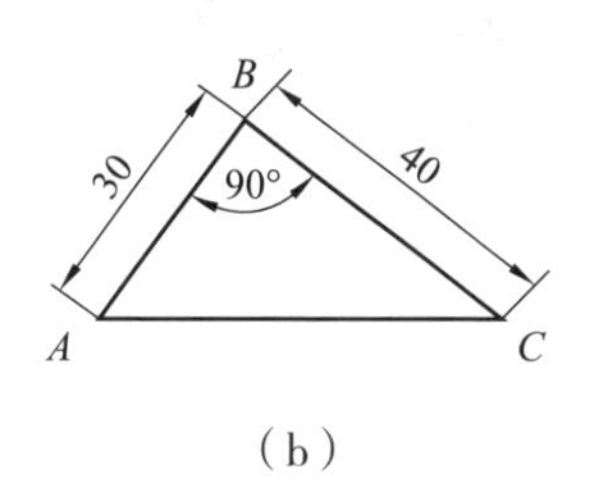

（b）

图 1-2-35　参照方式旋转图形

```
命令: RO
ROTATE
UCS 当前的正角方向:  ANGDIR= 逆时针   ANGBASE=0
选择对象: 指定对角点: 找到 10 个                 (选择整个图形对象)
选择对象:                                        (按 Enter 键，结束对象选择)
指定基点:                                        (点选点 A)
指定旋转角度，或 [复制(C)/参照(R)] <233>:  r     (选择参照方式)
指定参照角 <127>:                                (捕捉点 A)
指定第二点:                                      (捕捉点 C)
指定新角度或 [点(P)] <0>:                        (直线 AC 与 X 轴正向的夹角)
```

项目 3　圆形对象的绘制

“圆”是最常用、最基本的构图要素，圆类命令一般包括圆、圆弧、椭圆和椭圆弧等圆形对象。本项目主要介绍圆的 6 种绘制方法、圆弧的 11 种绘制方法，以及椭圆和椭圆弧的 3 种绘制方法，通过 3 个任务总结绘制圆形对象的思路和技巧。

任务1　圆的绘制方法

学习目标 ⇨ 1. 掌握圆的 6 种绘制方法。
2. 掌握两个相切圆圆心距与两圆半径的关系。

一、明确任务

本任务的图例如图 1-3-1 所示。

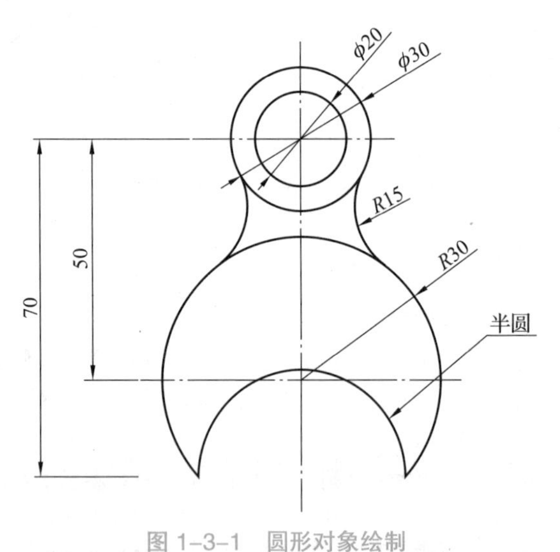

图 1-3-1　圆形对象绘制

技能训练要点：圆（C）。

二、分析任务

本图例是由“圆”构成的图形，圆心、半径是圆的两个要素，圆心确定圆的位置，半径确定圆的大小。圆的绘制方法有 6 种，本图例中绘制圆的方法包括圆心半径法、圆心直径法、两点（2P）法、相切相切半径法 4 种。

三、知识储备

AutoCAD 2016 中，提供了 6 种方法绘制一个整圆。调用方式：选择“默认”功能区中的“绘图”→“圆”命令（Circle），如图 1–3–2 所示。用户可根据不同需要选择不同的画图方式。

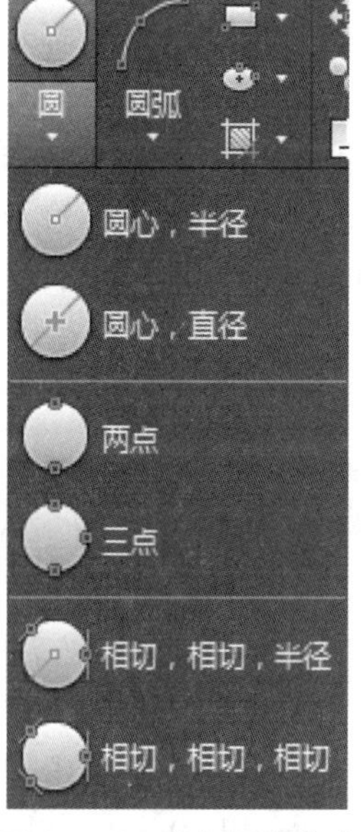

图 1–3–2　绘制圆的方式

1.“圆心、半径”方式画圆

通过指定圆心和圆半径绘制圆，这是最基本的一种画圆方式，如图 1–3–3（a）所示。

2.“圆心、直径”方式画圆

通过指定圆心和圆直径绘制圆，如图 1–3–3（b）所示。

3.“两点”（2P）方式画圆

通过两点确定一个圆，两点间的距离即为圆的直径，如图 1–3–3（c）所示。

4.“三点”（3P）方式画圆

通过指定圆周上的 3 个点绘制一个圆，如图 1–3–3（d）所示。

5.“相切、相切、半径”方式画圆

通过指定两个相切对象（圆或直线）和半径画圆。使用这一方法一定要注意切点的捕捉位置，如图 1–3–3（e）所示，对两个小圆 *A*、*B* 绘制公切圆，即使半径相同，当选择不同的切点位置时，可以分别得到不同的相切圆 *C*、*D*。注意输入的公切圆半径应该大于两切点距离的一半，否则，绘不出公切圆。

6.“相切、相切、相切”方式画圆

通过指定 3 个相切对象画圆，如图 1–3–3（f）所示。此方式可以看作是三点方式画圆的一种特殊情况。

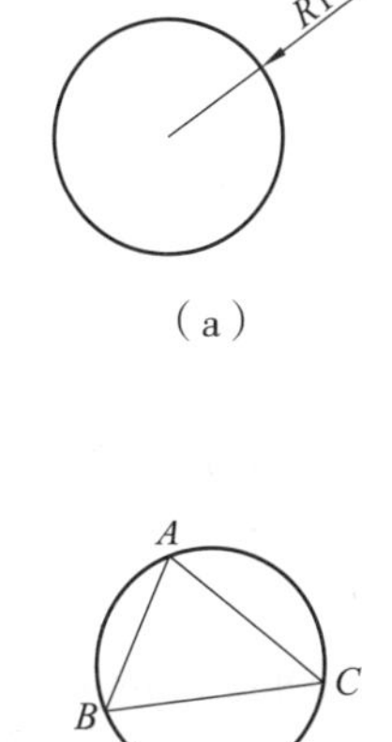

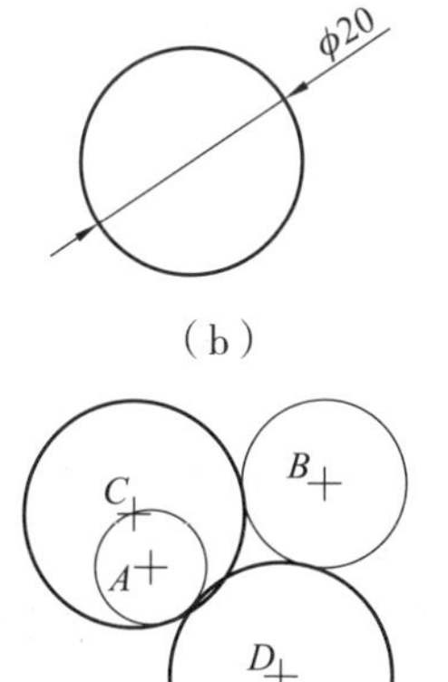

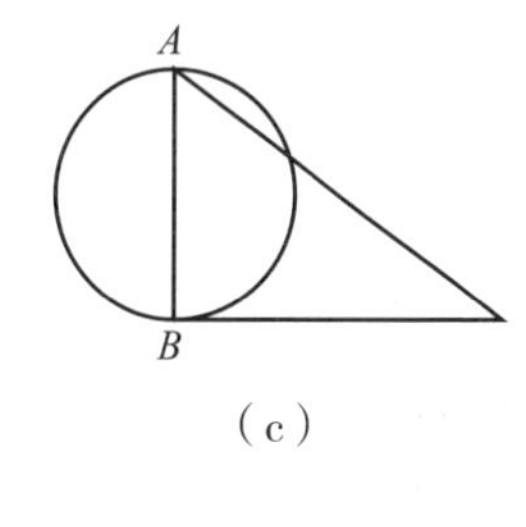

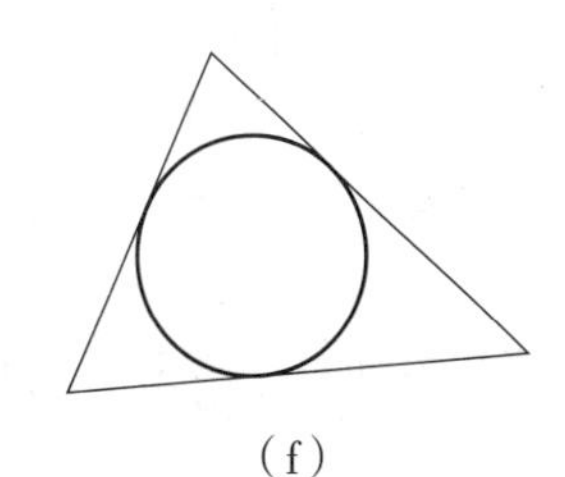

图 1–3–3　圆的各种绘制方式

【友情提示】在 AutoCAD 中明明绘制的是圆形，为什么有时候会显示成正多边形？对于初学者来说，感觉很困惑。其实计算机是无法创造人们所预想的光滑圆形的，目前所有的圆形图形都是由正多边形组成的，在不同的显示效果下系统会自适应降级。因此，这是 CAD 自身在视图中缩略显示的结果，之前在比较大的范围内生成这个圆形，放大了看就会是正多边形。那么，怎样解决这个问题呢，如何使圆看起来比较圆滑呢？一般有两种办法：①输入“op”，调出“选项”对话框，选择“显示”选项卡，将显示精度中（圆弧和圆的平滑度）的数值调高一些就可以了，但这个数值通常不需要调，因为低配计算机会影响性能。②输入“re”（即重生成命令），然后按 Enter 键，发现圆形变得圆滑了，这种方法比较简单，值得推荐。

四、实施任务

【步骤 1】单击“默认”功能区的“图层”下拉按钮，选择“中心线”图层（前提是按照项目 1 中所述的方法创建了图层），在“中心线”图层绘制如图 1-3-4 所示的水平和垂直中心线，并调整中心线的显示比例。

【步骤 2】单击“默认”功能区的“修改”→“偏移”按钮，将水平中心线分别向下偏移 50mm 和 70mm，如图 1-3-5 所示。

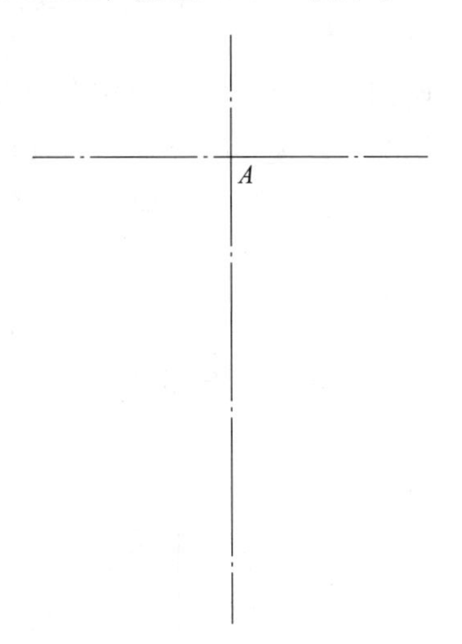

图 1-3-4　绘制中心线

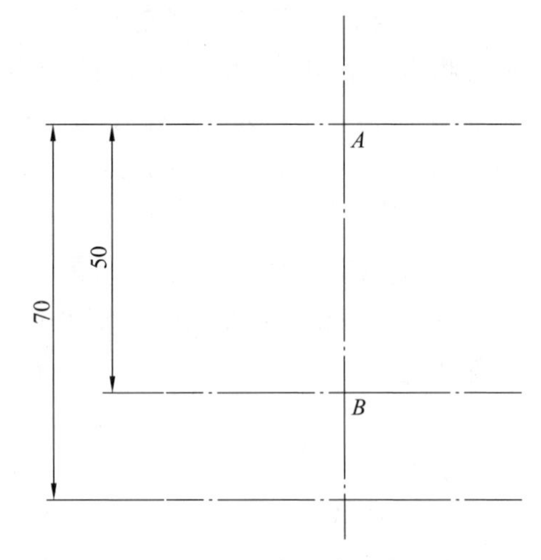

图 1-3-5　向下偏移水平中心线

```
命令：OFFSET
当前设置：删除源 = 否　图层 = 源　OFFSETGAPTYPE=0
指定偏移距离或 [通过（T）/ 删除（E）/ 图层（L）] <20.0000>:  50 （输入偏移距离 50）
选择要偏移的对象，或 [退出（E）/ 放弃（U）] < 退出 >:          （选择水平中心线）
指定要偏移的那一侧上的点，或 [退出（E）/ 多个（M）/ 放弃（U）] < 退出 >:
                                                        （在刚选中的对象下方单击）
选择要偏移的对象，或 [退出（E）/ 放弃（U）] < 退出 >:          （按 Enter 键结束命令）

命令： OFFSET
当前设置：删除源 = 否　图层 = 源　OFFSETGAPTYPE=0
指定偏移距离或 [通过（T）/ 删除（E）/ 图层（L）] <50.0000>:  70 （输入偏移距离 70）
```

```
选择要偏移的对象，或 [ 退出（E）/ 放弃（U）] < 退出 >:          （选择上一条水平中心线）
指定要偏移的那一侧上的点，或 [ 退出（E）/ 多个（M）/ 放弃（U）] < 退出 >:
                                                            （在刚选中的对象下方单击）
选择要偏移的对象，或 [ 退出（E）/ 放弃（U）] < 退出 >:          （按 Enter 键结束命令）
```

【步骤 3】单击“默认”功能区“图层”下拉按钮，选择“粗实线”图层作为当前图层，采用“圆心、半径”方式，以点 *B* 为圆心，以 30mm 为半径绘制圆;采用“圆心、直径”方式，以点 *A* 为圆心，分别以 20mm、30mm 为直径绘制圆，如图 1–3–6 所示。

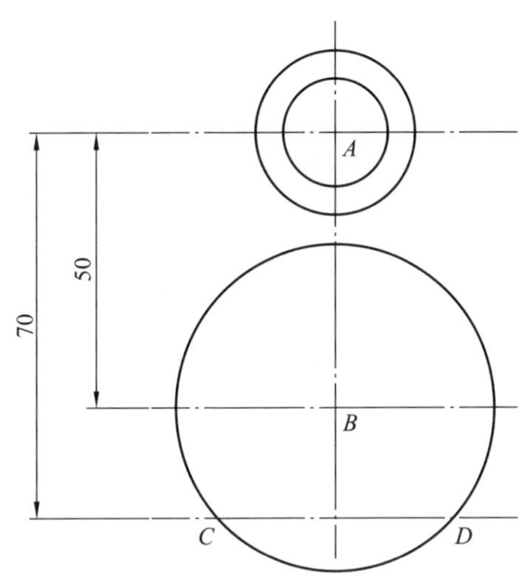

图 1–3–6 以“圆心、半径”和“圆心、直径”方式绘制圆形

```
命令：C
CIRCLE
指定圆的圆心或 [ 三点（3P）/ 两点（2P）/ 切点、切点、半径（T）]:      （捕捉点 B）
指定圆的半径或 [ 直径（D）] <9.7549>: 30                              （输入半径 30mm）

命令： CIRCLE
指定圆的圆心或 [ 三点（3P）/ 两点（2P）/ 切点、切点、半径（T）]:      （捕捉点 A）
指定圆的半径或 [ 直径（D）] <30.0000>: d                              （输入 d，切换到直径）
指定圆的直径 <30.0000>: 20                                            （输入圆的直径 20mm）

命令： CIRCLE
指定圆的圆心或 [ 三点（3P）/ 两点（2P）/ 切点、切点、半径（T）]:      （捕捉点 A）
指定圆的半径或 [ 直径（D）] <10.0000>: d                              （输入 d，切换到直径）
指定圆的直径 <20.0000>: 30                                            （输入圆的直径 30mm）
```

【步骤 4】采用“两点（2P）”方式，分别捕捉点 *C*、点 *D* 两个端点，以线段 *CD* 为直径绘制圆，如图 1–3–7 所示。

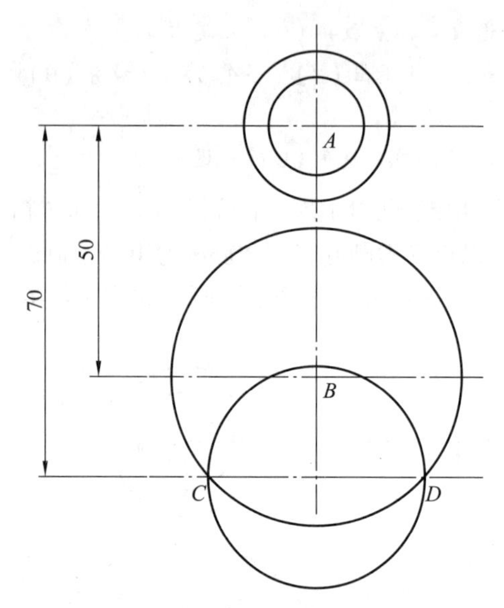

图 1-3-7　以“两点（2P）”方式绘制圆形

```
命令：C
CIRCLE
指定圆的圆心或［三点（3P）/ 两点（2P）/ 切点、切点、半径（T）］：2P　（选择画圆方式）
指定圆直径的第一个端点：　（捕捉端点 C）
指定圆直径的第二个端点：　（捕捉端点 D）
```

【步骤 5】采用“相切、相切、半径”方式绘制半径为 15mm 的圆，如图 1-3-8 所示。然后，以垂直中心线 *AB* 为镜像线，对刚才绘制的圆进行镜像。

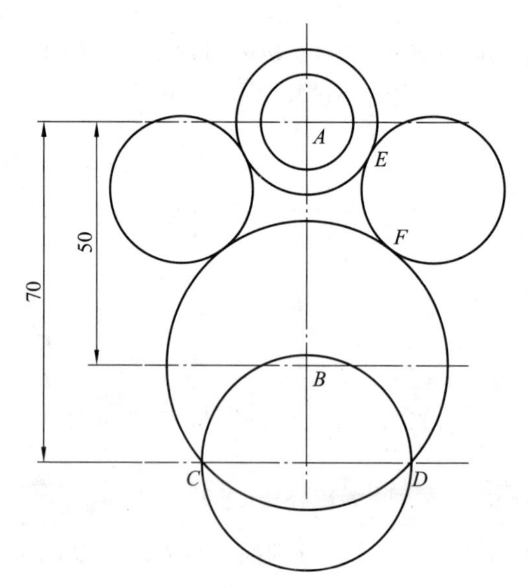

图 1-3-8　以“相切、相切、半径”方式绘制圆形

```
命令：C
CIRCLE
指定圆的圆心或［三点（3P）/ 两点（2P）/ 切点、切点、半径（T）］：t　（选择画圆方式）
```

```
指定对象与圆的第一个切点：                    （捕捉切点 E）
指定对象与圆的第二个切点：                    （捕捉切点 F）
指定圆的半径 <22.3607>: 15                   （输入半径 15mm）

命令：MI
MIRROR
选择对象：找到 1 个                           （选择刚才绘制的圆）
选择对象： 指定镜像线的第一点：               （捕捉点 A）
指定镜像线的第二点：                          （捕捉点 B）
要删除源对象吗？[是（Y）/ 否（N）] < 否 >: N  （不删除源对象）
```

【步骤 6】修剪多余图线，为使图形更加美观，可以调整中心线的长度，删除多余的辅助线，如图 1–3–9 所示。

【友情提示】在修剪多余图线时，可以按照前述方法将所有对象选中作为“修剪边”的对象，按 Enter 键结束“修剪边”的选择后再选择“修剪对象”需要删除的部分。不过由于修剪边的截断作用，有的修剪对象可能需要选择多次才能完全修剪完成。因此，系统提示选择“修剪边”对象时，不是把所有对象作为修剪边，而是有针对性地选择“修剪边”对象，这样可以一次性对修剪对象进行修剪。

【智慧百科】前面学习了绘制圆的 6 种方法，其实，在日常圆类图形的绘制过程中，经常会结合一些数学知识和简单的计算。例如：圆心确定圆的位置，半径确定圆的大小，圆心和半径确定以后，圆就确定了；圆上的点到圆心的距离等于半径；直线与圆相切，交点即为切点，圆心到切线的距离等于半径；设两圆的圆心距为 D，大圆半径为 R，小圆半径为 r，两圆外切，则 $D=R+r$，两圆内切，则 $D=R-r$。以下面的例子进行介绍，如图 1–3–10 所示。

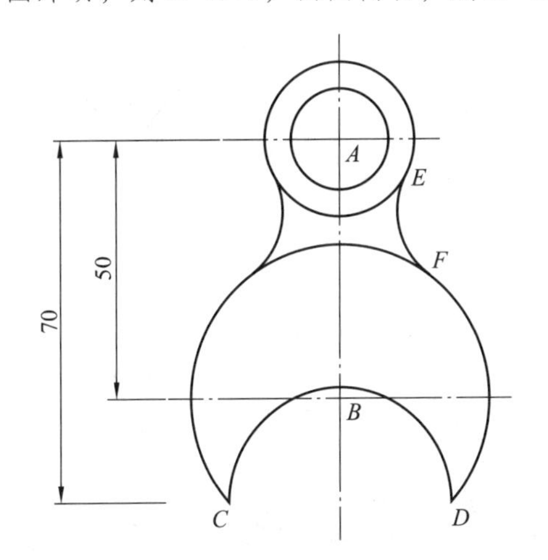

图 1–3–9　修剪多余图线

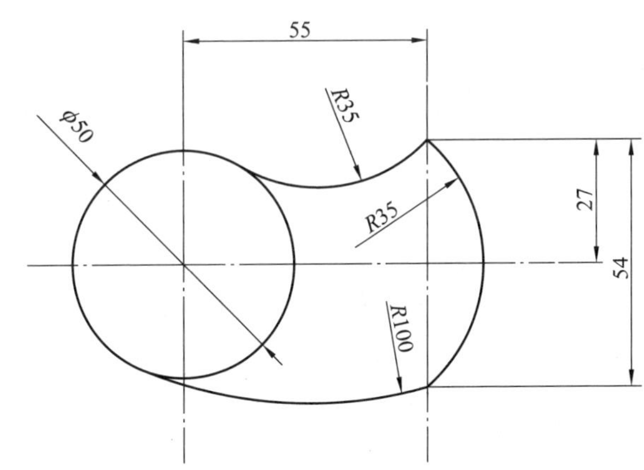

图 1–3–10　两个相切圆圆心距与两圆半径的关系

绘制过程描述如下。

【步骤 1】根据图形标注尺寸绘制“点画线”为中心线和辅助线，采用“圆心、直径”方式绘制直径为 50mm 的圆，如图 1–3–11 所示。

【步骤 2】如图 1–3–12 所示，绘制半径为 35mm 的圆。根据图形分析，半径为 35mm 的圆的圆心在直线 AB 上，且此圆经过点 C，所以点 C 到此圆圆心的距离为 35mm，以点 C

为圆心，以 35mm 为半径画圆，与直线 *AB* 的交点即为此圆的圆心。然后，以交点为圆心，35mm 为半径画圆。

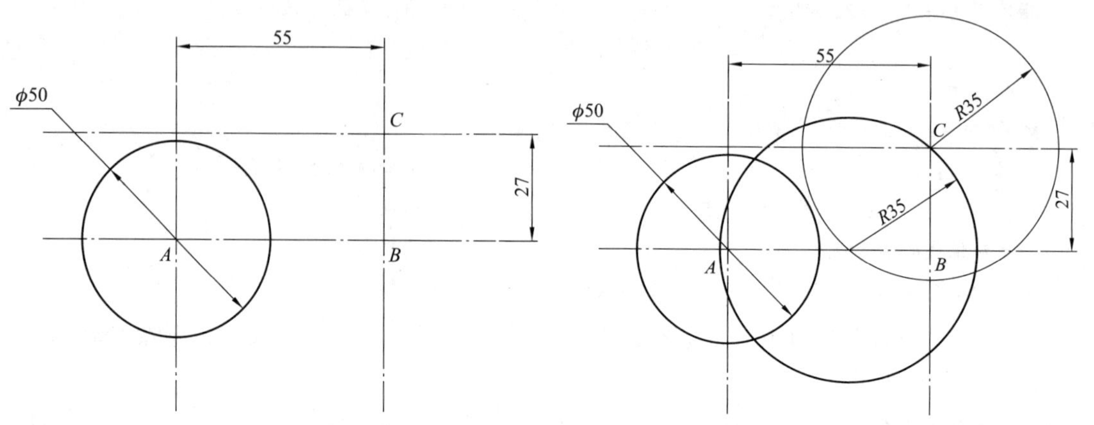

图 1-3-11　绘制辅助线，绘制直径为 50mm 的圆　　　图 1-3-12　绘制半径为 35mm 的圆

【步骤 3】对刚才绘制的圆进行修剪，如图 1-3-13 所示，并绘制圆 *A* 的外切圆 *D*，半径为 35mm。因为圆 *D* 经过点 *C*，所以以点 *C* 为圆心，以 35mm 为半径画圆经过点 *D*；又因为圆 *A* 与圆 *D* 外切，所以圆心距 *AD*=50/2+35=60mm，以点 *A* 为圆心，以 60mm 为半径画圆，与圆 *C* 的交点即为所求点 *D*；然后以点 *D* 为圆心，以 35mm 为半径画圆，即为圆 *D*。

【步骤 4】对圆 *D* 进行修剪，如图 1-3-14 所示，删除辅助圆，并绘制与圆 *A* 相内切的圆 *F*，半径为 100mm。因为圆 *F* 经过点 *E*，所以以点 *E* 为圆心，以 100mm 为半径画圆经过点 *F*；又因为圆 *A* 与圆 *F* 内切，所以圆心距 *AF*=100−50/2=75mm，以点 *A* 为圆心，以 75mm 为半径画圆，与圆 *E* 的交点即为所求点 *F*；然后以点 *F* 为圆心，以 100mm 为半径画圆，即为圆 *F*。

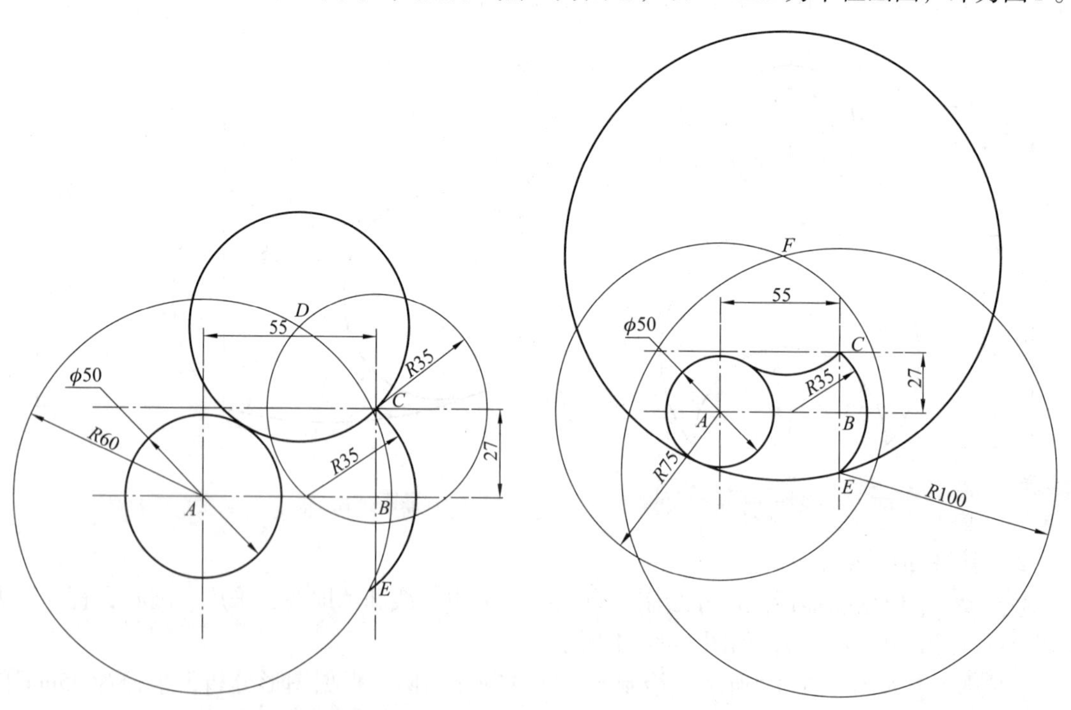

图 1-3-13　绘制圆 *A* 的外切圆 *D*　　　图 1-3-14　绘制与圆 *A* 相内切的圆 *F*

【步骤 5】对圆 *F* 进行修剪，并删除辅助圆，即可得到如图 1-3-10 所示的图形。

任务2　圆弧的绘制方法

学习目标 ⇨ 1. 了解和运用圆弧的 11 种绘制方法。
2. 总结得到圆弧的方法。

一、明确任务

本任务的图例如图 1–3–15 所示。

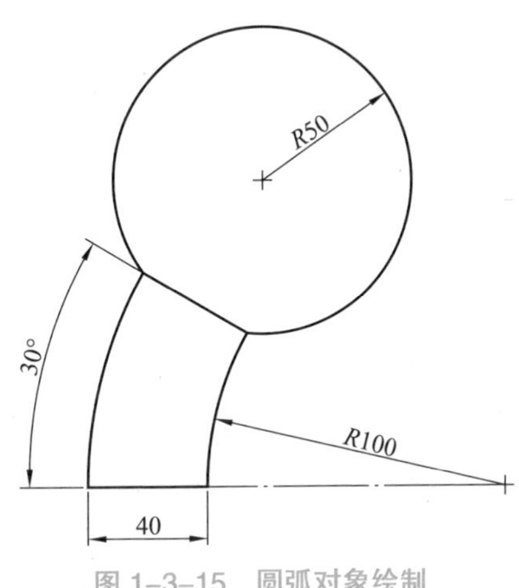

图 1–3–15　圆弧对象绘制

技能训练要点：圆弧（Arc）。

二、分析任务

本图例是由圆弧和直线构成的图形，圆弧不仅有圆心和半径，还有起点和端点。因此可以通过指定圆弧的圆心、半径、起点、端点、角度、方向或弦长等参数来绘制圆弧。AutoCAD 提供了 11 种绘制圆弧的方法，用户可以根据不同的情况选择不同的绘制方式。本图例主要采用“起点、圆心、角度”和“起点、端点、半径”两种方法。

三、知识储备

在 AutoCAD 2016 中提供了 11 种方法绘制圆弧。调用方式:选择“默认”功能区中的“绘图”→“圆弧”命令（ARC 或 A），如图 1–3–16 所示。用户可根据不同需要选择不同的画图方式。

1.“三点”方式画弧

首先指定圆弧的起点，然后指定圆弧上的点，最后指定圆弧的端点（即终点）绘制圆弧，如图 1–3–17 所示。

2. 指定起点、圆心方式画弧

此种方式下有“起点、圆心、端点”“起点、圆心、角度”“起点、圆心、长度”3 种方式。

（1）“起点、圆心、端点”方式画弧：通过指定圆弧起点、圆心和端点的方式画弧，如图 1–3–18 所示。

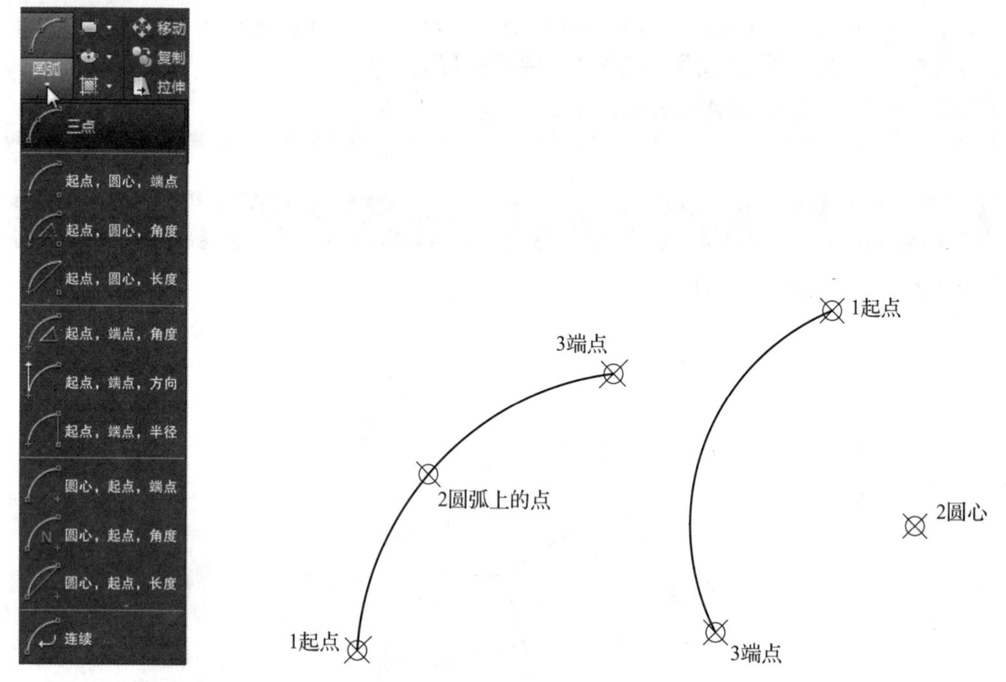

图 1–3–16　绘制圆弧的方式　　图 1–3–17　“三点”方式画弧　　图 1–3–18　“起点、圆心、端点”方式画弧

【友情提示】“起点、圆心、端点”方式画弧，从起点开始，到端点结束，沿着逆时针方向创建圆弧。

（2）“起点、圆心、角度”方式画弧：通过指定圆弧的起点、圆心和圆弧所包含的圆心角绘制圆弧，如图 1–3–19 所示。

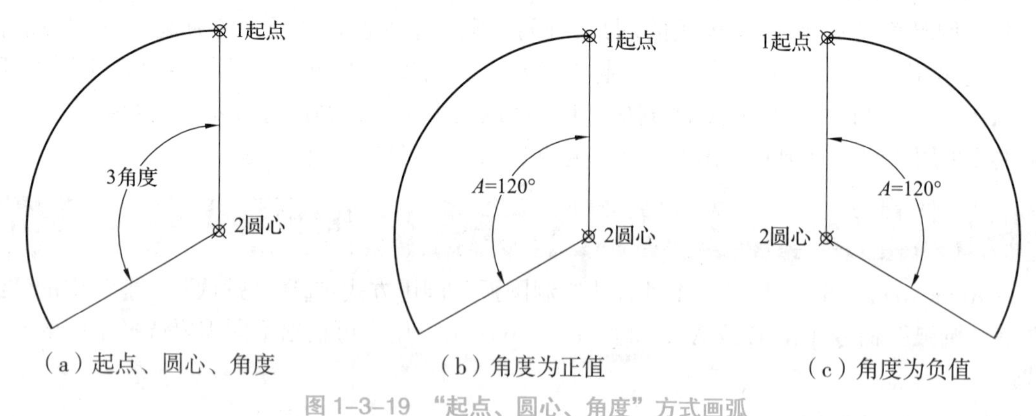

（a）起点、圆心、角度　　（b）角度为正值　　（c）角度为负值

图 1–3–19　“起点、圆心、角度”方式画弧

【友情提示】采用“起点、圆心、角度”方式画弧，当输入的角度为正值时，从起点开始沿逆时针方向创建圆弧；当输入的角度为负值时，从起点开始沿顺时针方向创建圆弧。

（3）“起点、圆心、长度”方式画弧：通过指定圆弧的起点、圆心和圆弧的弦长绘制圆弧，如图 1–3–20 所示。

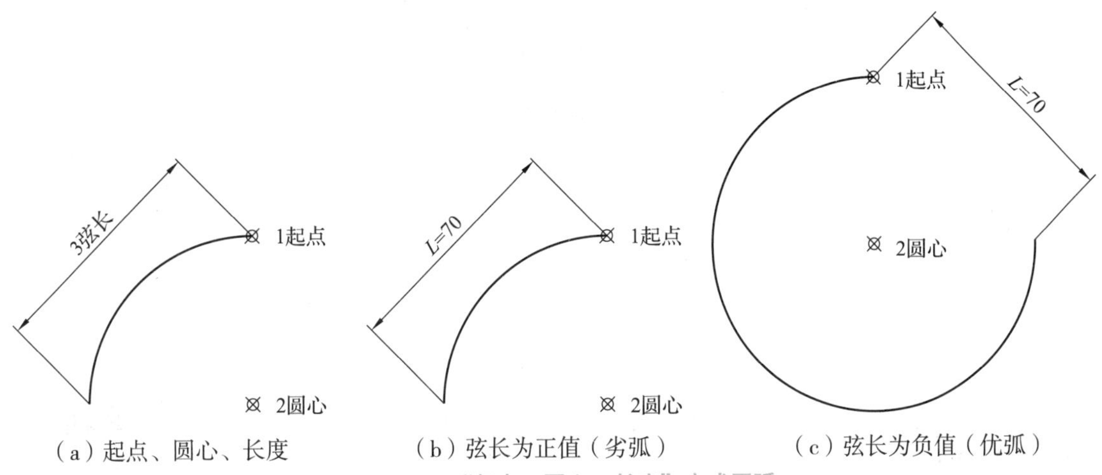

（a）起点、圆心、长度　（b）弦长为正值（劣弧）　（c）弦长为负值（优弧）

图 1–3–20　“起点、圆心、长度”方式画弧

【友情提示】采用“起点、圆心、长度”方式画弧，当输入的弦长为正值时，则绘制劣弧；当输入的弦长为负值时，则该值的绝对值作为对应的整圆空缺部分圆弧的弦长。当使用这种方式绘制圆弧时，有时不能绘制成功，因为给定的弦长不能超过起点到圆心距离的两倍。这种方法不易控制，不常用。

3. 指定起点、端点方式画弧

此种方式下有“起点、端点、角度”“起点、端点、方向”“起点、端点、半径”3 种方式。

（1）“起点、端点、角度”方式画弧：通过指定圆弧的起点、端点和鼠标指针起点连线与极轴的角度（等于绘制圆弧所包含的圆心角）绘制圆弧，如图 1–3–21 所示。

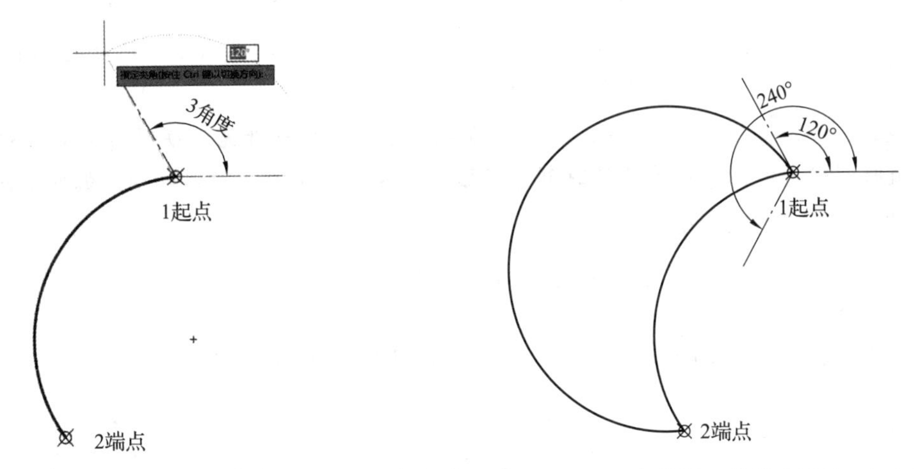

（a）起点、端点、角度　（b）角度（0° <A<180°）劣弧；角度（180° <A<360°）优弧

图 1–3–21　“起点、端点、角度”方式画弧

【友情提示】采用“起点、端点、角度”方式画弧，从起点开始沿逆时针方向创建圆弧。当 0° <A<180° 时，创建劣弧；当 A=180° 时，创建半圆；当 180° <A<360° 时，创建优弧。当按住 Ctrl 键（或输入相应的负角度）时，可以切换圆弧的方向。

（2）“起点、端点、方向”方式画弧：通过指定圆弧的起点、端点和圆弧起点的切线方向绘制圆弧，如图 1–3–22 所示。

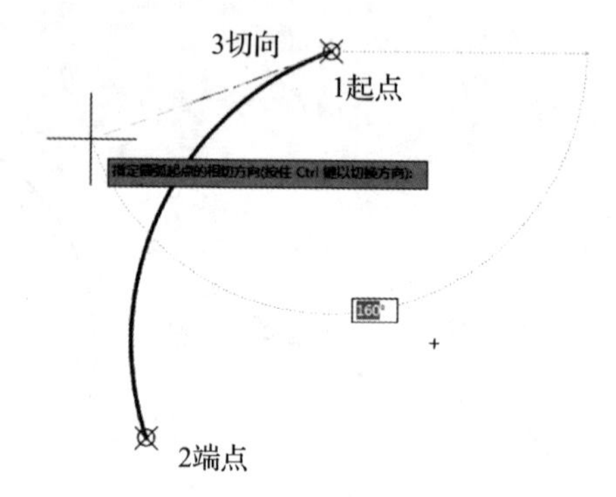

图 1-3-22　“起点、端点、方向”方式画弧

（3）“起点、端点、半径”方式画弧：通过指定圆弧的起点、端点和圆弧的半径绘制圆弧，如图 1-3-23 所示。

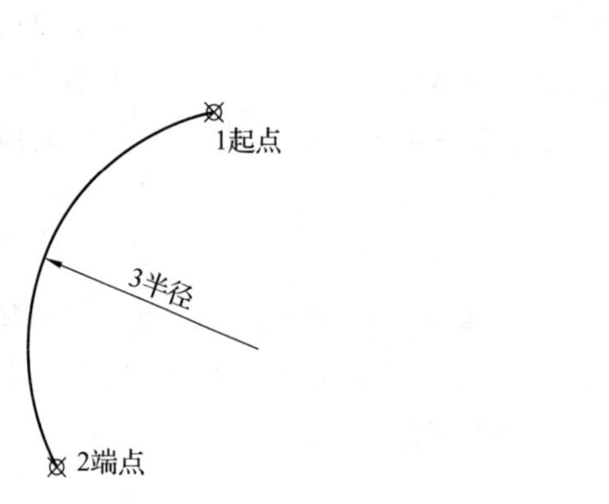

（a）起点、端点、半径

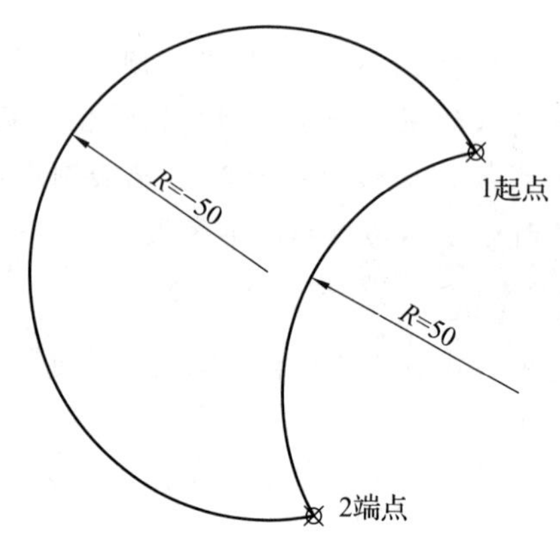

（b）半径为正值（劣弧）；半径为负值（优弧）

图 1-3-23　“起点、端点、半径”方式画弧

【友情提示】采用“起点、端点、半径”方式画弧，从起点开始沿逆时针方向创建圆弧，半径为正值时创建劣弧，半径为负值时创建优弧。按住 Ctrl 键时，可以切换圆弧的方向。

4. 指定圆心、起点方式画弧

此种方式下有“圆心、起点、端点”“圆心、起点、角度”“圆心、起点、长度”3 种方式，如图 1-3-24 所示。

指定圆心、起点方式画弧与前述画弧方法大致相同，在此不再赘述。

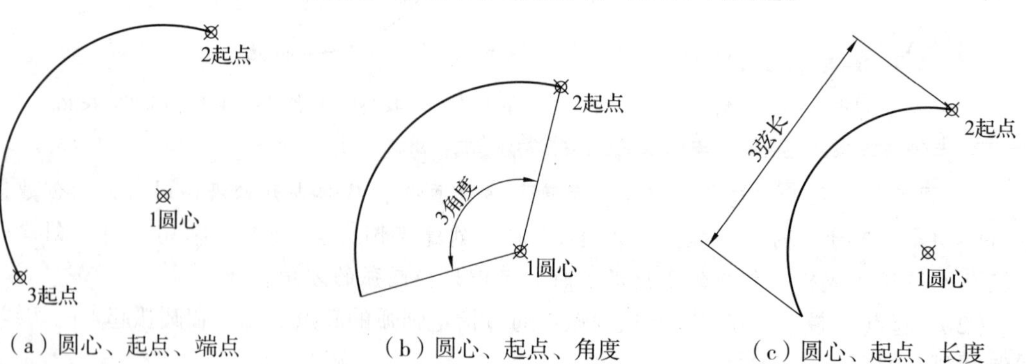

（a）圆心、起点、端点　　（b）圆心、起点、角度　　（c）圆心、起点、长度

图 1-3-24　“圆心、起点、方式”画弧

5. 连续方式画弧

该方式以刚画完的直线或圆弧的终点为起点绘制与该直线或圆弧相切的圆弧，如图 1–3–25 所示，圆弧 *BC*、圆弧 *CD* 都是以这种方式绘制的。

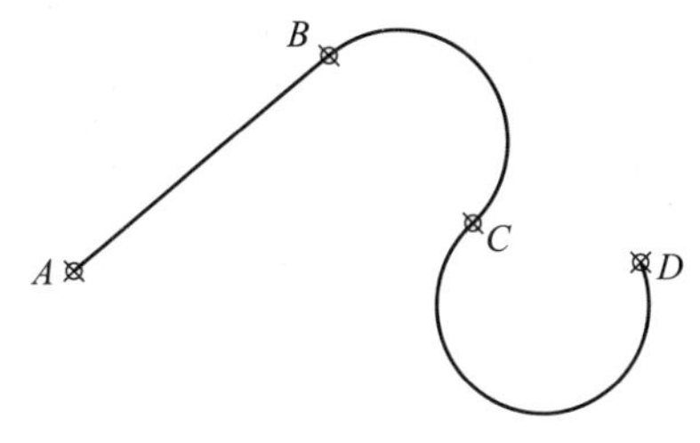

图 1–3–25　连续方式画弧

四、实施任务

【步骤 1】采用“起点、圆心、角度”方式绘制 *R*=100mm 的圆弧，如图 1–3–26 所示。

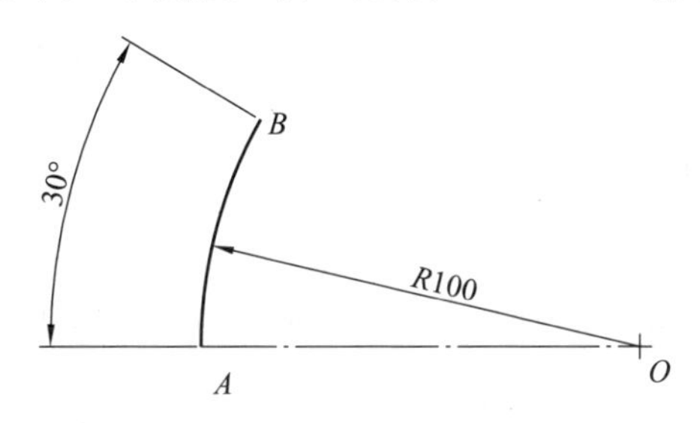

图 1–3–26　“起点、圆心、角度”方式绘制圆弧

```
命令：A
ARC
指定圆弧的起点或［圆心（C）]:                    （指定起点 A）
指定圆弧的第二个点或［圆心（C）/ 端点（E）]: c    （切换到“圆心”）
指定圆弧的圆心：@100, 0                          （通过输入坐标指定圆心 O）
指定圆弧的端点（按住 Ctrl 键以切换方向）或［角度（A）/ 弦长（L）]: a
                                                （切换到“角度”）
指定夹角（按住 Ctrl 键以切换方向）: -30          （顺时针旋转输入负值）
```

【步骤 2】使用“偏移”命令将圆弧向外偏移 40mm（内外圆弧属于同心圆弧），如图 1–3–27 所示，直线连接 *AC*、*BD*。

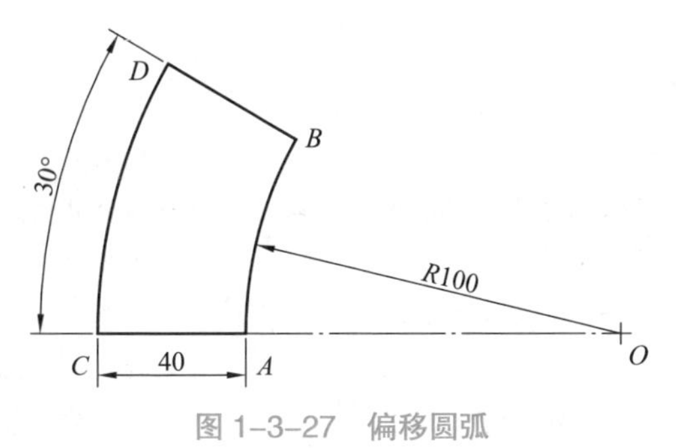

图 1–3–27　偏移圆弧

```
命令：O
OFFSET
当前设置：删除源 = 否  图层 = 源  OFFSETGAPTYPE=0
指定偏移距离或［通过（T）/ 删除（E）/ 图层（L）］< 通过 >： 40      （指定偏移距离）
选择要偏移的对象，或［退出（E）/ 放弃（U）］< 退出 >：               （选择圆弧 AB）
指定要偏移的那一侧上的点，或［退出（E）/ 多个（M）/ 放弃（U）］< 退出 >：
                                                                    （单击圆弧 AB 外侧）
选择要偏移的对象，或［退出（E）/ 放弃（U）］< 退出 >：               （按 Enter 键结束）

命令：L
LINE
指定第一个点：                                                      （捕捉点 A）
指定下一点或［放弃（U）］：                                          （捕捉点 C）
指定下一点或［放弃（U）］：                                          （按 Enter 键结束）

命令： LINE
指定第一个点：                                                      （捕捉点 B）
指定下一点或［放弃（U）］：                                          （捕捉点 D）
指定下一点或［放弃（U）］：                                          （按 Enter 键结束）
```

【步骤 3】采用“起点、端点、半径”方式绘制圆弧，效果如图 1–3–28 所示。

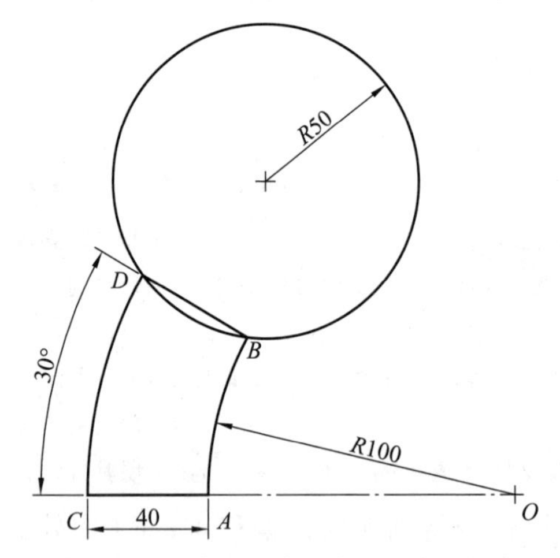

图 1–3–28 “起点、端点、半径”方式绘制圆弧

```
命令：A
ARC
指定圆弧的起点或［圆心（C）］：                           （捕捉点 B）
指定圆弧的第二个点或［圆心（C）/ 端点（E）］：e          （切换到“端点”）
指定圆弧的端点：                                         （捕捉点 D）
指定圆弧的中心点（按住 Ctrl 键以切换方向）或［角度（A）/ 方向（D）/ 半径（R）］：r
                                                         （切换到“半径”）
指定圆弧的半径（按住 Ctrl 键以切换方向）：-50            （画优弧输入负值半径）
```

【智慧百科】除了上述绘制圆弧的 11 种方法外，还有哪些绘制方法能得到圆弧呢？由于圆弧是圆的一部分，因此可以通过修剪圆得到圆弧；还可以通过“倒圆角”命令得到圆弧。得到圆弧的方式很多，关键是通过分析给定的参数，选择最合适的方式绘制，这是提高绘图效率的一个途径。

任务3　椭圆和椭圆弧的绘制方法

学习目标 ⇨ 1. 掌握椭圆的 3 种绘制方法。
2. 了解椭圆弧的绘制方法。
3. 掌握椭圆上切点的捕捉。

一、明确任务

本任务的图例如图 1–3–29 所示。

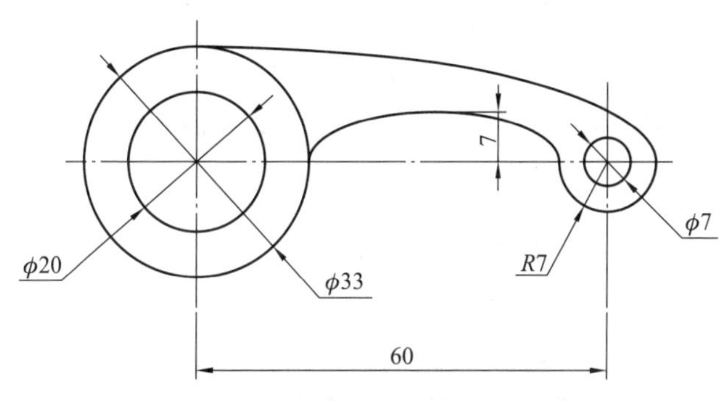

图 1–3–29　椭圆和椭圆弧的绘制

技能训练要点：椭圆（El）。

二、分析任务

本图例是由圆和椭圆弧构成的图形，圆形的绘制在前面已经介绍过，这里主要介绍椭圆弧的绘制。椭圆弧是椭圆的一部分，可以通过绘制椭圆后修剪获得，也可以通过给定参数直接绘制。

三、知识储备

椭圆是平面上到两定点的距离和为定值的点的轨迹，也可定义为到定点距离与到定直线距离之比为一个小于 1 的常值的点的轨迹。AutoCAD 2016 提供了 3 种绘制椭圆（或椭圆弧）的方法。调用方式：选择“默认”功能区中的“绘图”→“椭圆”命令（El），如图 1–3–30 所示。用户可根据不同需要选择不同的画图方式。

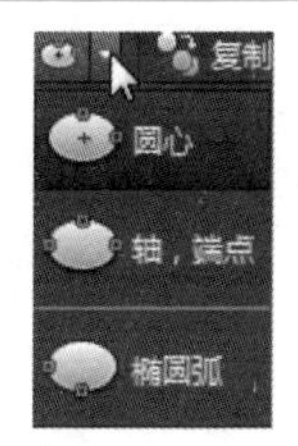

图 1–3–30　绘制椭圆或椭圆弧的方式

（1）“圆心”方式绘制椭圆：通过指定椭圆的中心点、一个轴的一个端点和另一个轴的一个端点的方式绘制椭圆，如图 1–3–31（a）所示。

（2）“轴、端点”方式绘制椭圆：通过指定椭圆的一个轴的两个端点和另一个轴的一个端点的方式绘制椭圆，如图 1–3–31（b）所示。

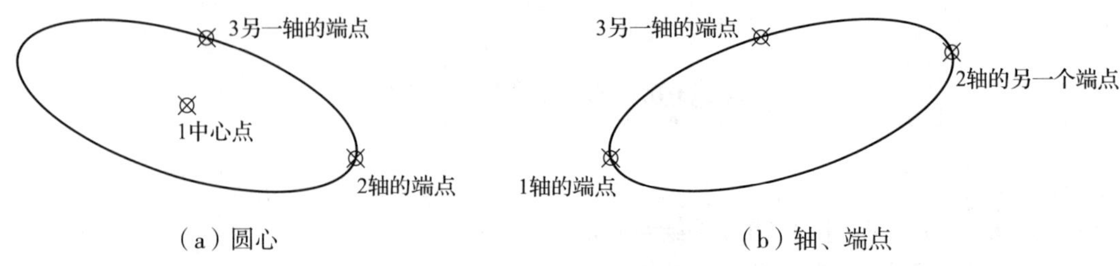

图 1–3–31　“圆心”方式绘制椭圆

（3）绘制旋转椭圆：如果需要绘制旋转椭圆，则可选择“R”选项，这种方式实际上相当于将一个圆在三维空间中绕长轴（直径）转动一个角度后投影在二维平面上，旋转角度范围为 0° ~ 89.4°。当角度为 0° 时是圆，为 60° 时是长短轴之比为 2 的椭圆。

（4）绘制椭圆弧：在绘制椭圆时选择参数“A”，则可绘制椭圆的一部分，即椭圆弧。除了上述绘制椭圆的步骤外，还需要指定椭圆弧的起始角度、终止角度，如图 1–3–32 所示。

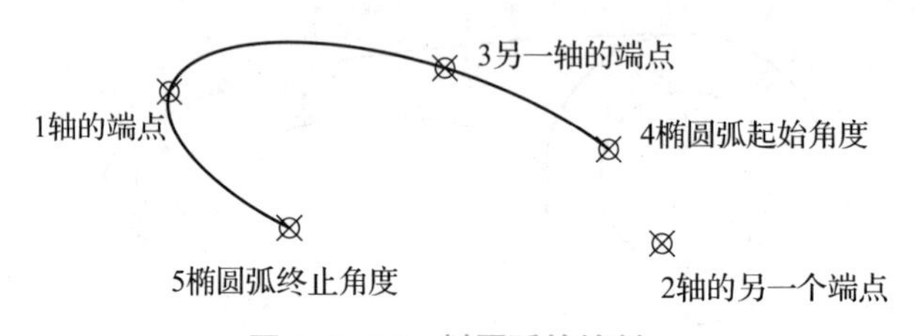

图 1–3–32　椭圆弧的绘制

【友情提示】指定起始角度、终止角度绘制椭圆弧时，角度是指与椭圆长半轴的夹角，逆时针为正，并不是与用户坐标系 X 轴的夹角。“参数”选项：通过矢量参数方程式创建椭圆弧。“包含角度”选项：指定从起始角到终止角的包含角度。

四、实施任务

【步骤 1】在“中心线”图层绘制如图 1–3–33 所示的中心线。打开“正交”状态，利用“直线”命令绘制水平和垂直中心线。偏移复制垂直中心线，偏移距离为 60mm。

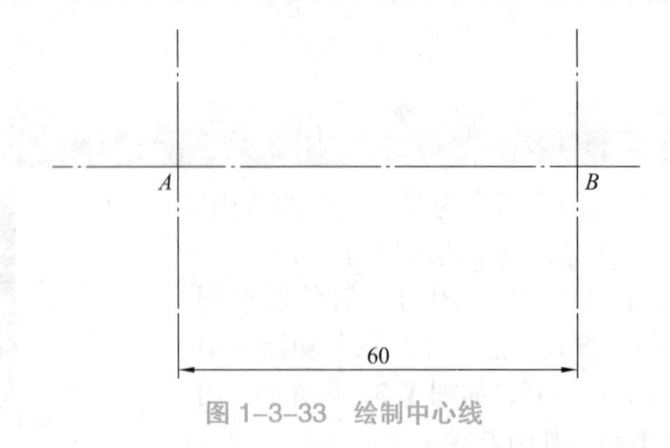

图 1–3–33　绘制中心线

【步骤 2】在“粗实线”图层以点 A 为圆心分别绘制 ϕ20mm、ϕ33mm 的两个圆；以点 B 为圆心分别绘制 ϕ7mm 和 R7mm 的两个圆，如图 1-3-34 所示。

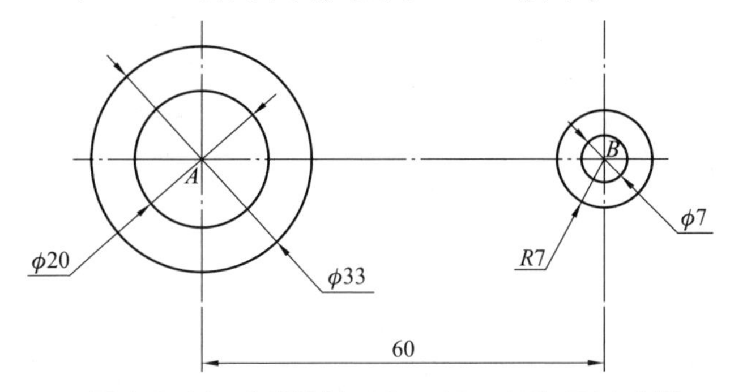

图 1-3-34　分别绘制 ϕ20、ϕ33、ϕ7 和 R7 4 个圆

【步骤 3】分别采用“圆心”“轴、端点”两种方法绘制椭圆弧 M、N，效果如图 1-3-35 所示。

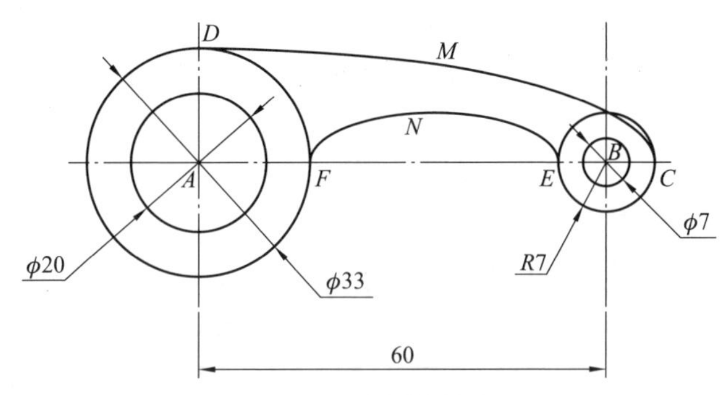

图 1-3-35　绘制椭圆弧 M、N

```
命令：_ellipse
指定椭圆的轴端点或［圆弧（A）/ 中心点（C）］：_a        （切换到“圆弧”选项）
指定椭圆弧的轴端点或［中心点（C）］：c                  （切换到“中心点”选项）
指定椭圆弧的中心点：                                    （捕捉点 A）
指定轴的端点：                                          （捕捉点 C）
指定另一条半轴长度或［旋转（R）］：                      （捕捉点 D）
指定起点角度或［参数（P）］：                            （捕捉点 C）
指定端点角度或［参数（P）/ 包含角度（I）］：              （捕捉点 D）

命令：_ellipse
指定椭圆的轴端点或［圆弧（A）/ 中心点（C）］：_a        （切换到“圆弧”选项）
指定椭圆弧的轴端点或［中心点（C）］：                    （捕捉点 E）
指定轴的另一个端点：                                    （捕捉点 F）
指定另一条半轴长度或［旋转（R）］：7                     （输入半轴长度 7mm）
指定起点角度或［参数（P）］：                            （捕捉点 E）
指定端点角度或［参数（P）/ 包含角度（I）］：              （捕捉点 F）
```

【步骤 4】使用“修剪”命令将多余的圆弧修剪，如图 1-3-36 所示，并调整中心线的长度，绘制图形完成。

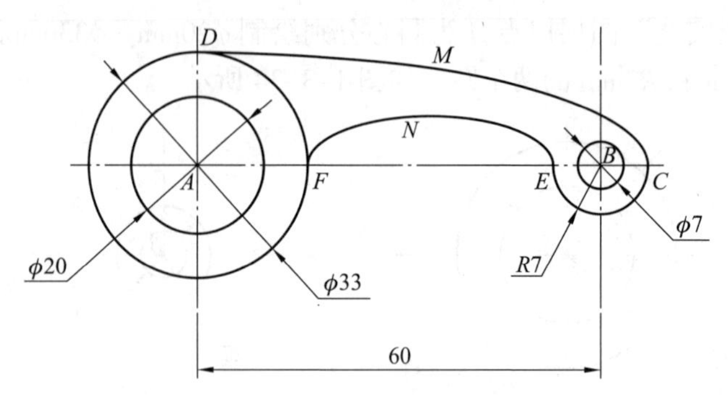

图 1-3-36 修剪多余圆弧

【智慧百科】虽然学习了绘制椭圆或椭圆弧的 3 种方法，但在画图时，会发现想捕捉椭圆的切点，却怎么也捕捉不了，怎么回事？如图 1-3-37 所示，在使用“相切、相切、半径”方式绘制圆 *A* 时，想捕捉椭圆切点，但怎么也捕捉不到。怎样才能捕捉到椭圆上的切点呢？首先在绘制椭圆前先将 pellipse 参数设置为 1，这时绘制的椭圆就可以捕捉到切点了（此时绘制的椭圆是由“多段线”构成的）。但需要注意的是，当 pellipse 参数设置为 1 时，是无法绘制椭圆弧的，如果想绘制椭圆弧，必须将 pellipse 参数设置为 0。

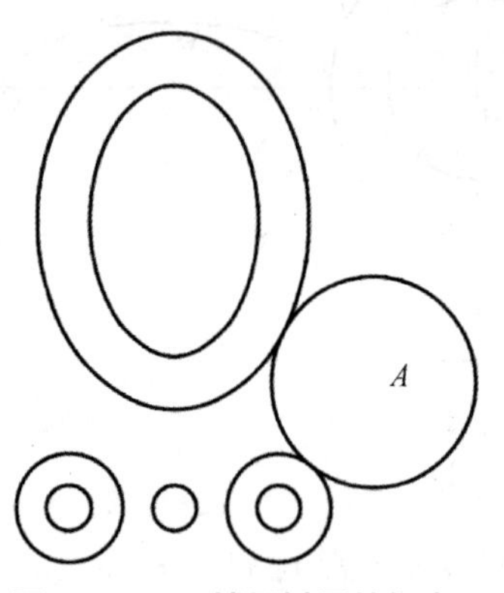

图 1-3-37 捕捉椭圆的切点

项目 4　含正多边形图形的绘制

正多边形是由多条等边长的封闭线段构成的，利用“正多边形”（Polygon）命令可以绘制边数为 3~1024 的正多边形。绘制正多边形的方法主要有“内接于圆”“外切于圆”“边长”3 种方式。本项目主要介绍“正多边形”“矩形”“构造线”3 种绘图工具和“比例缩放”编辑工具的使用方法和技巧。

任务1　内接于圆法绘制正多边形

学习目标 ⇨

1. 掌握内接于圆法绘制正多边形。
2. 掌握矩形的绘制方法。
3. 掌握构造线的使用方法。

一、明确任务

本任务的图例如图 1–4–1 所示。

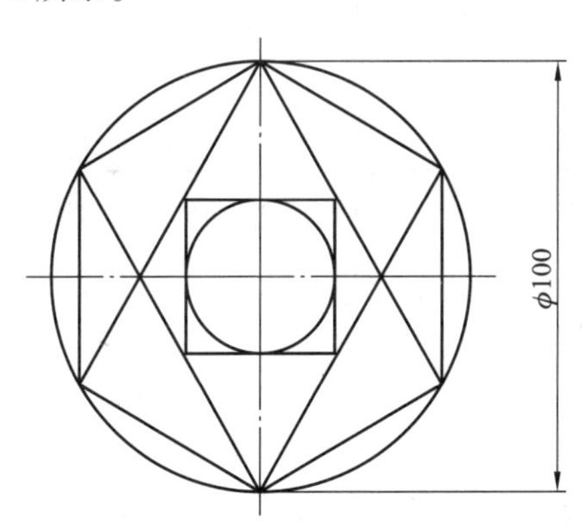

图 1–4–1　“内接于圆”法绘制正多边形

技能训练要点：正多边形（Pol）、矩形（Rec）、构造线（Xl）。

二、分析任务

本图例主要由圆和正多边形构成，为了绘图方便，一般先绘制圆形，这样绘制正多边形便于捕捉“中心点”（即圆心）。在绘制正方形时，需要通过“构造线”（即辅助线）找出正方形与直线的交点，使用“矩形”命令捕捉“交点”完成。

三、知识储备

1. 正多边形

AutoCAD 2016 中提供了 3 种绘制正多边形的方式。调用方式：选择“默认”功能区中的“绘图”→“正多边形（与矩形在一起）”命令（Polygon）。绘制方式有“内接于圆”“外切于圆”“边长”3 种。正多边形在 AutoCAD 中是作为一个整体来处理的。

“内接于圆”方式：根据“系统提示”依次指定输入侧面数（即正多边形的边数）、指定正多边形的中心点（即外接圆的圆心）、内接于圆（I）选项、指定圆的半径（即假想外接圆的半径）的方式进行绘制。如图 1–4–2 所示，虚线圆为假想的外接圆，实际作图过程中并不绘制出来。

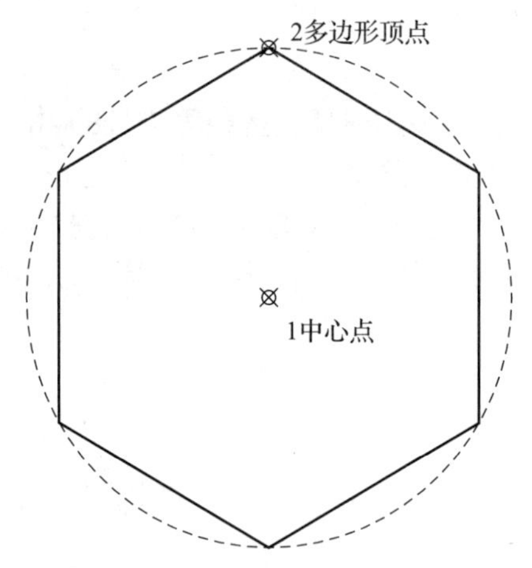

图 1–4–2 “内接于圆”方式绘制正多边形示意图

【友情提示】“内接于圆”方式绘制正多边形，鼠标指针位于正多边形的一个顶点处；在“指定圆的半径”提示下，如果输入半径值，则正多边形至少有一条边水平放置；如果用鼠标拾取点来确定半径值，则正多边形各边的放置将根据拾取点的位置确定。

2. 矩形

AutoCAD 专门提供了一个“矩形”命令，利用该命令可以绘制不同形式的矩形，而不需要逐条线地绘制。矩形在 AutoCAD 中也是作为一个整体来处理的。调用方式：选择“默认”功能区中的“绘图”→“矩形（与正多边形在一起）”命令（Rectang）。如图 1–4–3 所示，使用“Rectang”命令可以绘制不同形式的矩形。

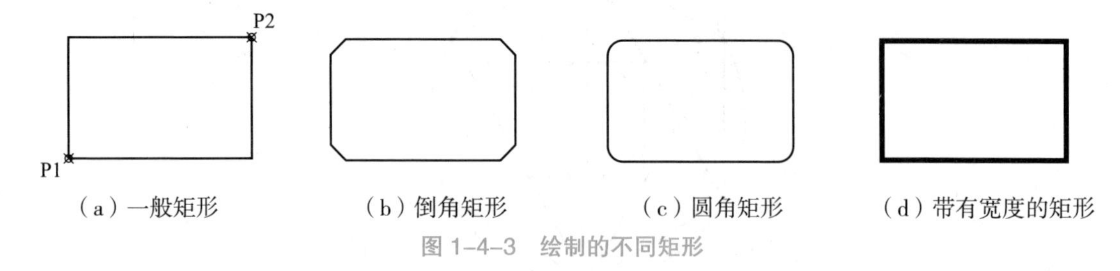

图 1–4–3　绘制的不同矩形

（1）绘制一般矩形：通过分别指定矩形的两个对角点绘制，是最常用的一种绘制矩形的方式，如图 1–4–3（a）所示。

相关选项说明：

①面积（A）：该选项通过指定矩形的面积与长度或宽度的尺寸来创建矩形。

②尺寸（D）：该选项通过指定矩形的长度和宽度尺寸来创建矩形。

③旋转（R）：该选项创建的矩形将围绕第一个角点旋转指定的角度。可以直接输入一个具体的角度值，或者拾取一个点，AutoCAD 将自动计算该点到矩形第一个角点之间连线的角度并将其设为矩形旋转的角度。

（2）绘制倒角矩形：选项“倒角（C）”用于设置倒角距离，绘制带倒角的矩形，如图

1-4-3（b）所示。

（3）绘制圆角矩形：选项“圆角（F）”用于设置圆角半径，绘制带圆角的矩形，如图 1-4-3（c）所示。

（4）绘制带有宽度的矩形：选项“宽度（W）”用于设置所画矩形的线宽，绘制带有线宽的矩形，如图 1-4-3（d）所示。

（5）其他：选项“标高（E）”用于设置所画矩形的标高，用来绘制三维图形；选项“厚度（T）”用于设置所画矩形的厚度，用来绘制三维图形。

3. 构造线

构造线是指向两个方向无限延伸的直线，既没有起点也没有终点，主要用作辅助线，作为创建其他对象的参照。在绘图时，通常将构造线单独放在一个图层上，图形绘制完后，将构造线所在的图层关闭或直接将构造线删除。调用方式：选择“默认”功能区“绘图”下拉列表中的“构造线”命令（Xline），如图 1-4-4 所示。

基于构造线选项，有以下 6 种方式绘制构造线。

（1）两点式：通过指定两点来绘制构造线，一点为中心点，另一点为构造线的通过点；点的指定可以通过对象捕捉的方式，也可以通过坐标点的输入。这是系统默认的一种绘制方式。

（2）水平（H）：绘制通过指定点的水平方向构造线。

（3）垂直（V）：绘制通过指定点的垂直方向构造线。

（4）角度（A）：绘制通过指定点与 X 轴正方向或指定的参照线成指定角度的构造线，默认状态下逆时针为正。

【友情提示】用户可以输入一个角度值，然后指定构造线的通过点绘制与当前用户坐标系 X 轴正方向成一定角度的构造线。如果要绘制与已知直线成指定角度的构造线，则输入“R”，命令行提示选择直线对象并指定构造线与直线的夹角，然后指定通过点来绘制构造线。

（5）二等分（B）：绘制角的平分线。通过指定角的顶点、角的起点和角的终点（端点）的方式绘制出过角顶点的角平分线，如图 1-4-5 所示。

图 1-4-4　构造线调用方式

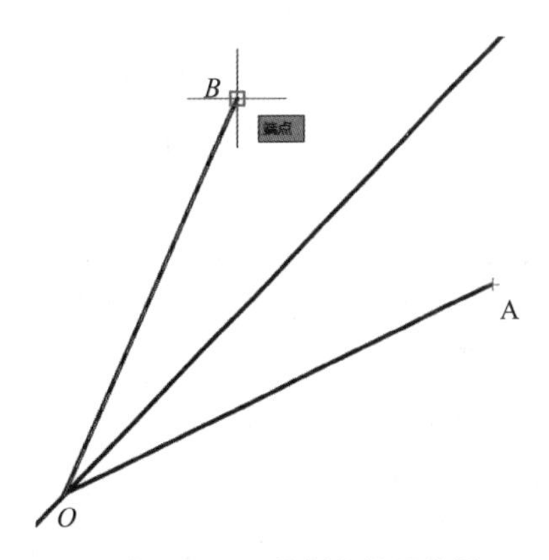

图 1-4-5　绘制角的平分线

（6）偏移（O）：绘制与指定直线平行的构造线。通过给出偏移距离或指定通过点，即可画出与指定直线相平行的构造线。

四、实施任务

【步骤 1】在“中心线”图层绘制水平和垂直直线，长度均为 100mm，如图 1–4–6 所示。

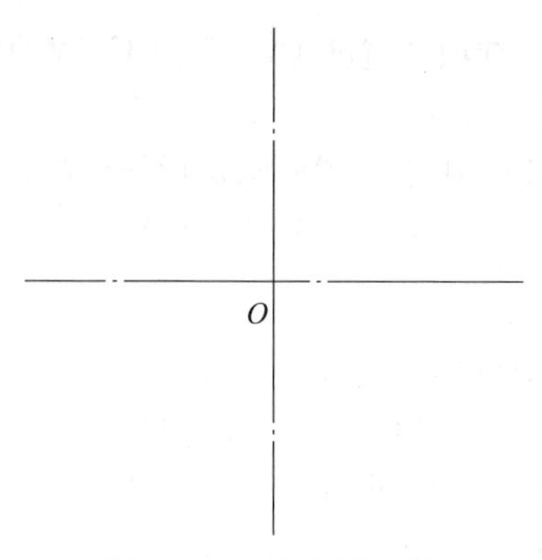

图 1–4–6　绘制中心线

【步骤 2】在“粗实线”图层以 *O* 为圆心，绘制直径 100mm 的圆形；以 *O* 为中心点，以“内接于圆”方式绘制正六边形，外接圆直径为 100mm（注意捕捉圆的“象限点”），如图 1–4–7（a）所示。调整中心线的长度和显示比例，效果如图 1–4–7（b）所示。

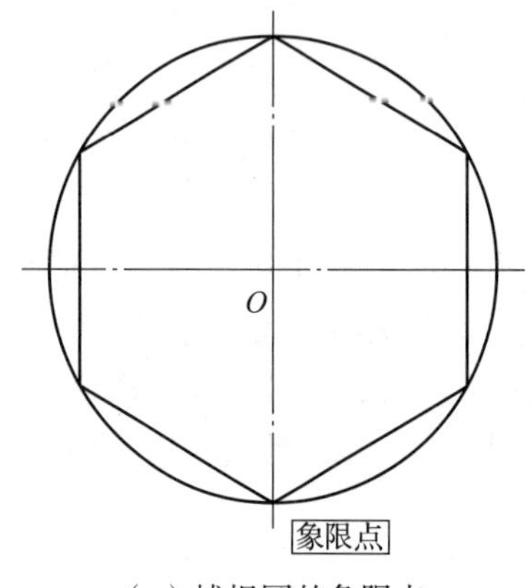

（a）捕捉圆的象限点

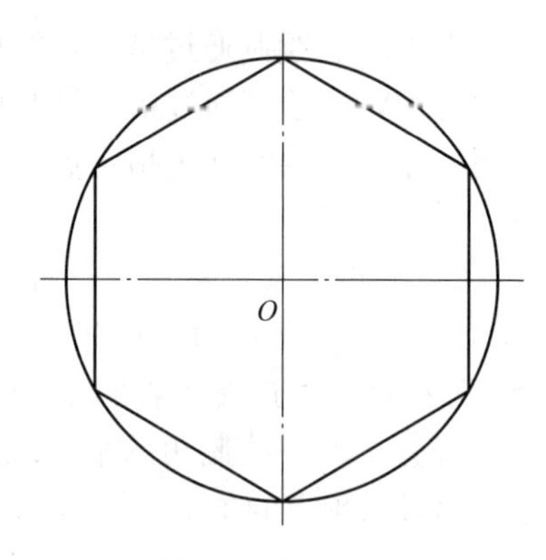

（b）调整中心线长度和比例

图 1–4–7　以“内接于圆”法绘制正六边形

【友情提示】“象限点”是指圆、圆弧、椭圆或椭圆弧上的特殊点。对于圆和圆弧来说，是指通过圆或圆弧的中心的水平和竖直直线与圆或圆弧的交点位置；对于椭圆或椭圆弧来说，是指椭圆或椭圆弧的长轴和短轴与椭圆或椭圆弧的交点位置。因此，圆与椭圆都有 4 个象限点。“象限点”可以通过“草图设置”对话框“对象捕捉”选项卡中的“对象捕捉模式”选项区域进行设置。

```
命令：CIRCLE
指定圆的圆心或［三点（3P）/ 两点（2P）/ 切点、切点、半径（T）]:
                                                （捕捉点 O）
指定圆的半径或［直径（D）] <50.0000>: d          （切换到“直径”）
指定圆的直径 <100.0000>: 100                     （输入直径 100，按 Enter 键确认）
命令：POL
POLYGON 输入侧面数 <6>:                          （输入正多边形的边数 6）
```

```
指定正多边形的中心点或［边（E）]:                          （捕捉点 O）
输入选项［内接于圆（I）/ 外切于圆（C）] <I>:               （选择“内接于圆”）
指定圆的半径:                                              （向下方捕捉圆的象限点）
```

【步骤 3】分别用直线连接 AB、BC、DE、EF，如图 1–4–8 所示。

【步骤 4】绘制经过定点 O，与水平 X 轴成 45° 的构造线，分别于直线 BC、DE 交于 M、N；使用“矩形”命令捕捉对角点 M、N，绘制矩形，如图 1–4–9 所示。

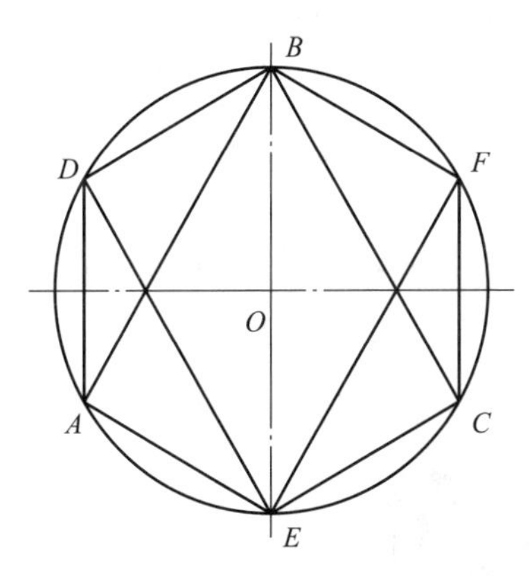

图 1–4–8　直线连接 *AB*、*BC*、*DE*、*EF*

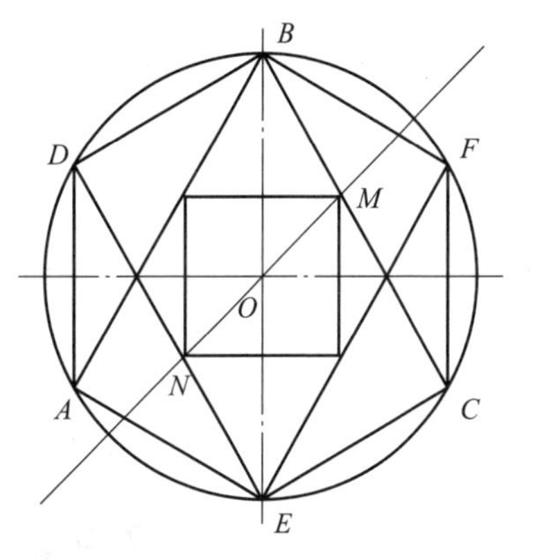

图 1–4–9　创建辅助线绘制矩形

```
命令: XL
XLINE
指定点或［水平（H）/ 垂直（V）/ 角度（A）/ 二等分（B）/ 偏移（O）]: a
                                                           （切换到“角度”）
输入构造线的角度（0）或［参照（R）]:  45                   （输入构造线角度 45°）
指定通过点:                                                （捕捉点 O）

命令: REC
RECTANG
指定第一个角点或［倒角（C）/ 标高（E）/ 圆角（F）/ 厚度（T）/ 宽度（W）]:
                                                           （捕捉点 M）
指定另一个角点或［面积（A）/ 尺寸（D）/ 旋转（R）]:          （捕捉点 N）
```

【步骤 5】将构造线删除。以点 O 为圆心，捕捉正方形一边中点 P 画圆，如图 1–4–10 所示。

【步骤 6】标注尺寸。选择“注释”功能区中的“标注”→“线性”（Dli）命令进行尺寸标注，如图 1–4–11 所示。然后，对标注的尺寸进行特性修改，命令行输入“PROPERTIES”（或按 Ctrl+1 组合键），在选中线性标注的前提下，在“特性”对话框内找到“标注前缀”选项，如图 1–4–12 所示，在后面的文本框内输入“%%c”（即直径符号），然后关闭“特性”对话框即可。

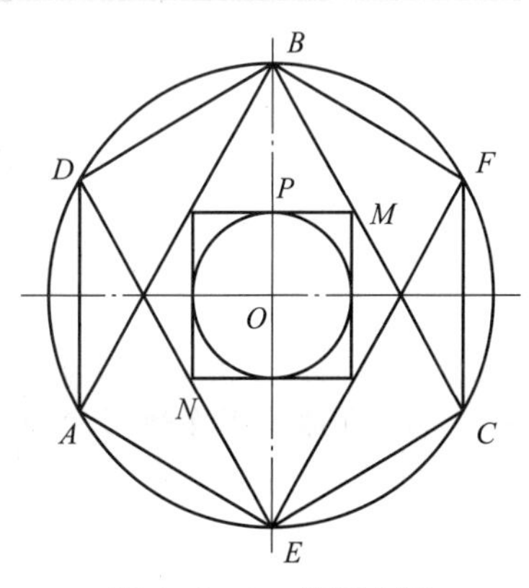

图 1–4–10　绘制小圆

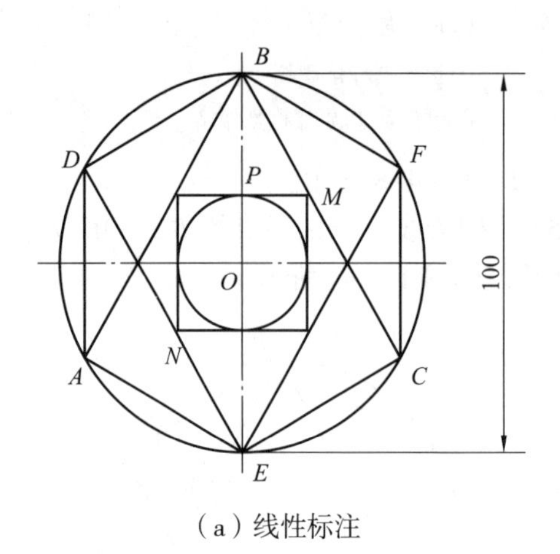

（a）线性标注

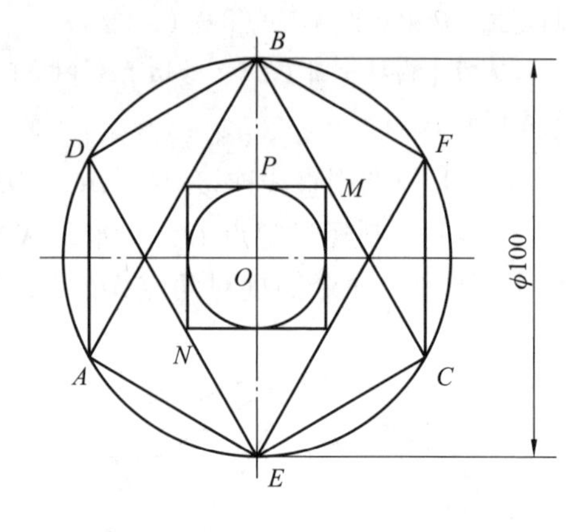

（b）在线性标注前添加直径符号

图 1-4-11　标注尺寸

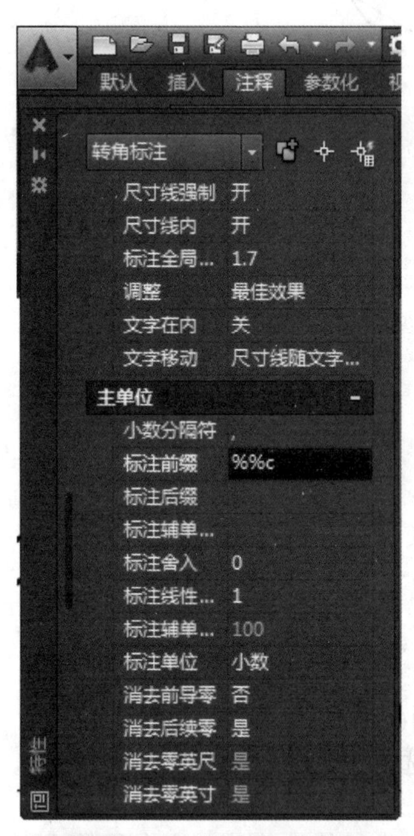

图 1-4-12　“特性”对话框

【智慧百科】上面学习了内接于圆法绘制正多边形。这种方法的另一个用途是可以将圆等分。等分点即为正多边形的顶点，正多边形的边数即为圆的等分数。还可以通过旋转正多边形改变圆等分点的位置，如图 1-4-13 所示。

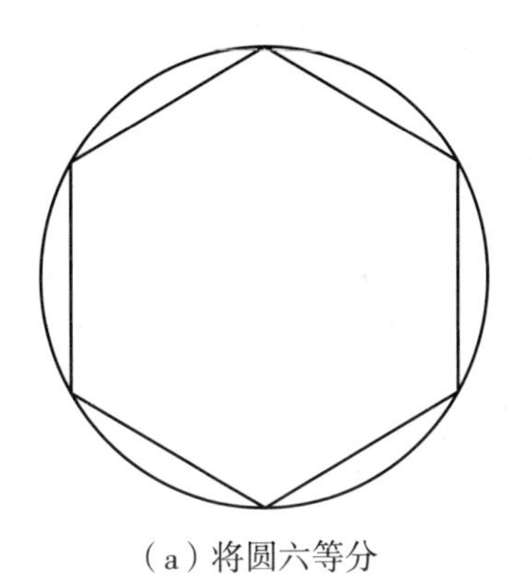

（a）将圆六等分　　　　（b）改变等分点的位置

图 1–4–13　将圆等分并改变等分点的位置

任务2　外切于圆法绘制正多边形

学习目标 ⇨ 1. 掌握外切于圆法绘制正多边形。
2. 掌握比例缩放对象编辑工具的使用方法。
3. 掌握边长方式绘制正多边形。

一、明确任务

本任务的图例如图 1–4–14 所示。

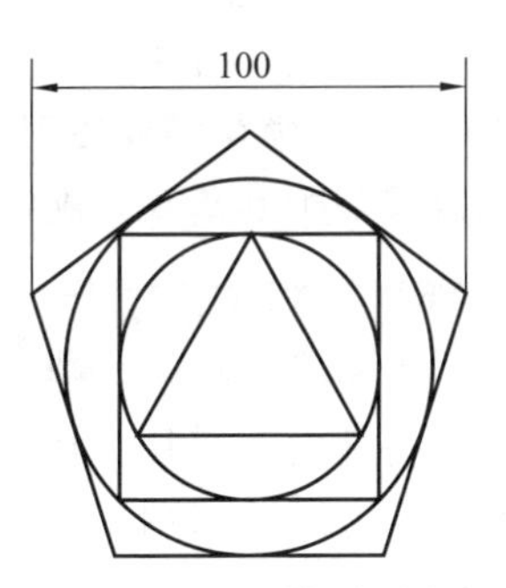

图 1–4–14　“外切于圆”法绘制正多边形

技能训练要点：正多边形（Pol）、比例缩放（Sc）。

二、分析任务

由圆和正多边形构成的同中心的图形，一般先绘制圆，从而确定正多边形的中心点。此图例中，根据标注的尺寸 100mm，是无法直接用正多边形绘制的。因此，在绘制时可以由内向外逐层绘制，由于刚开始绘制内部小圆时尺寸任意给定一个数值，因此后面绘制的正五边形经线性标注肯定不是 100mm，那么必须通过“比例缩放”命令，将整个图形缩放为给定的尺寸 100mm。

三、知识储备

1.“外切于圆”法绘制正多边形

根据“系统提示”依次指定输入侧面数（即正多边形的边数）、指定正多边形的中心点（即内切圆的圆心）、外切于圆（C）选项、指定圆的半径（即假想内切圆的半径）的方式进行绘制。如图 1–4–15 所示，虚线圆为假想的内切圆，实际作图过程中并不绘制出来。

【友情提示】“外切于圆”方式绘制正多边形，鼠标指针位于正多边形一条边的中点处。

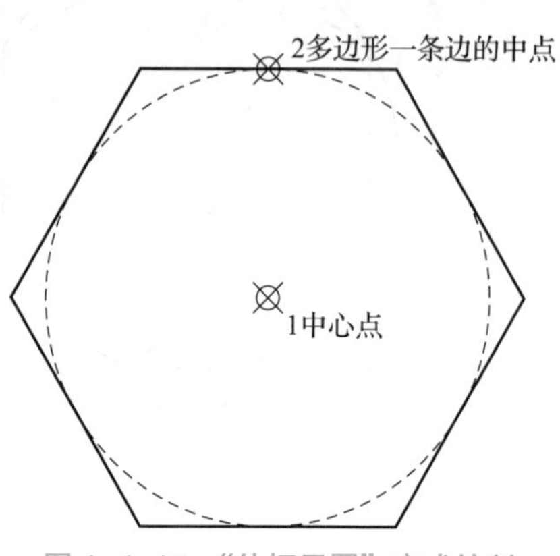

图 1–4–15　“外切于圆”方式绘制正多边形示意图

2. 比例缩放

比例缩放是指将选定的对象以指定的基点为中心按指定的比例放大或缩小。

操作方法：选择“默认”功能区中的“修改”→“缩放”命令（Scale），然后根据系统提示选定对象、指定基点和比例。基点可选在图形的任何位置，通常选择中心点或左下角点，当对象大小变化时，基点保持不动。该命令有两种缩放方式：“指定比例因子”和“参照”方式。

（1）指定比例因子缩放对象：通过直接输入比例因子（即放大缩小倍数）缩放对象，大于 1 的比例因子使对象放大，在 0~1 之间的比例因子使对象缩小。

（2）参照方式缩放对象：按参照长度和指定的新长度缩放所选对象。如果不能确定缩放的比例，可按参照方式缩放，依次输入参照长度的值和新的长度值，系统根据参照长度与新的长度值自动计算比例因子，对选定的对象进行缩放。也可拾取任意两点指定新的长度，不再局限于将基点作为参照点。这种方式可以将任意长度值缩放到指定的新长度。

【友情提示】“ZOOM”（视图缩放）和“SCALE”（比例缩放）命令都可对图形进行缩小或放大，但两者有本质的区别，用“ZOOM”命令缩放图形就好比“近大远小”，图形的实际尺寸并没有改变；而“SCALE”命令则是使图形真正放大或缩小，图形的实际尺寸发生了变化。

四、实施任务

【步骤 1】绘制一个圆，圆心和半径任意。采用“内接于圆”方式绘制圆内接正三角形，采用“外切于圆”方式绘制圆外切正四边形，如图 1–4–16 所示（注意鼠标指针在正多边形上的位置，以及“对象捕捉点”的位置）。

【步骤 2】绘制正方形外接圆，采用“外切于圆”方式绘制圆外切正五边形，如图 1–4–17 所示。

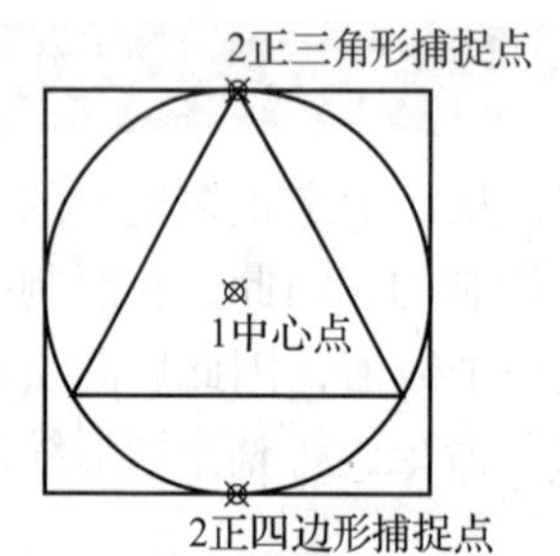

图 1–4–16　圆、正三角形、正四边形的绘制

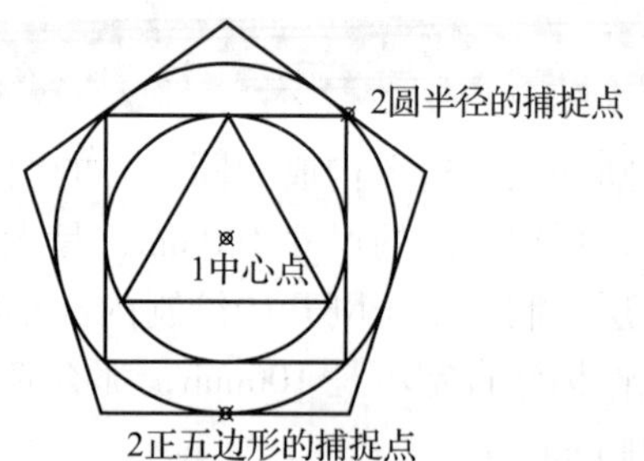

图 1–4–17　圆、正五边形的绘制

【步骤 3】标注 AB 两点的尺寸，然后使用“参照”方式缩放图形，如图 1-4-18 所示。

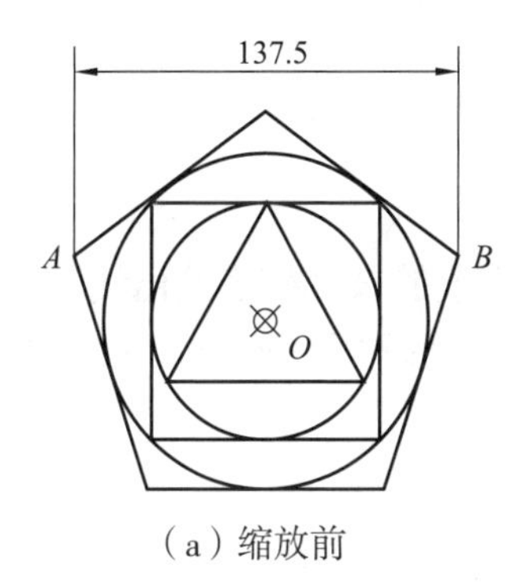

（a）缩放前

（b）缩放后

图 1-4-18　缩放图形

```
命令：SC
SCALE
选择对象：指定对角点：找到 10 个                      （框选整个图形）
选择对象：                                            （按 Enter 键确认）
指定基点：                                            （捕捉基点 O）
指定比例因子或［复制（C）/ 参照（R）]：r              （切换到参照方式）
指定参照长度 <1.0000>:                                （捕捉点 A）
指定第二点：                                          （捕捉点 B）
指定新的长度或［点（P）] <1.0000>:  100               （指定 AB 新长度 100 并按 Enter 键确认）
```

【智慧百科】用“POLYGON”命令绘制正多边形的方法有 3 种，除了“内接于圆”和“外切于圆”外，还有一种“边长”方式。通过指定正多边形一条边的两个端点来设定正多边形，以第一点到第二点的连线为边，按逆时针方向绘制一个正多边形，如图 1-4-19 所示。以图中“正三角形”为例，讲解“边长”方式绘制正多边形的方法；其余正多边形绘制方法与之相同，以边长方式直接捕捉点 A、点 B。

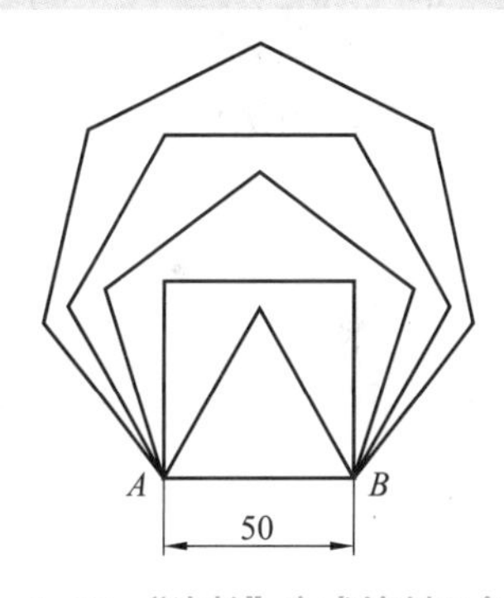

图 1-4-19　“边长”方式绘制正多边形

```
命令：  POLYGON
输入侧面数 <3>：3                                     （输入边数）
指定正多边形的中心点或［边（E)]：e
                                                      （切换至边长选项）
指定边的第一个端点：                                  （任意一点 A）
指定边的第二个端点：50                                （水平右侧输入 50）
```

项目 5　多段线图形的绘制及编辑

多段线是一种非常实用的线段对象，它是由具有宽度的彼此相连的直线段和圆弧构成的组合体，使用“PLINE”命令绘制，它被作为单个图形对象来处理。这些直线或圆弧既可以一起编辑，也可以分别编辑，还可以具有不同的宽度。

任务1　绘制多段线图形

学习目标 ⇨

1. 了解多段线各参数的含义，会使用 Pline 命令绘制多段线。
2. 了解直线 Line 命令绘制的连续直线段与多段线 Pline 命令绘制的连续直线段的区别。
3. 了解多段线的宽度参数和打印线宽之间的区别。

一、明确任务

本任务的图例如图 1-5-1 所示。

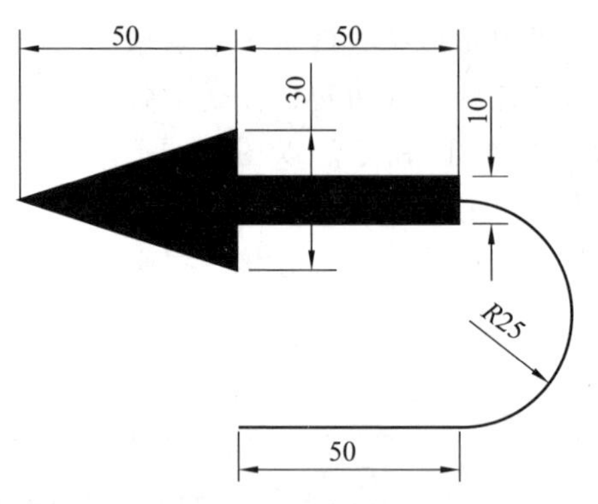

图 1-5-1　多段线图形绘制

技能训练要点：多段线（Pl）。

二、分析任务

本图例是由“多段线”绘制的，根据其特点，不但可以设定不同的线宽，而且同一段首末端宽度也可以不相等。目前，很多图例中需要的不同形状的“箭头”也可以由多段线绘制，非常方便。

三、知识储备

1. 多段线的调用

选择“默认”功能区中的“绘图”→“多段线”命令（Pline）。

2. 多段线操作说明及选项说明

（1）指定起点：要求给出多段线的起点。

（2）当前线宽：显示当前多段线的宽度，默认值为 0。

直线方式各选项的含义如下。

（1）指定下一点：这是默认选项，直接输入一点，AutoCAD 将上一点到该点绘制一段直线。该提示将反复出现，直到按 Space 键或 Enter 键结束命令。

（2）圆弧（A）：该选项用于切换到绘制圆弧的方式，并显示绘制圆弧的相应提示。

（3）闭合（C）：在当前点与多段线的起点间绘制一段直线，使多段线首尾相连成封闭线，并结束命令。该选项只有在当前的多段线有两段以上的直线或弧线时才出现。

（4）半宽（H）：该选项用于设置多段线下一段线首末端的半宽度，即输入值是多段线宽度的一半。起点与端点的半宽度相等时，绘制等宽线；起点与端点的半宽度不相等时，绘制变宽线。

（5）长度（L）：该选项用于绘制指定长度的多段线，将该长度沿上一次所绘直线方向绘制直线；如果前一段对象是圆弧，则所绘直线的方向为该圆弧端点的切线方向。

（6）放弃（U）：该选项用于取消最后绘制的直线段或圆弧段。它可以连续使用，直至返回多段线的起点。利用该选项可以及时修改在绘制多段线过程中出现的错误。

（7）宽度（W）：该选项用于确定多段线的宽度。起点和端点的宽度可以相同，也可以不相同。

圆弧（A）方式各选项的含义如下。

（1）指定圆弧的端点：该选项用于确定圆弧的端点，是多段线绘制圆弧的默认项。它将以上一次所绘直线或圆弧端点切向为起始方向绘制圆弧（按住 Ctrl 键可以切换方向）。

（2）角度（A）：该选项用于设置圆弧所包含的圆心角（按住 Ctrl 键可以切换方向）。然后再通过指定圆弧的端点或圆心或半径方式绘制圆弧。

（3）圆心（CE）：该选项用于设置圆弧的圆心。然后再通过指定圆弧的端点或所包含的圆心角或圆弧所对应的弦长方式绘制圆弧。

（4）闭合（CL）：与直线方式下的闭合选项类似，但它是用圆弧来封闭所画的多段线。该选项只有在当前的多段线有两段以上的直线或弧线时才出现。

（5）方向（D）：该选项用于指定圆弧起点处的切线方向。然后通过指定圆弧端点的方式绘制圆弧。

（6）半宽（H）：该选项用于确定圆弧起始点和终止点的半宽度。

（7）直线（L）：该选项用于将圆弧方式切换到直线方式。

（8）半径（R）：该选项用于指定圆弧的半径。然后再通过指定圆弧的端点或圆弧所包含的圆心角方式绘制圆弧。

（9）第二个点（S）：该选项用于通过三点绘制圆弧。

（10）放弃（U）：该选项用于取消最后绘制的直线段或圆弧段。

（11）宽度（W）：该选项用于确定所绘圆弧的起始点和终止点的宽度。

四、实施任务

多段线绘制效果如图 1-5-2 所示。

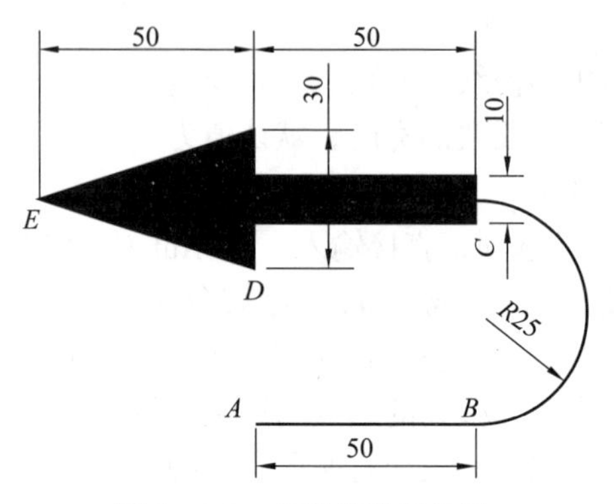

图 1-5-2　多段线绘制效果

操作步骤如下。

```
命令：PL
PLINE
指定起点：                                              （任意一点 A）
当前线宽为 0.0000
指定下一个点或［圆弧（A）/ 半宽（H）/ 长度（L）/
放弃（U）/ 宽度（W）］：50                              （输入长度 50 确定直线段端点 B）
指定下一点或［圆弧（A）/ 闭合（C）/ 半宽（H）/
长度（L）/ 放弃（U）/ 宽度（W）］：a                    （切换到"圆弧"选项）
指定圆弧的端点（按住 Ctrl 键以切换方向）或
［角度（A）/ 圆心（CE）/ 闭合（CL）/ 方向（D）/ 半宽（H）/ 直线（L）/
半径（R）/ 第二个点（S）/ 放弃（U）/ 宽度（W）］：50    （鼠标指针上移输入 50 确定圆弧
                                                        端点 C）
指定圆弧的端点（按住 Ctrl 键以切换方向）或
［角度（A）/ 圆心（CE）/ 闭合（CL）/ 方向（D）/ 半宽（H）/
直线（L）/ 半径（R）/ 第二个点（S）/ 放弃（U）/ 宽度（W）］：l （切换到"直线"选项）
指定下一点或［圆弧（A）/ 闭合（C）/ 半宽（H）/ 长度（L）/
放弃（U）/ 宽度（W）］：w                               （选择"线宽"选项）
指定起点宽度 <0.0000>：10                               （指定起点线宽）
指定端点宽度 <10.0000>：                                （指定终点线宽）
指定下一点或［圆弧（A）/ 闭合（C）/ 半宽（H）/ 长度（L）/
放弃（U）/ 宽度（W）］：50                              （指定长度确定端点 D）
指定下一点或［圆弧（A）/ 闭合（C）/ 半宽（H）/ 长度（L）/
放弃（U）/ 宽度（W）］：w                               （选择"线宽"选项）
指定起点宽度 <10.0000>：30                              （指定起点线宽）
指定端点宽度 <30.0000>：0                               （指定终点线宽）
```

指定下一点或［圆弧（A）/ 闭合（C）/ 半宽（H）/ 长度（L）/
放弃（U）/ 宽度（W）］: 50　　　　　　　　　　（指定长度确定端点 E）
指定下一点或［圆弧（A）/ 闭合（C）/ 半宽（H）/ 长度（L）/
放弃（U）/ 宽度（W）］:　　　　　　　　　　（按 Enter 键结束“多段线”命令）

【智慧百科】初学者容易有这样的疑问：直线 LINE 命令可以连续绘制多条直线段，多段线命令也可以连续绘制多条直线段，两者到底有什么区别呢？从绘制方式上来说，两者并没有什么区别，但它们有根本上的区别。最明显也最容易看出来的区别是直线命令无论绘制多少段，每段都是独立的对象，而多段线命令无论绘制多少段，它们都是一个整体。这个在画完后选择一下就可以看出来（多段线作为一个整体的优势是，在作偏移时可以一次性完成，显然比直线方便，这些将在后面介绍）。

另外，宽度是多段线特有的参数，直线、圆、圆弧、椭圆、正多边形、样条线等这些对象都没有宽度参数。在很多专业软件中，用带宽度的多段线来表示线缆和管线。但这个宽度与打印线宽是有区别的。打印线宽不是图形的几何尺寸，无论打印比例是多少，设置为 0.3mm，打印出来就是 0.3mm，而如果对多段线打印宽度有要求，就必须根据打印比例来设置多段线宽度。例如，要按 1∶100 打印，要求打印宽度为 0.3mm，那么多段线的线宽就需要设置为 100×0.3=30mm。

任务2　编辑多段线图形

学习目标 ⇨ 1. 掌握多段线编辑的方法。
2. 掌握图形对象“定数等分”的方法。
3. 掌握图形对象“定距等分”的方法。

一、明确任务

本任务的图例如图 1-5-3 所示。

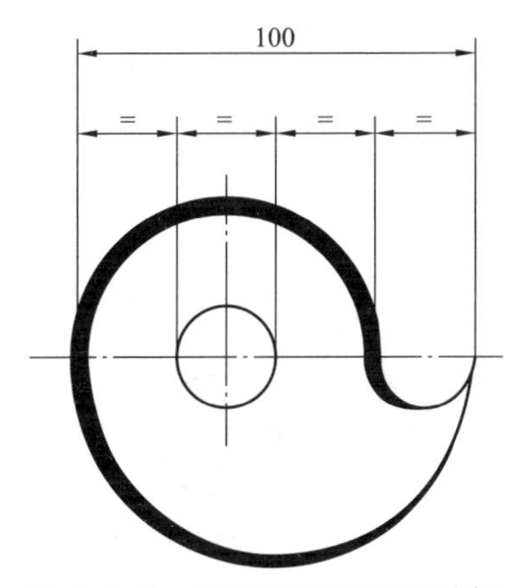

图 1-5-3　多段线图形绘制及编辑

技能训练要点：多段线（Pl）、编辑多段线（Pe）、定数等分（Div）。

二、分析任务

本图例是由不同线宽的圆弧构成的，可以使用“多段线”来绘制，每一段圆弧的起始、终点的线宽都是不同的，可以使用“编辑多段线”命令来编辑设定每一段圆弧起始、终点的线宽。本图例的整体思路是：先绘制长 100mm 的直线；使用“定数等分”命令将其平均分成 4 段；使用“多段线”命令绘制外侧的圆弧部分，通过“编辑多段线”命令编辑圆弧的不同线宽；最后使用“两点圆”命令绘制内部的圆。

三、分析任务

1. 编辑多段线

利用“编辑多段线”命令（PEDIT）可以对多段线进行编辑，改变其线宽，将其打开或闭合，增减或移动顶点、样条化、直线化。

调用方式：选择“默认”功能区中的“修改”→“编辑多段线”命令。

操作说明及选项说明如下。

（1）选择多段线：选择要编辑的多段线。

（2）多条（M）:用于选择多个多段线对象。如果选择的对象不是多段线，命令行会提示：“是否将直线、圆弧和样条曲线转换为多段线？［是（Y）/ 否（N）］？”。输入“Y”将选择的对象转换为多段线，输入“N”则此命令结束。

（3）选择完多段线对象后，命令行将继续提示：“输入选项［闭合（C）/ 合并（J）/ 宽度（W）/ 编辑顶点（E）/ 拟合（F）/ 样条曲线（S）/ 非曲线化（D）/ 线型生成（L）/ 反转（R）/ 放弃（U）]：”，此时只需输入对应字母选择各个选项来编辑多段线。

各选项的含义如下。

①闭合（C）/ 打开（O）：如果选择的是打开的多段线，则此选项显示为“闭合（C）”，如果选择的是闭合的多段线，则此选项显示为“打开（O）”。如果选择多段线的最末一段是直线段，则以直线的方式闭合；如果选择多段线的最末一段是圆弧段，则以圆弧的方式闭合。

②合并（J）：用于在开放的多段线（也可以是直线或圆弧）的尾端添加直线、圆弧或多段线，命令行提示：“输入模糊距离或［合并类型（J）］”。模糊距离数值不小于选定对象端点的距离时，合并才能成功，否则将不能合并。合并类型（J）包括延伸（E）/ 添加（A）/ 两者都（B），根据要求选择合适的合并类型。延伸（E）和添加（A）之间的区别如图 1-5-4 所示。

（a）原图

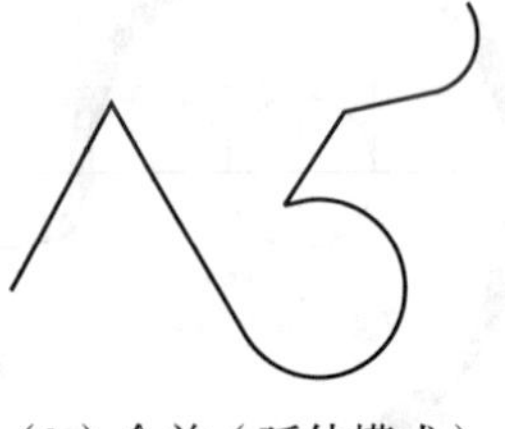

（b）合并（延伸模式）

（c）合并（添加模式）

图 1-5-4　编辑多段线

【友情提示】

如果想单独编辑或删除多段线的某一部分，可以将多段线对象“分解”。

分解对象：将复合对象分解为其组件对象。在希望单独编辑复合对象的部件时，可以分解复合对象，可以分解的复合对象包括矩形、正多边形、多段线、块、尺寸标注、关联的阵列图形及图案填充等。

调用方式：选择“默认”功能区中的“修改”→“分解”命令（Explode），或者按 X 键。

注意以下几点。

- 复合对象分解后，形状不会发生变化，各部分可以独立进行编辑和修改。
- 每次只能分解同组中的一级嵌套，如有需要可以再次进行分解。
- 无法分解使用外部参照插入的块及其依赖块。
- 分解属性块时，属性值将丢失，只剩下属性定义。分解块中对象的颜色线型可以改变。
- 分解标注或图案填充后，将丢失其关联性，标注或图案填充对象被替换为单个对象。
- 具有宽度的多段线被分解时，将丢失宽度信息。
- 将多行文字分解成文字对象，将关联阵列分解为原始对象的副本。

③宽度（W）：为整条多段线重新制定统一的宽度。

④编辑顶点（E）：用于对多段线各顶点进行编辑。可以通过“上一个”“下一个”逐一选择各个顶点，可以增加、删除、移动多段线的顶点，以及改变任意两点间的线宽等操作。

⑤拟合（F）：用圆弧拟合多段线，生成一条平滑曲线，如图 1–5–5（b）所示。

⑥样条曲线（S）：用样条曲线拟合多段线，实质上仍为多段线，如图 1–5–5（c）所示。

（a）拟合前的多段线

（b）用圆弧拟合

（c）用样条曲线拟合

图 1–5–5　拟合多段线

⑦非曲线化（D）：取消经过“拟合”或“样条曲线”拟合的效果，全部回到直线状态。

⑧线型生成（L）：当多段线的线型为“点画线”“双点画线”“虚线”等长短画构成的线型时才起作用。选择“开”（ON）时，将在每个顶点处允许以短画开始和结束生成线型；选择“关”（OFF）时，将在每个顶点处以长画开始和结束生成线型。

⑨反转（R）：反转多段线顶点的顺序。用于解决复合型多段线中的字符或线宽的反转问题。值得注意的是，变量 PLINE REVERSE VIDTHS 的值为 1 时，反转多段线才会对线宽发挥作用，如箭头的反转。

⑩放弃（U）：撤销上一步操作，可一直返回使用“PEDIT”命令之前的状态。

2. 定数等分

在指定的对象上绘制等分点或在等分点处插入块。

调用方式：选择“默认”功能区中的“绘图”→“定数等分”命令（Divide）（快捷键：Div）。

操作说明如下。

（1）选择要定数等分的对象。

（2）输入线段数目或块（B）。

①输入线段数目：即输入等分数目，系统会在指定对象的等分点处做出点的标记，如图 1–5–6 所示。

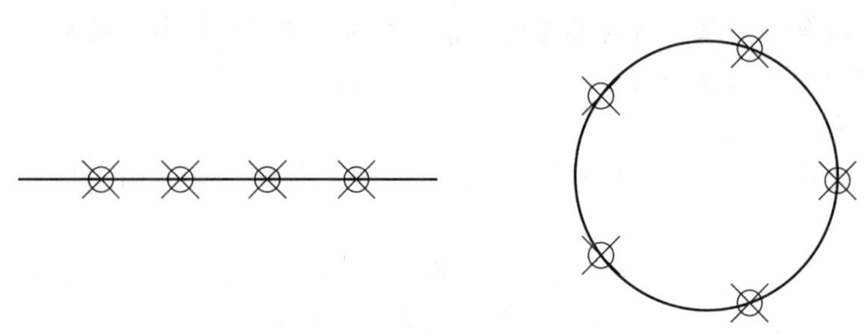

图 1–5–6　定数等分

②块（B）：输入 B 可以进入块选项，通过输入插入块的名称，在指定对象的等分点处插入该块。

【友情提示】“定数等分”命令可以在直线、圆、圆弧等对象上绘制等分点，或者在等分处插入块，等分点数目在 2~32767 之间，等分点作为参考点对待，并不是将对象断开，用户可以用对象捕捉功能中的“节点”来捕捉等分点，图形绘制完后应将其删除，以免影响图形效果。

用户在第一次使用该命令时，可能看不到插入的点，这是因为当前点的样式为“.”，与线条重合在一起，显示不出来，这时用户可以更改点的样式。其调用方式：选择“默认”功能区中的“实用工具”→“点样式”命令（Ddptype）（快捷键：Ddp）。

四、实施任务

【步骤 1】绘制直线 AB，长度为 100mm。然后使用“定数等分”命令，将直线分为 4 等分，如图 1–5–7 所示。

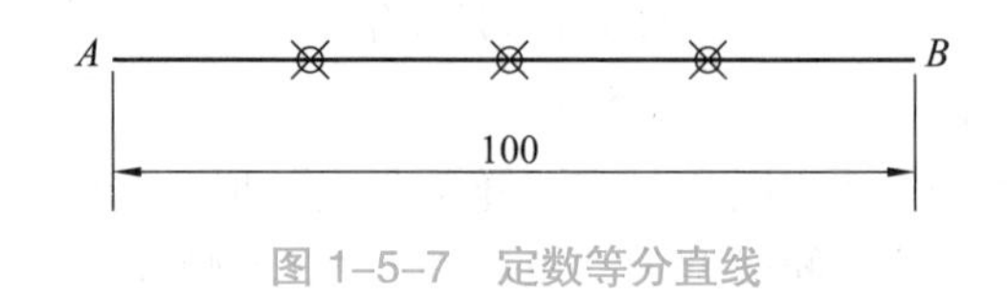

图 1–5–7　定数等分直线

```
LINE
指定第一个点:                        （任意一点 A）
指定下一点或［放弃（U）]: 100         （鼠标指针水平向右输入 100 确定点 B）
指定下一点或［放弃（U）]:             （按 Enter 键结束）

命令: DIV
DIVIDE
选择要定数等分的对象:                 （选择直线 AB）
输入线段数目或［块（B）]: 4           （输入等分数 4，按 Enter 键确认）
命令: DDPTYPE                        （打开“点样式”对话框）
PTYPE 正在重生成模型。                （设置点样式）
```

【步骤 2】使用“多段线”命令绘制外部轮廓；使用“圆”命令绘制内部的圆形，如图 1–5–8 所示。

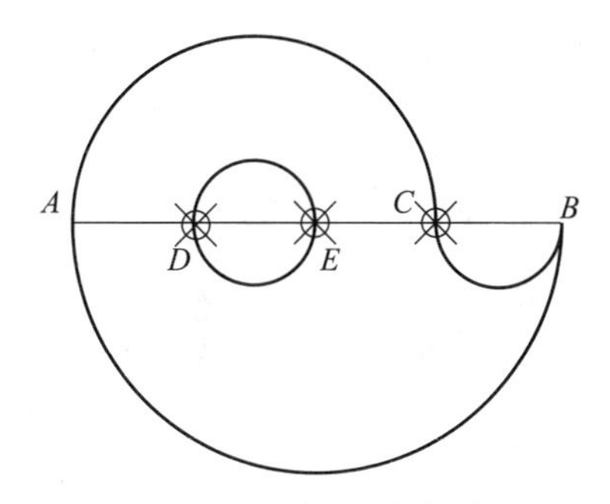

图 1-5-8　绘制多段线和圆

命令：PL
PLINE
指定起点：　　（捕捉点 A）
当前线宽为 0.0000
指定下一个点或［圆弧（A）/ 半宽（H）/ 长度（L）/
放弃（U）/ 宽度（W）]：a　　（切换到“圆弧”选项）
指定圆弧的端点（按住 Ctrl 键以切换方向）或
［角度（A）/ 圆心（CE）/ 方向（D）/ 半宽（H）/ 直线（L）/ 半径（R）/
第二个点（S）/ 放弃（U）/ 宽度（W）]：a　　（选择“角度”选项）
指定夹角：-180　　（圆弧顺时针方向，输入 -180°）
指定圆弧的端点（按住 Ctrl 键以切换方向）或
［圆心（CE）/ 半径（R）]：　　（捕捉节点 C）
指定圆弧的端点（按住 Ctrl 键以切换方向）或
［角度（A）/ 圆心（CE）/ 闭合（CL）/ 方向（D）/ 半宽（H）/
直线（L）/ 半径（R）/ 第二个点（S）/ 放弃（U）/ 宽度（W）]：　　（捕捉点 B）
指定圆弧的端点（按住 Ctrl 键以切换方向）或
［角度（A）/ 圆心（CE）/ 闭合（CL）/ 方向（D）/ 半宽（H）/
直线（L）/ 半径（R）/ 第二个点（S）/ 放弃（U）/ 宽度（W）]：a
（选择“角度”选项）
指定夹角：-180　　（圆弧顺时针方向，输入 -180°）
指定圆弧的端点（按住 Ctrl 键以切换方向）或
［圆心（CE）/ 半径（R）]：　　（捕捉点 A）
指定圆弧的端点（按住 Ctrl 键以切换方向）或
［角度（A）/ 圆心（CE）/ 闭合（CL）/ 方向（D）/ 半宽（H）/ 直线（L）/
半径（R）/ 第二个点（S）/ 放弃（U）/ 宽度（W）]：　　（按 Enter 键结束命令）
命令：C
CIRCLE
指定圆的圆心或［三点（3P）/ 两点（2P）/ 切点、切点、半径（T）]：2p
（切换到“两点”选项）
指定圆直径的第一个端点：　　（捕捉节点 D）
指定圆直径的第二个端点：　　（捕捉节点 E）

【步骤 3】将节点删除，使用“编辑多段线”命令编辑外部多段线轮廓，如图 1–5–9 所示。

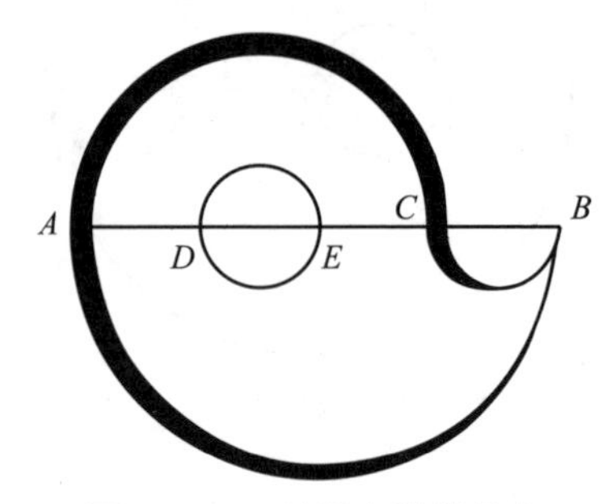

图 1–5–9　编辑多段线轮廓

```
命令：PE
PEDIT
选择多段线或 [ 多条（M）]:                                    （选择多段线）
输入选项 [ 闭合（C）/ 合并（J）/ 宽度（W）/ 编辑顶点（E）/ 拟合（F）/
样条曲线（S）/ 非曲线化（D）/ 线型生成（L）/ 反转（R）/ 放弃（U）]: E
                                                              （选择“编辑顶点”选项）
输入顶点编辑选项
[ 下一个（N）/ 上一个（P）/ 打断（B）/ 插入（I）/ 移动（M）/ 重生成（R）/
拉直（S）/ 切向（T）/ 宽度（W）/ 退出（X）] <N>: w           （选择“宽度”选项）
指定下一条线段的起点宽度 <0.0000>: 5                          （顶点 A 宽度 5mm）
指定下一条线段的端点宽度 <5.0000>: 2                          （顶点 C 宽度 2mm）
输入顶点编辑选项
[ 下一个（N）/ 上一个（P）/ 打断（B）/ 插入（I）/ 移动（M）/ 重生成（R）/
拉直（S）/ 切向（T）/ 宽度（W）/ 退出（X）] <N>: N           （选择“下一个”选项）
输入顶点编辑选项
[ 下一个（N）/ 上一个（P）/ 打断（B）/ 插入（I）/ 移动（M）/ 重生成（R）/
拉直（S）/ 切向（T）/ 宽度（W）/ 退出（X）] <N>: w           （选择“宽度”选项）
指定下一条线段的起点宽度 <0.0000>: 2                          （顶点 C 宽度 2mm）
指定下一条线段的端点宽度 <2.0000>: 0                          （顶点 B 宽度 0mm）
输入顶点编辑选项
[ 下一个（N）/ 上一个（P）/ 打断（B）/ 插入（I）/ 移动（M）/ 重生成（R）/
拉直（S）/ 切向（T）/ 宽度（W）/ 退出（X）] <N>: N           （选择“下一个”选项）
输入顶点编辑选项
[ 下一个（N）/ 上一个（P）/ 打断（B）/ 插入（I）/ 移动（M）/ 重生成（R）/
拉直（S）/ 切向（T）/ 宽度（W）/ 退出（X）] <N>: w           （选择“宽度”选项）
指定下一条线段的起点宽度 <0.0000>:                            （顶点 B 宽度 0mm）
指定下一条线段的端点宽度 <0.0000>: 5                          （顶点 A 宽度 5mm）
输入顶点编辑选项
[ 下一个（N）/ 上一个（P）/ 打断（B）/ 插入（I）/ 移动（M）/ 重生成（R）/
拉直（S）/ 切向（T）/ 宽度（W）/ 退出（X）] <N>: *取消*      （按 Esc 键结束任务）
```

【步骤 4】绘制点画线，修改线型并调整其长度和显示比例，对图形进行尺寸标注并修改尺寸文字，如图 1–5–10 所示。

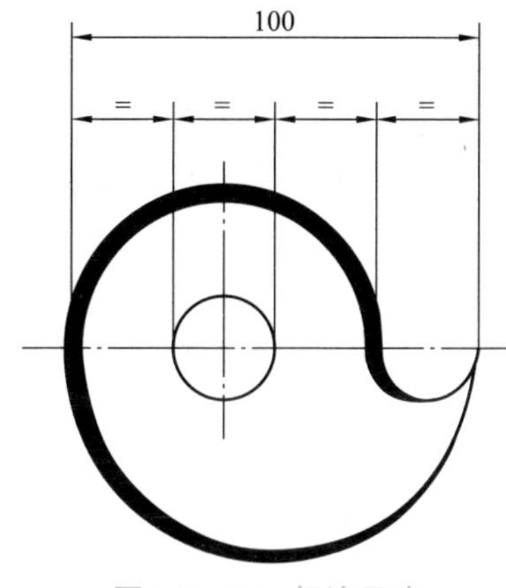

图 1–5–10　标注尺寸

【友情提示】

连续标注：从上一个标注或选定标注的第二条尺寸界线处创建线性尺寸、角度尺寸或坐标标注，如图 1–5–11 所示。调用方式：选择“注释”功能区中的“标注”→“连续标注（与基线标注在一起）”命令（Dimcontinue）（快捷键：Dco）。

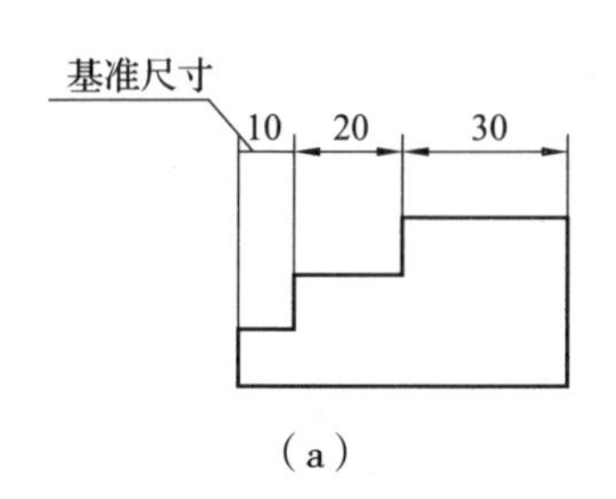

（a）

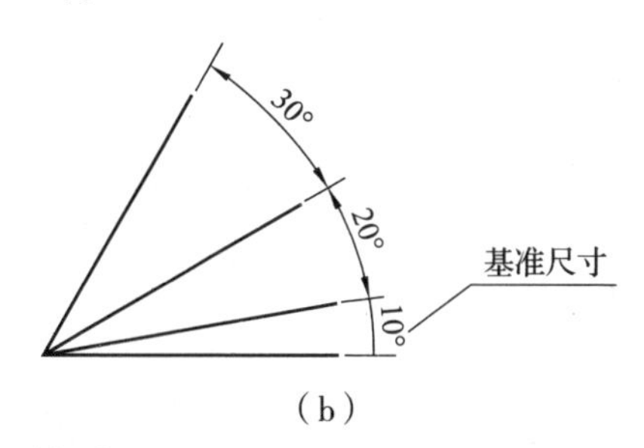

（b）

图 1–5–11　连续尺寸标注

基线标注：从上一个标注或选定标注的基线处创建线性尺寸、角度尺寸或坐标标注，如图 1–5–12 所示。调用方式：选择“注释”功能区中的“标注”→“基线标注（与连续标注在一起）”命令（Dimbaseline）（快捷键：Dba）。

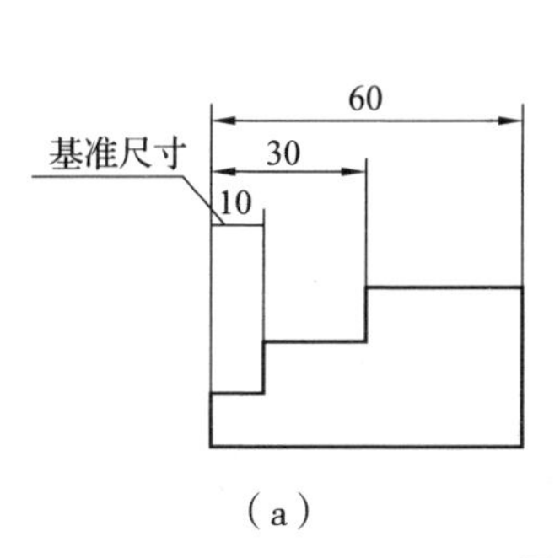

（a）

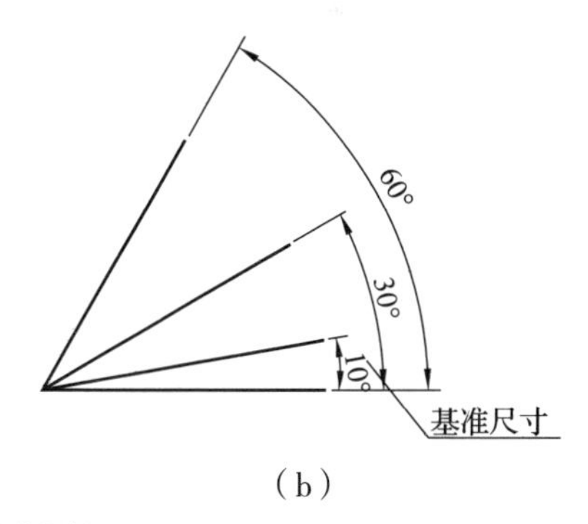

（b）

图 1–5–12　基线尺寸标注

注：在基线标注中，两个相邻尺寸线之间的距离是可以调整的，通过“标注样式”中“线”选项卡中的“基线间距”数值来调整。在连续标注和基线标注中，可以根据命令行的

提示“指定第二个尺寸界线原点或［选择（S）/ 放弃（U）]”，通过输入“选择”（S）来指定第二个尺寸界线原点。

标注文字替代：将标注中的文字用其他文字或符号替代。例如，本例中用“=”将标注中的文字进行替代，可以使用 Ctrl+1 组合键打开“特性”对话框（前提是选中将被替代的文字标注），找到“文字”栏中的“文字替代”，在其后输入“=”即可。

【智慧百科】点是图形绘制过程中最基本的图形元素。在工程制图中，点主要用于定位，它没有大小，可以通过“点样式”改变其显示外观。点对象包括单点、多点、定数等分和定距等分 4 种。单点和多点主要用于定位，如标注孔、轴中心位置等。

定距等分：在指定的对象上按指定的长度进行划分，在分点处用点做标记或插入块。

调用方式：选择“默认”功能区中的“绘图”→“定距等分”命令（Measure），快捷键：Me。

操作说明：

（1）选择要定距等分的对象。

（2）指定线段长度或块（B）。

①指定线段长度：即定距的长度值，系统会在指定对象上绘出各相应点的位置，并在等距处做点的标记，最后一段长度如果不够等分长度，会自然保留，如图 1-5-13 所示。

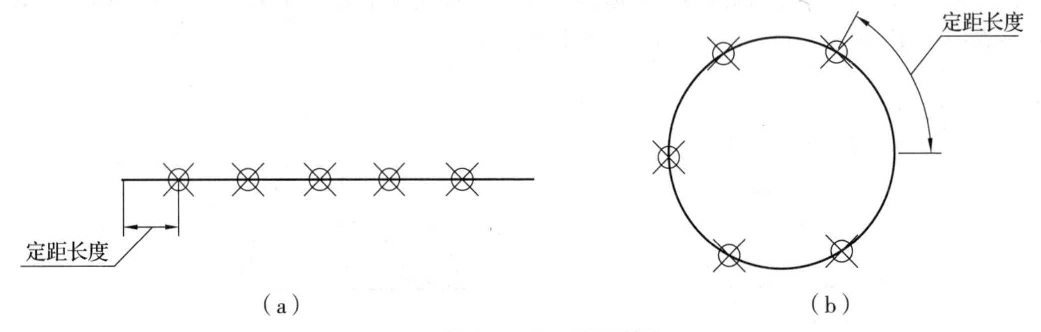

图 1-5-13　定距等分

【友情提示】定距等分点又称为度量点或计量点，与定数等分点命令很相似，但它执行的不是等分对象，而是度量对象，所以它需要输入度量段的长度，而不是等分数。

②块（B）：输入“B”可以进入块选项，通过输入插入块的名称，再输入定距长度，在指定对象的度量点处插入该块。

项目 6　阵列图形的绘制及编辑

在 AutoCAD 中，“阵列”命令可以快速、准确地一次创建图形的多个副本，可以通过对行数、列数、中心点及路径的设定来将图形对象进行摆放和排布，采用该命令绘制可以大大提高绘图的效率。在 AutoCAD 新版本（2012 版以后）中对阵列做了调整，它包括“矩形阵列”“环形阵列”“路径阵列”3 种方式，用户还可以通过“编辑夹点”和“编辑阵列”命令对阵列图形进行调整及修改。

任务1　环形阵列图形

学习目标 ⇨　1. 掌握环形阵列各参数的含义，并会编辑环形阵列图形。
　　　　　　2. 了解夹点的含义及其编辑方法。

一、明确任务

本任务的图例如图 1–6–1 所示。

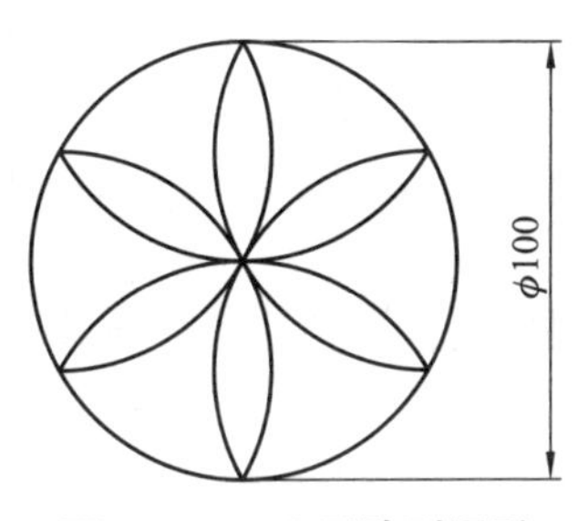

图 1–6–1　环形阵列图形

技能训练要点：环形阵列（Ar）。

二、分析任务

圆内的图形将圆平均分成 6 份，所以先绘制直径为 100mm 的圆，然后将圆平均分成 6 等分（使用正六边形将圆等分，而不使用点的定数等分命令，为什么）。如图 1–6–1 所示，绘制其中一个圆弧（三点圆弧），然后使用“环形阵列”命令，将圆弧绕圆心阵列 6 个，即可绘制完成。

三、知识储备

1. 环形（极轴）阵列

围绕用户指定的圆心或一个基点在其周围绘制圆形或成一定角度的扇形排列。

调用方式：选择“默认”功能区中的“修改”→“阵列”→“环形阵列”命令（Arraypolar）。操作说明及选项说明如下。

（1）执行“环形阵列”操作后，命令行提示“选择对象：”，即选择将要进行环形阵列的对象。

（2）选择对象后，按 Enter 键确认，命令行继续提示：“指定阵列的中心点或[基点（B）/旋转轴（A）]：”。阵列的中心点即分布阵列项目所围绕的点。

①基点（B）：指定用于阵列中放置对象的基点。原则上是任意的，但为了实际生产需要，选取的原则应该是为了作图方便。

②旋转轴（A）：指定两个定点定义的自定义旋转轴。

（3）指定中心点后，将显示预览阵列，命令行提示：“选择夹点以编辑阵列或[关联（AS）/基点（B）/项目（I）/项目间角度（A）/填充角度（F）/行（ROW）/层（L）/旋转项目（ROT）/退出（X）]<退出>：”。

①选择夹点以编辑阵列：当鼠标指针悬停在方形基准夹点上时，选项菜单可提供选择。例如，可以选择拉伸半径，然后拖动以增大或缩小阵列项目和中心点之间的间距；如果拖动三角形夹点，可以更改填充角度。

【友情提示】

夹点：在无命令的状态下选择对象时，对象的关键点上将出现一些实心的小方块（或三角形），这就是夹点。夹点编辑模式是一种方便、快捷的编辑操作途径，拖动这些夹点可以快速拉伸、移动、旋转、缩放或镜像对象。

• 选择某个对象后，在对象的关键点上出现夹点（Grips），默认状态下显示蓝色，称为冷夹点。单击选定的夹点，可以使用夹点编辑对象，被选定的夹点作为基点，在默认状态下显示红色，称为基夹点或热夹点。如果某个夹点处于热夹点状态，按 Esc 键可以使之变为冷夹点状态，再次按 Esc 键可取消所有对象的夹点显示。

• 在热夹点的状态下按 Enter 键或 Space 键，可以在拉伸、移动、旋转、缩放或镜像模式之间循环切换。

• 对于某些对象夹点（如块参照夹点），拉伸将移动对象而不是拉伸它。

• 不同位置的夹点，其功能也不相同。将鼠标指针悬停在夹点上，可以查看和访问多功能夹点菜单，如图 1–6–2 所示。另外，还可以在选定的夹点上右击以查看快捷菜单，该菜单包含所有可用的夹点模式和其他选项。

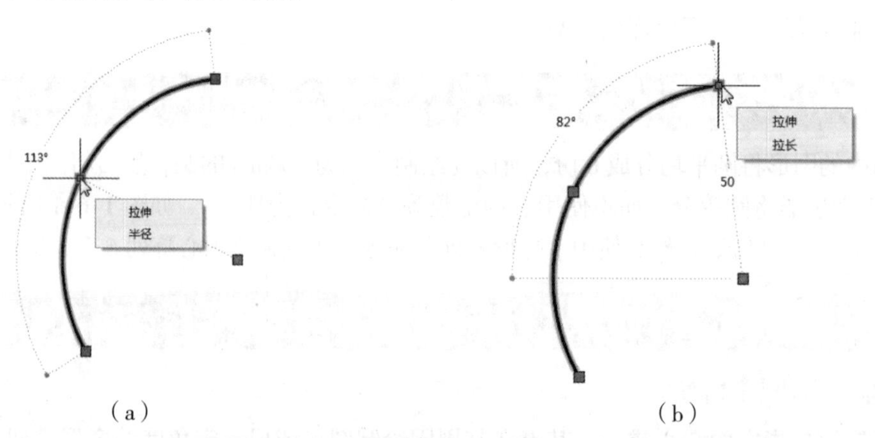

图 1–6–2　不同位置夹点功能不同

②关联（AS）：指定阵列中的对象是关联的还是独立的。

如果是，创建的阵列项目之间是相互关联的，类似于块，它是一个整体，并且编辑其中任意一个阵列项目，其余项目均作相应的变化；如果不是，创建的阵列项目作为独立对象，更改任何一个项目将不影响其他项目。

③项目（I）：使用值或表达式指定阵列中的项目数。

④项目角度（A）：使用值或表达式指定项目之间的角度。

⑤填充角度（F）：使用值或表达式指定阵列中第一个和最后一个项目之间的角度。输入正值，逆时针方向阵列；输入负值，顺时针方向阵列。

⑥行（ROW）：指定向外辐射的圈数；行数之间的距离表示圈与圈之间的径向距离；标高增量表示邻圈之间在 Z 轴方向上的垂直距离（标高增量为 0 和不为 0 时，在 XY 平面内看不出差别，在轴测图中可以看出差别，如图 1–6–3 所示）；总计（T）表示从第一行到最后一行的对象上相同位置点之间的总距离；表达式（E）是基于数学公式或方程式导出的值。

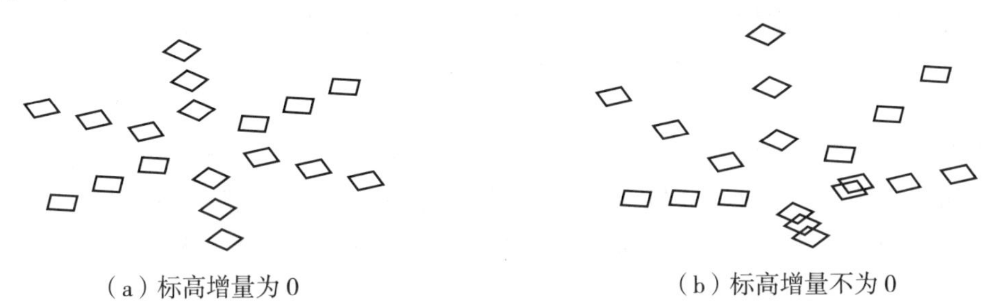

（a）标高增量为 0　　（b）标高增量不为 0

图 1–6–3　标高增量设置示意图

⑦层（L）：表示在 Z 轴方向上的层数（三维阵列），包括层数与层间距两个参数。

⑧旋转项目（ROT）：表示对象在旋转过程中是否跟着旋转。默认为“是”（Y），即对象跟着旋转；如果选择“否”（N），则对象不跟着旋转，如图 1–6–4 所示。

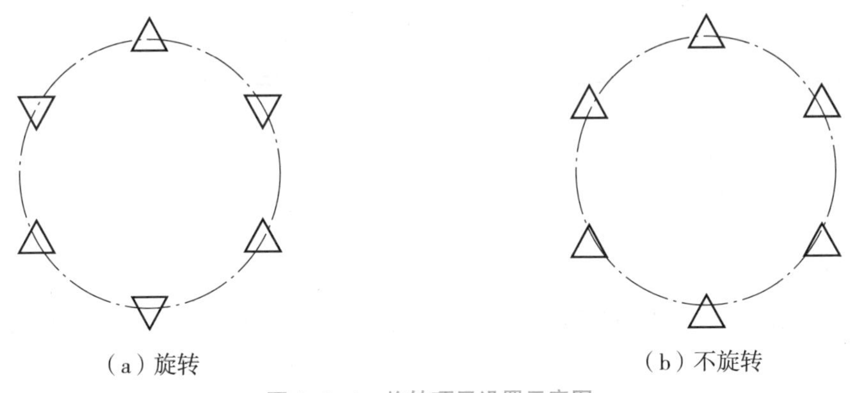

（a）旋转　　（b）不旋转

图 1–6–4　旋转项目设置示意图

2. 编辑环形阵列图形

环形阵列的编辑方法有 3 种，可以根据具体情况选择适合的编辑方法。

【方法 1】夹点编辑。这种方法在上面已经阐述，这里不再赘述。

【方法 2】上下文菜单。当选择环形阵列对象时，在菜单选项中会出现阵列的上下文菜单，如图 1–6–5 所示。

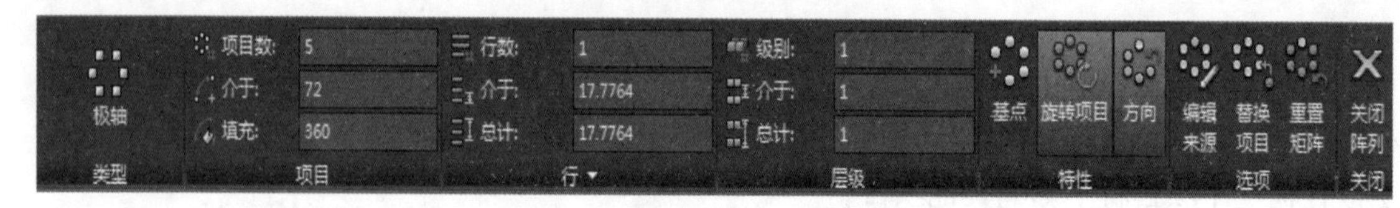

图 1-6-5 阵列的上下文菜单

①类型：表示阵列的类型。当选择不同类型的阵列（矩形阵列、极轴阵列、路径阵列）时，将会显示相应阵列的名称。

②项目：项目数、介于（即项目间的角度）、填充（即填充角度）。

③行：行数（即向外辐射的圈数）、介于（即圈与圈之间的径向距离）、总计（即从第一行到最后一行的对象上相同位置点之间的总距离）。

④层级：级别（即在 Z 轴方向上的层数）、介于（即层间距）、总计（即第一个到最后一个层级之间的总距离）。

⑤特性：基点（指定用于阵列中放置对象的基点）、旋转项目（表示对象在旋转过程中是否跟随着旋转）、方向（控制是否创建逆时针或顺时针阵列）。

⑥选项。

编辑来源：用于编辑环形阵列中单个阵列对象的项目（不一定是源对象），由于阵列的关联性，编辑其中任意一个阵列项目，其余项目均作相应的变化，如图 1-6-6 所示。如果阵列取消关联性或创建阵列时选择不关联，那么阵列出的对象在选择时，就不会出现“上下文菜单”，编辑某一项也不会影响其他项。

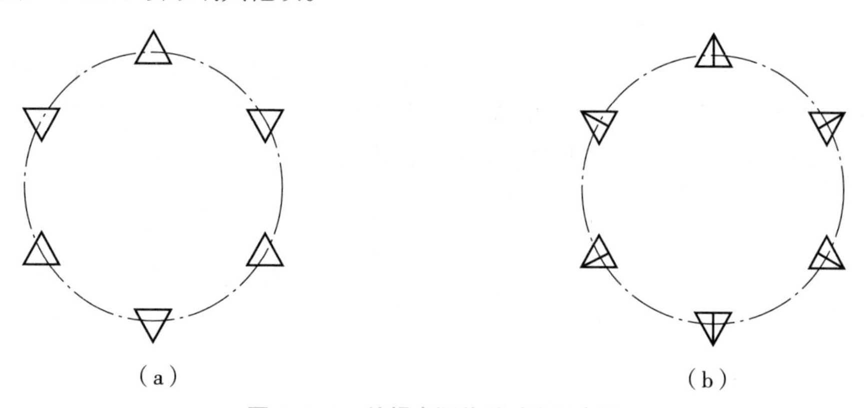

图 1-6-6 编辑来源前后对比示意图

操作过程如下。

【步骤 1】选择“关联阵列”，在上下文菜单中选择“编辑来源”选项。命令行提示“选择阵列中的项目：”。

【步骤 2】选择阵列中的某个项目，弹出如图 1-6-7 所示的对话框，单击“确定”按钮。

【步骤 3】对选择的阵列项目进行修改，如图 1-6-6 所示，在三角形中绘制一条直线。

【步骤 4】在命令行输入“Arraycolse”，系统弹出“阵列关闭”对话框，如图 1-6-8 所示。单击“是”按钮表示保存对阵列对象所做的更改；单击“否”按钮表示不保存对阵列对象所做的更改；单击“取消”按钮表示可以继续对阵列对象进行更改。

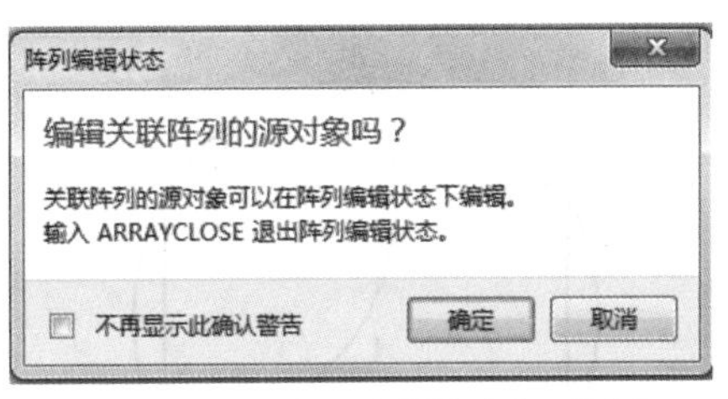

图 1-6-7　“阵列编辑状态”对话框

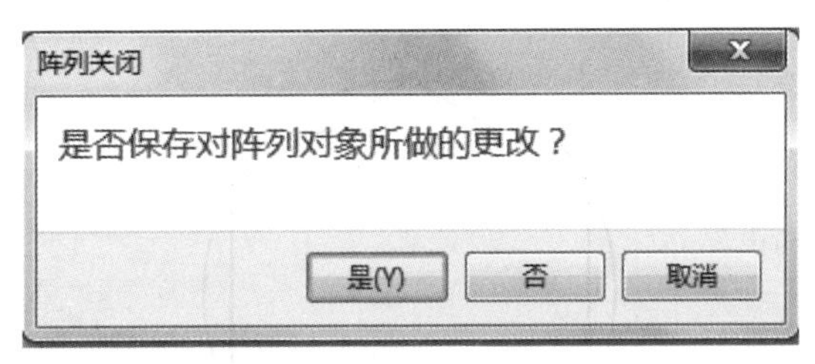

图 1-6-8　“阵列关闭”对话框

替换项目：替换选定项或引用原始源对象的所有项的源对象。如图 1-6-9 所示，将选定的“三角形”用“圆形”进行替换。

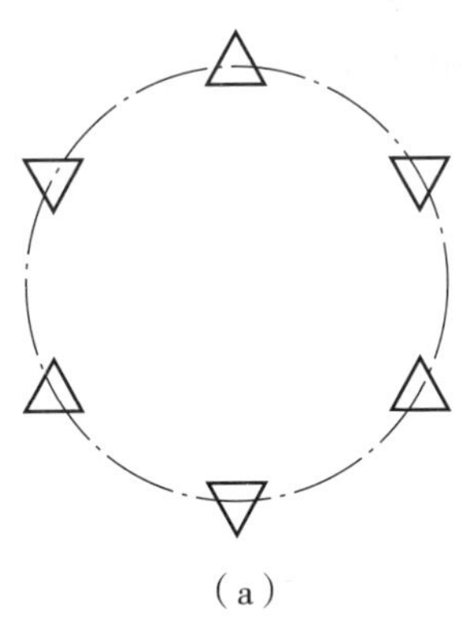
（a）

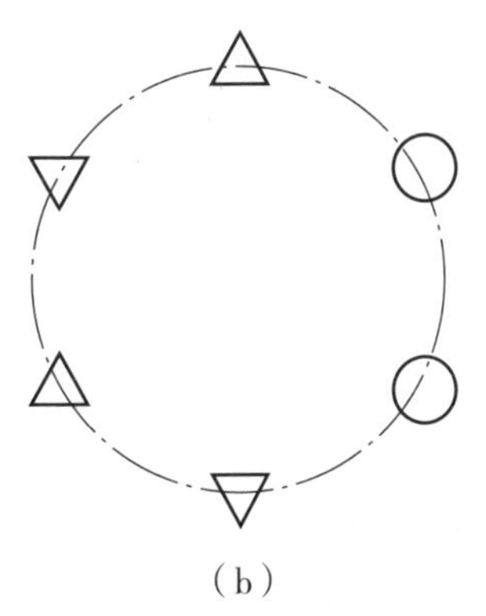
（b）

图 1-6-9　替换项目前后对比示意图

操作过程如下。

【步骤 1】首先绘制或确定替换对象，如本图例中的“圆”对象。

【步骤 2】选择“关联阵列”，在上下文菜单中选择“替换项目”选项。系统提示：“选择替换对象”，可以选择“圆”对象，按 Enter 键确认选择。

【步骤 3】系统提示：“选择替换对象的基点或［关键点（K）］<质心>：”，选择替换对象圆的圆心，按 Enter 键确认选择。

【步骤 4】系统提示：“选择阵列中要替换的项目或［源对象（S）］：”，可以选择要替换的项目，如图 1-6-9 所示，选择右侧的两个三角形。

【友情提示】如果切换到［源对象（S）］（即输入 S），按 Enter 键确认，则替换引用源对象的所有对象。

重置矩阵：恢复已删除项并删除任何替代项。

⑦关闭阵列：编辑完毕，关闭阵列。

【方法 3】选择“默认”功能区中的“修改”→“编辑阵列”命令，或者直接在命令行输入“Arrayedit”。其操作方式等同于第二种方式，这里不再赘述。

四、实施任务

【步骤 1】绘制直径为 100mm 的圆；绘制圆内接正六边形，将圆平均分成 6 份，如图 1-6-10 所示。

【步骤 2】使用“三点法”绘制圆弧，如图 1-6-11 所示，分别捕捉点 B、点 A、点 C。

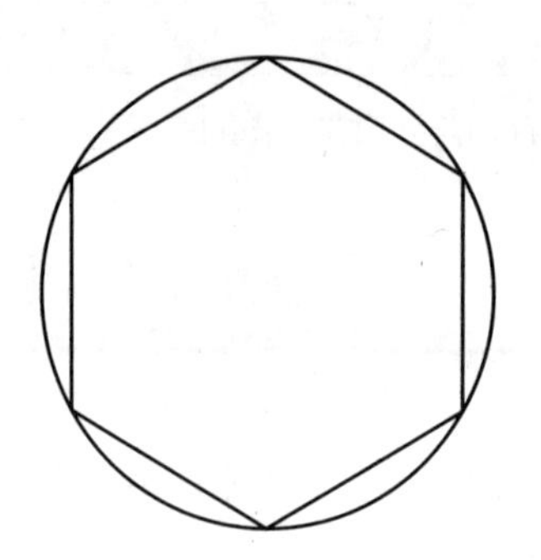

图 1–6–10　绘制圆将圆等分 6 份

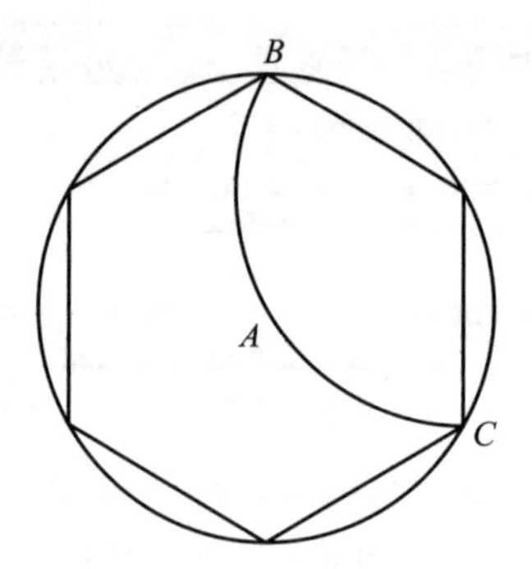

图 1–6–11　“三点法”绘制圆弧

【步骤 3】使用“环形阵列”，以点 *A* 为中心点，将圆弧阵列，然后将正六边形删除，如图 1–6–12 所示。

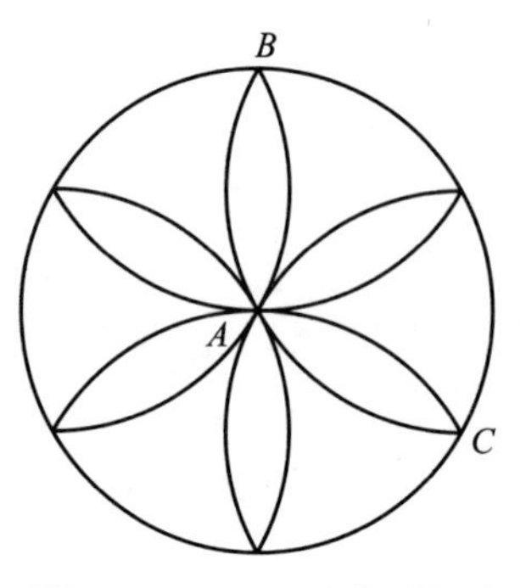

图 1–6–12　环形阵列圆弧

```
命令：_arraypolar
选择对象：找到 1 个                                    （选择圆弧 BAC）
选择对象：                                             （按 Enter 键确认）
类型 = 极轴　关联 = 是
指定阵列的中心点或［基点（B）/ 旋转轴（A）］：          （捕捉中心点 A）
选择夹点以编辑阵列或［关联（AS）/ 基点（B）/ 项目（I）/ 项目间角度（A）/
填充角度（F）/ 行（ROW）/ 层（L）/ 旋转项目（ROT）/ 退出（X）］<退出>：i
                                                       （切换到“项目”）
输入阵列中的项目数或［表达式（E）］：6                  （输入项目数 6）
选择夹点以编辑阵列或［关联（AS）/ 基点（B）/ 项目（I）/ 项目间角度（A）/
填充角度（F）/ 行（ROW）/ 层（L）/ 旋转项目（ROT）/ 退出（X）］<退出>：
                                                       （按 Enter 键结束命令）
命令：_.erase 找到 1 个                                 （选择正六边形，按 Delete 键删除）
```

【智慧百科】AutoCAD 低版本中阵列 ARRAY 命令的参数设置是以对话框形式出现的，但到了高版本中不再使用对话框，像其他命令一样在命令行中直接通过参数的方式设置；或者通过对阵列图形的选择，在功能区弹出一个“阵列”选项卡，对参数进行设置。虽然在功能上更加强大，但不少用户还是习惯以前的方式，那么如何将旧版的阵列对话框调出来呢？根据不同的版本，基本有以下两种解决方法。

【方法 1】

【步骤 1】如果用菜单，选择“工具”→“自定义”→“编辑程序参数”命令，如果用功能区界面，可以在“管理”选项卡中单击“编辑别名”按钮，则 AutoCAD 会用记事本打开 acad.pgp 文件。

【步骤 2】在 acad.pgp 文件中找到 AR，*ARRAY 这一项，将后面的 ARRAY 修改成 ARRAYCLASSIC 后，保存 acad.pgp 文件。

【步骤 3】退出后重启软件，输入“Ar”，即可出现对话框了。如果不想重新启动 AutoCAD 就让修改的 pgp 文件生效，那么输入“REINIT”命令并按 Enter 键，弹出“重新初始化”对话框，选中“PGP 文件”，单击“确定”按钮，输入“Ar”，即可出现对话框了。

【方法 2】

有些高版本中，如 AutoCAD 2016 中就保留了旧版的阵列命令，在命令行中直接输入“ARRAYCLASSIC”（经典阵列）后，就会弹出阵列对话框了。

任务2　矩形阵列图形

学习目标 ⇨ 1. 掌握矩形阵列各参数的含义，并会编辑矩形阵列图形。
2. 掌握路径阵列各参数的含义，并会编辑路径阵列图形。

一、明确任务

本任务的图例如图 1-6-13 所示。

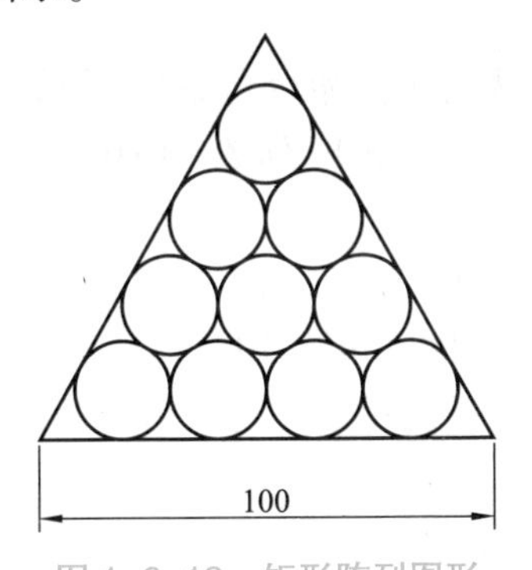

图 1-6-13　矩形阵列图形

技能训练要点：矩形阵列（Ar）、分解（X）、多段线（Pl）、偏移（O）、比例缩放（Sc）。

二、分析任务

如果根据尺寸绘制边长为 100mm 的正三角形，那么内部的圆形两两相切，是很难画出来的。因此需要突破常规：前面学过比例缩放，比例缩放中的“参照”可以将任意尺寸缩放到当前尺寸；可以考虑先绘制两两相切的圆图形，不妨设圆的半径为 10mm，采用带角度的矩形阵列绘制，然后删掉不需要的部分；使用“多段线”命令绘制正三角形，向外偏移 10mm，得到外切正三角形；使用“比例缩放”命令将正三角形的边长缩放到 100mm，过程如图 1-6-14 所示。

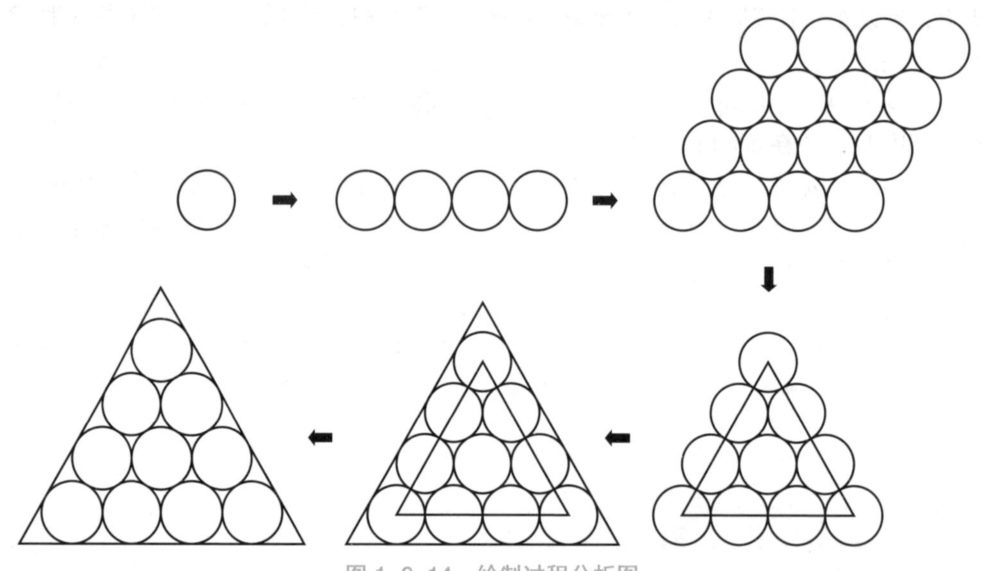

图 1-6-14　绘制过程分析图

三、知识储备

矩形阵列：将选定的对象按指定的行数和行间距、列数和列间距作矩形排列复制。

调用方式：选择“默认”功能区中的“修改”→“阵列”→“矩形阵列”命令（Arraypolar）。

操作说明及选项说明如下。

（1）执行“矩形阵列”操作后，命令行提示“选择对象：”，即选择将要进行矩形阵列的对象。

（2）选择对象后，按 Enter 键确认，命令行继续提示：“选择夹点以编辑阵列或［关联（AS）/ 基点（B）/ 计数（COU）/ 间距（S）/ 列数（COL）/ 行数（R）/ 层数（L）/ 退出（X）］< 退出 >：”。

①计数（COU）：指定行数和列数，并使用户在移动鼠标指针时可以动态观察结果。

②间距（S）：指定行间距和列间距并可使用户移动鼠标指针时动态观察结果。

【友情提示】“单位单元”是指通过设置等同于间距的矩形区域的每个角点来同时指定行间距和列间距。

③列数（COL）：指定阵列中的列数和列间距。

• 总计（T）：指定从开始和结束对象上相同位置测量的起点终点列之间的总距离。

• 表达式（E）：基于数学公式或方程式导出的值。

④行数（R）：指定阵列中的行数、行间距及行之间的增量标高。

• 总计（T）：指定从开始和结束对象上相同位置测量的起点终点行之间的总距离。

• 表达式（E）：基于数学公式或方程式导出的值。

• 指定行数之间的标高增量：设置每个后续行的增大或减小的标高（标高增量为 0 和不为 0 时，在 *XY* 平面内看不出差别，但在轴测图中可以看出差别，如图 1-6-15 所示）。

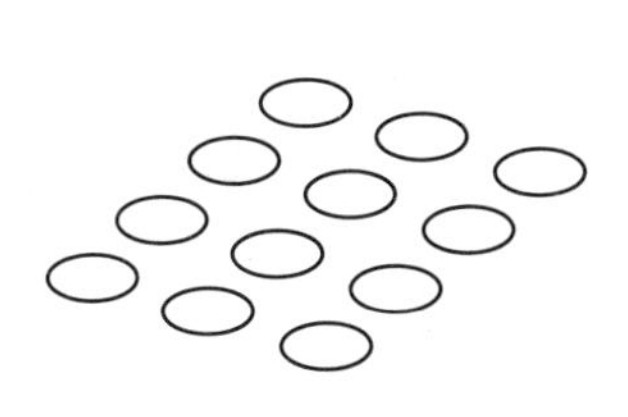

（a）标高增量为 0

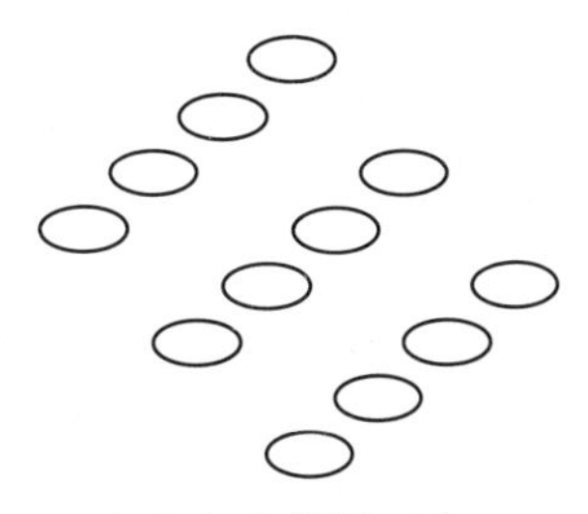

（b）标高增量不为 0

图 1–6–15　标高增量设置示意图

【友情提示】其他选项可以参照"环形阵列"，这里不再赘述。矩形阵列的编辑方法也可参照"环形阵列"。

四、实施任务

【步骤 1】绘制半径为 10mm 的圆，如图 1–6–16 所示。

【步骤 2】对圆进行"矩形阵列"，如图 1–6–17 所示。

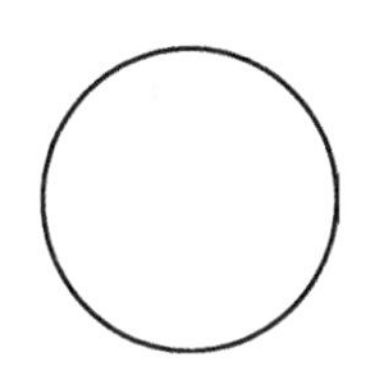

图 1–6–16　绘制半径为 10mm 的圆

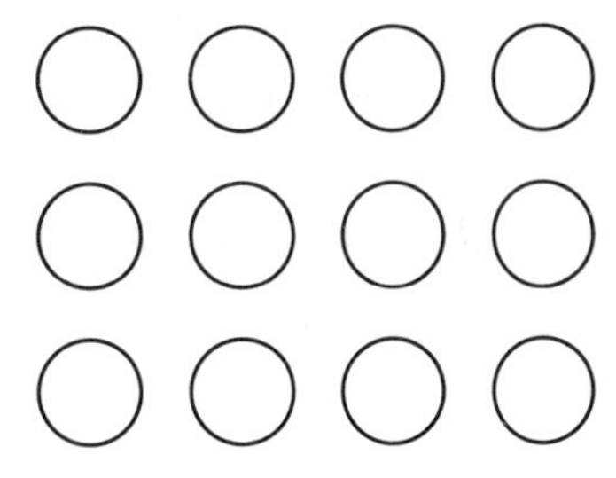

图 1–6–17　矩形阵列圆图形

```
命令：AR    ARRAY
选择对象：找到 1 个                                                  （选择圆对象）
选择对象：  输入阵列类型 [ 矩形（R）/ 路径（PA）/ 极轴（PO）] < 矩形 >：R
                                                                     （选矩形阵列）
类型 = 矩形   关联 = 是
选择夹点以编辑阵列或 [ 关联（AS）/ 基点（B）/ 计数（COU）/ 间距（S）/
列数（COL）/ 行数（R）/ 层数（L）/ 退出（X）] < 退出 >：              （按 Enter 键退出）
```

【步骤 3】编辑矩形阵列，设置行数为 1、列数为 4、列间距为 20mm，效果如图 1–6–18 所示。

【步骤 4】对步骤 3 的图形进行矩形阵列，设置行数为 4、列数为 1、行间距为 20mm，效果如图 1–6–19 所示。

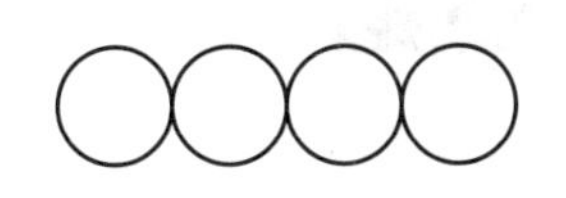

图 1–6–18　编辑矩形阵列

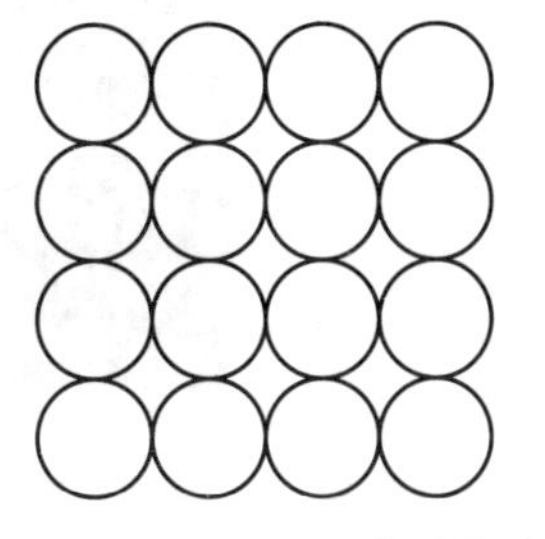

图 1–6–19　矩形阵列图形

```
命令：AR    ARRAY
选择对象：找到 1 个                                              (选择步骤 3 图形)
选择对象：  输入阵列类型 [ 矩形 (R) / 路径 (PA) / 极轴 (PO)] < 矩形 >：R
                                                                (选择矩形阵列)
类型 = 矩形  关联 = 是
选择夹点以编辑阵列或 [ 关联 (AS) / 基点 (B) / 计数 (COU) / 间距 (S) /
列数 (COL) / 行数 (R) / 层数 (L) / 退出 (X)] < 退出 >：COL        (切换到“列数”选项)
输入列数数或 [ 表达式 (E)] <4>：1                                 (设置为 1 列)
指定 列数 之间的距离或 [ 总计 (T) / 表达式 (E)] <120>：
选择夹点以编辑阵列或 [ 关联 (AS) / 基点 (B) / 计数 (COU) / 间距 (S) /
列数 (COL) / 行数 (R) / 层数 (L) / 退出 (X)] < 退出 >：R          (切换到“行数”选项)
输入行数数或 [ 表达式 (E)] <3>：4                                 (设置为 4 行)
指定 行数 之间的距离或 [ 总计 (T) / 表达式 (E)] <30>：20          (设置行间距 20)
指定 行数 之间的标高增量或 [ 表达式 (E)] <0>：
选择夹点以编辑阵列或 [ 关联 (AS) / 基点 (B) / 计数 (COU) / 间距 (S) /
列数 (COL) / 行数 (R) / 层数 (L) / 退出 (X)] < 退出 >：           (按 Enter 键确认退出)
```

【友情提示】在选择对象和设置行数、列数时，必须将步骤 3 中的 4 个圆看作一个整体对象来看待。

【步骤 5】编辑矩形阵列，将矩形阵列的“轴夹角”改为 60° ，效果如图 1-6-20 所示。

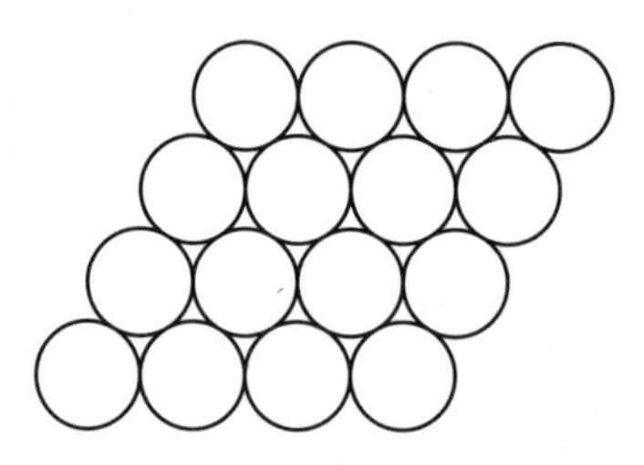

图 1-6-20　更改轴夹角

【友情提示】

新版的 AutoCAD 阵列没有对话框，那要怎样设置带角度的阵列呢?

双击阵列好的图形，弹出“阵列特性”面板，如图 1-6-21 所示，单击“自定义”图标，弹出“自定义用户界面”如图 1-6-22 所示，选中“轴夹角”复选框，然后单击“应用”按钮，最后单击“确定”按钮。

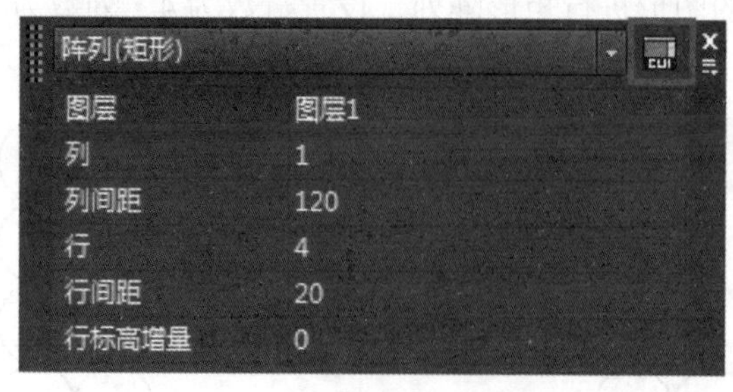

图 1-6-21　“阵列特性”面板

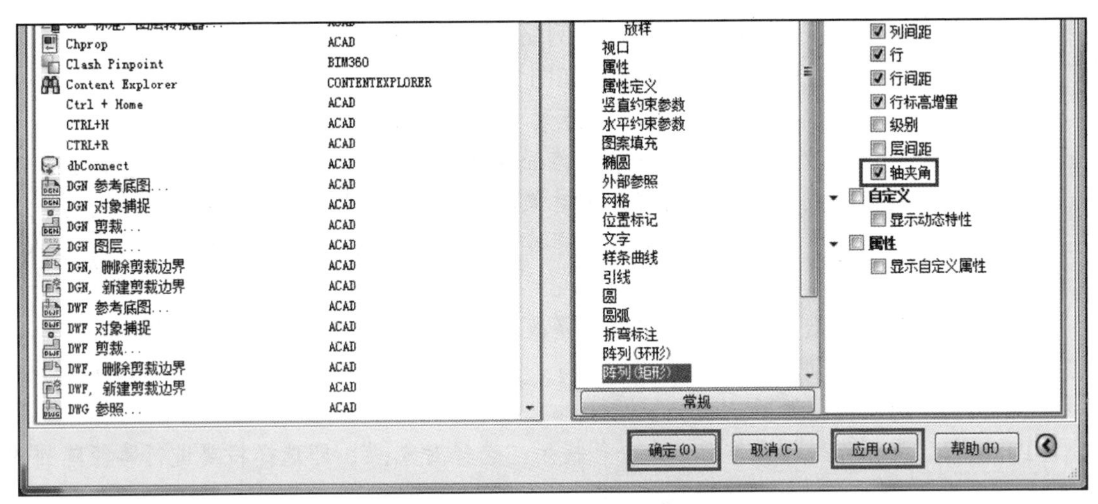

图 1-6-22　自定义用户界面

再次双击阵列好的图形，设置“轴夹角”即可，如图 1-6-23 所示。

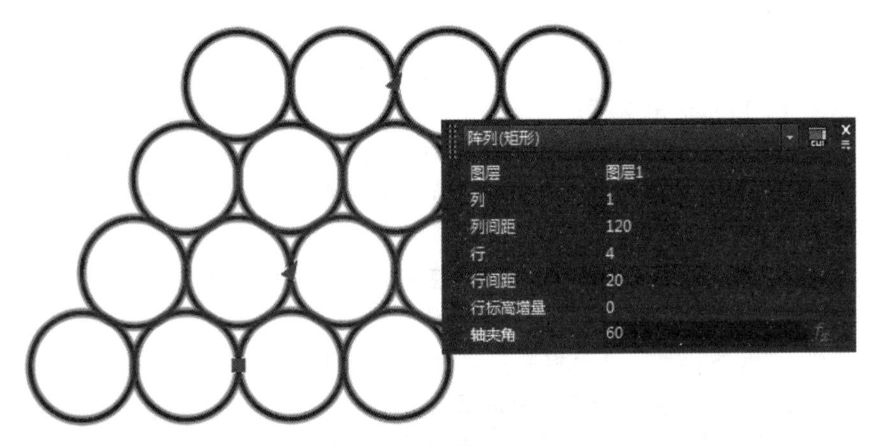

图 1-6-23　设置轴夹角

【步骤 6】将阵列图形“分解”两次（因为阵列了两次，需要彻底分解），不需要的部分删除，效果如图 1-6-24 所示。

【步骤 7】使用“多段线”命令，绘制正三角形；然后使用“偏移”命令，将正三角形向外偏移 10mm，效果如图 1-6-25 所示。

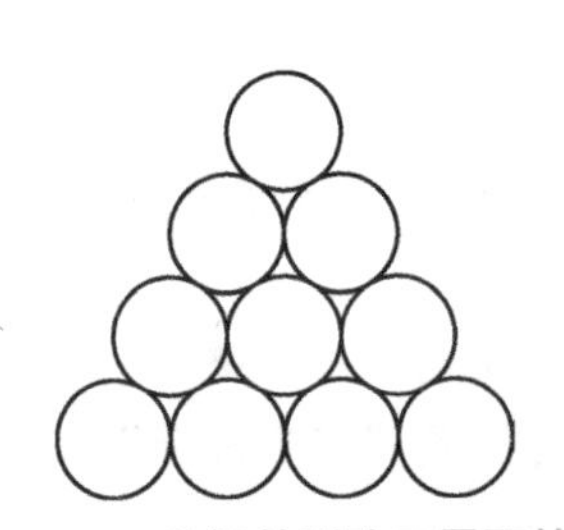

图 1-6-24　分解并删除不需要的部分

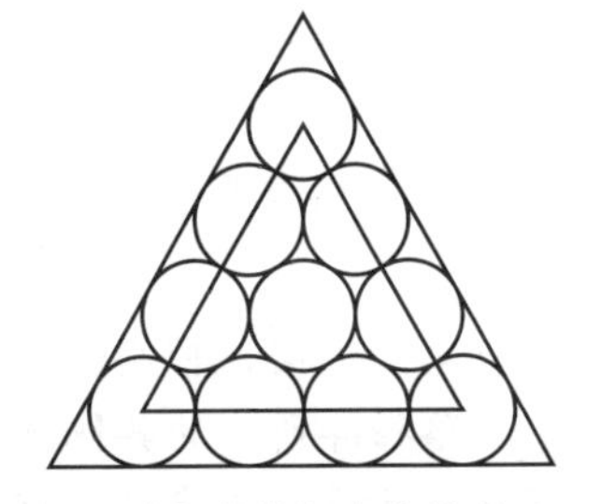

图 1-6-25　使用“多段线”命令绘制正三角形并偏移

【友情提示】这里用“多段线”命令绘制正三角形，而不用“直线”绘制正三角形，主要考虑将其作为整体，为下一步“偏移”命令做准备。

【步骤 8】将内部三角形删除，使用“比例缩放”命令的“参照”方式将正三角形的边长缩放到 100mm，如图 1–6–26 所示。

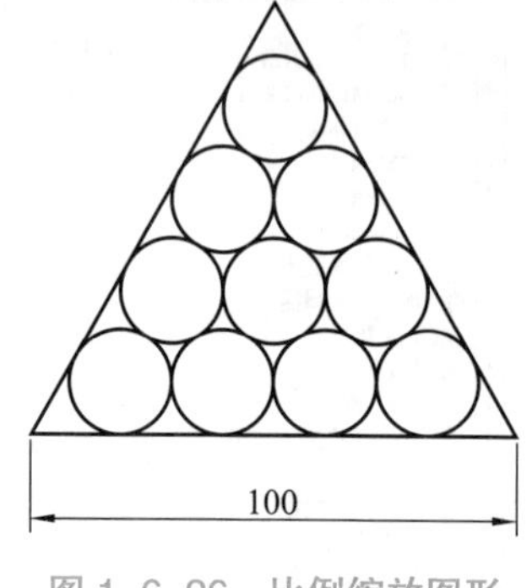

图 1–6–26　比例缩放图形

【智慧百科】在高版本的 AutoCAD 中，阵列除了低版本中的“矩形阵列”和“环形阵列”外，还有一种“路径阵列”。

路径阵列：沿路径或部分路径均匀分布对象副本。路径可以是直线、多段线、三维多段线、样条曲线、螺旋线、圆、圆弧或椭圆。

调用方式：选择“默认”功能区中的“修改”→“阵列”→“路径阵列”命令（Arraypolar）。

操作说明及选项说明如下。

（1）执行“路径阵列”操作后，命令行提示“选择对象：”，即选择将要进行路径阵列的对象。

（2）选择对象后，按 Enter 键确认，命令行继续提示：“选择路径曲线：”，根据提示选择路径曲线。

（3）指定路径曲线后，将显示预览阵列，命令行提示：“选择夹点以编辑阵列或 [关联（AS）/ 方法（M）/ 基点（B）/ 切向（T）/ 项目（I）/ 行（R）/ 层（L）/ 对齐项目（A）/z 方向（Z）/ 退出（X）] <退出>：”。

①方法（M）：定义方法，控制如何沿路径分布项目。

定数等分：将指定数量的项目沿路径的长度均匀分布。

定距等分：以指定的间隔沿路径分布项目。

②切向（T）：指定阵列中的项目相对于路径的起始方向对齐的方式。

两点：指定表示阵列中的项目相对于路径的切线的两个点。两个点的矢量建立阵列中第一个项目的切线。“对齐项目”设置控制阵列中的其他项目是否保持相切或平行方向，否则，根据路径曲线的起始方向调整第一个项目的 Z 轴方向。

③项目（I）：根据“方法”（M）设置，指定项目数或项目之间的距离。

沿路径的项目数：使用值或表达式指定阵列中的项目数（当“方法”为“定数等分”时可用）。

沿路径的项目之间的距离：使用值或表达式指定阵列中项目的距离（当“方法”为“定距等分”时可用）。

默认情况下，使用最大项目数填充阵列，这些项目使用输入的距离填充路径，可以指定一个更小的项目数（如果需要）。也可以启用“填充整个路径”功能，以便在路径长度更改时调整项目数。

④对齐项目（A）：指定是否对齐每个项目以与路径方向相切，对齐相对于第一个项目的方向。

⑤方向（Z）：定义方向，控制是否保持项目的原始 Z 轴方向或沿三维路径自然倾斜项目。

【友情提示】“路径阵列”的其他选项可以参照“环形阵列”或“矩形阵列”，这里不再赘述。路径阵列的编辑方法也可参照“环形阵列”或“矩形阵列”。

第 2 部分

工程制图 AutoCAD 2016 机械绘图应用

本部分主要介绍 AutoCAD 在机械制图中的应用，以任务引领的方式，对每一个实例的每个步骤都进行了完整的讲解。将 AutoCAD 软件操作与机械制图紧密结合，便于读者了解和掌握我国机械设计国家标准和绘图规范。本部分包括两个项目：项目 1 为简单零件图的绘制，通过对键、销、螺母、螺栓和齿轮等标准件及常用件绘图完整操作步骤的介绍，力图使读者初步认识机械制图的一些基本知识。项目 2 为机械零件图的绘制，任务 1 通过建立机械图图样样板文件介绍设置绘图环境的内容和方法；任务 2 通过轴、支架等零件的绘制介绍绘图技术；任务 3 通过绘制叉架类零件，介绍叉架类零件的结构和表达方法；任务 4 介绍零件图尺寸标注方法和技术要求的基本内容；任务 5 介绍在模型空间的图形打印设置方法等内容。

项目 1　简单零件图的绘制

本项目通过绘制销钉、键、螺母、螺栓、齿轮等简单的图形，了解简单零件的基本画法，熟悉绘图功能，为绘制较复杂的机械零件图打下良好的基础。

任务1　圆柱销的绘制

学习目标 ⇨ 1. 了解圆柱销的画法。
2. 掌握图层的建立、倒角使用等。

一、明确任务

按 1 ：1 的比例绘制图 2–1–1 所示的销钉。

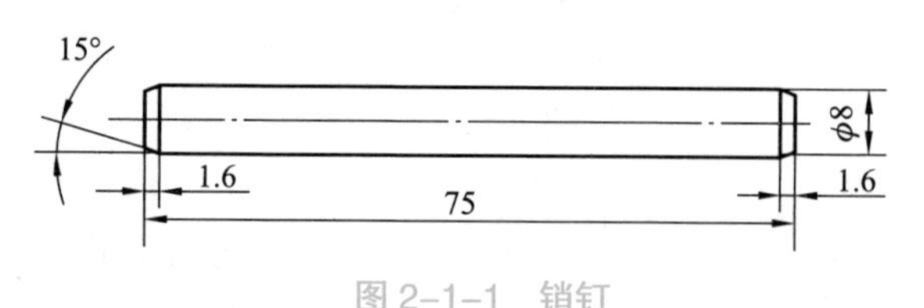

图 2–1–1　销钉

二、分析任务

销钉是重要的连接件之一，有多种类型，均已为标准化，销钉在机器中起着定位、连接、安全等作用。销钉的结构比较简单，以中心线为基准绘制即可。

三、知识储备

1. 倒角

为了便于装配，且保护零件表面不受损伤，一般在轴端、孔口处加工出倒角（即圆台面），这样可以去除零件的尖锐刺边，避免刮伤。在 AutoCAD 中利用“倒角”工具可以很方便地绘制倒角结构造型，且执行“倒角”操作的对象可以是直线、多段线、构造线、射线或三维实体。

2. 图层

AutoCAD 中绘制任何对象都是在图层上进行的。图层就好像一张张透明的图纸。整个图形就相当于若干个透明图纸上下叠加的效果。一般情况下，相同的图层上具有相同的线型、颜色、线宽等特性。图层的创建和设置在“图层特性管理器”对话框中进行。在命令行内输入“LA”，按 Space 键确定，系统将弹出“图层特性管理器”对话框。

四、实施任务

【步骤 1】启动 AutoCAD 2016，新建一个空白文档，工作界面如图 2-1-2 所示。

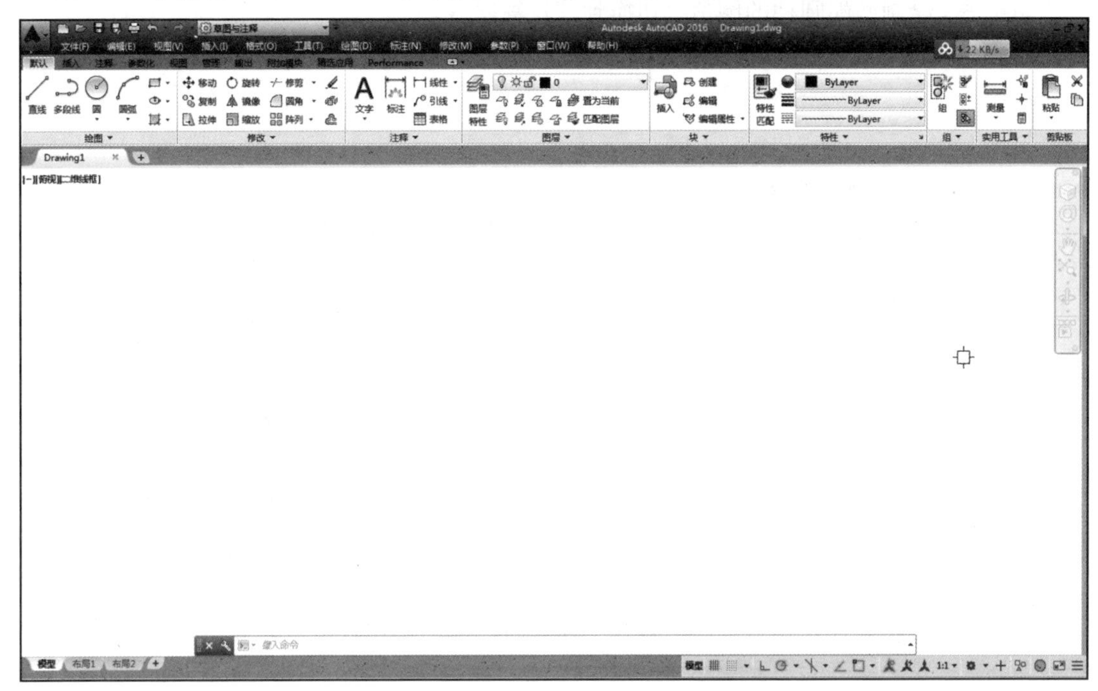

图 2-1-2　AutoCAD 2016 启动界面

【步骤 2】创建图层。分别创建“轮廓层”“中心线层”两个图层，如图 2-1-3 所示。

当前图层: 轮廓层　　搜索图层

状..	名称	开	冻结	锁定	颜色	线型	线宽	透明度	打印...	打..	新..	说
	0				白	Continuous	—— 默认	0	Color_7			
	Defpoints				白	Continuous	—— 默认	0	Color_7			
✔	轮廓层				白	Continuous	—— 0.50 毫米	0	Color_7			
	中心线层				红	CENTER	—— 默认	0	Color_1			

图 2-1-3　图层建立

【步骤 3】绘制矩形。

```
命令：REC
RECTANG
指定第一个角点或 [倒角（C）/ 标高（E）/ 圆角（F）/ 厚度（T）/ 宽度（W）]:
指定另一个角点或 [面积（A）/ 尺寸（D）/ 旋转（R）]: @75, 8
```

结果如图 2-1-4 所示。

图 2-1-4　绘制矩形

【步骤4】绘制中心线。首先切换到“中心线”层，单击“直线”按钮，利用对象捕捉找到左端线的中点后绘制水平中心线，如图2-1-5所示。

图2-1-5　绘制中心线

【步骤5】绘制两端圆柱的倒角。切换到“轮廓层”。

在命令行输入“cha”，命令行提示如下：

```
命令：CHA
CHAMFER
(“修剪”模式）当前倒角长度 = 0.0，角度 = 0d0'
选择第一条直线或［放弃（U）/ 多段线（P）/ 距离（D）/ 角度（A）/ 修剪（T）/ 方式（E）/ 多个（M）]：a 指定第一条直线的倒角长度 <0.0>：1.6
指定第一条直线的倒角角度 <0d0'>：15
选择第一条直线或［放弃（U）/ 多段线（P）/ 距离（D）/ 角度（A）/ 修剪（T）/ 方式（E）/ 多个（M）]：m
依次单击上边线、右边线；上边线，左边线；下边线，右边线；下边线，左边线
```

结果如图2-1-6所示。

图2-1-6　倒角

【步骤6】将轮廓补充完整。用“直线”命令将两端的倒角连接好，如图2-1-7所示。

图2-1-7　销钉图形

任务2　平键的绘制

学习目标 ⇨　了解圆头平键的画法。

一、明确任务

完成图2-1-8所示的平键绘制。按1∶1的比例绘制，并标注尺寸。

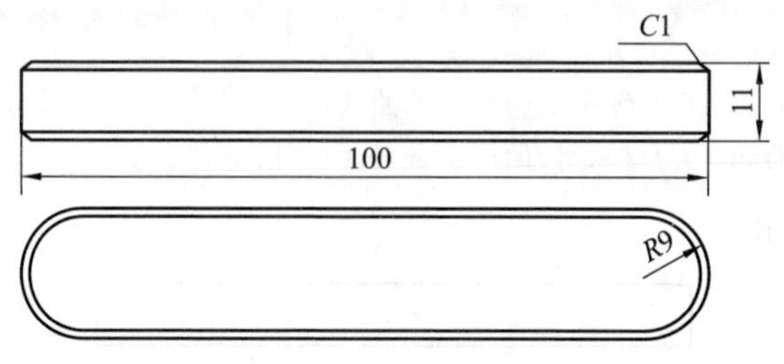

图2-1-8　键 18×11×100

二、分析任务

普通平键是重要的连接件之一，普通平键有 A 型、B 型和 C 型，均已为标准化。键在机器中起着周向固定等作用。

平键主要用主视图和俯视图来表达。在键连接的视图中多用剖视图来表达。

普通平键的标记：键 型号 $b \times h \times L$

本例是 A 型（圆头）普通平键，b=18mm、h=11mm、L=100 mm，其标记为：键 18×11×100。

注意：标记中 A 型键的“A”字省略不注，而 B 型和 C 型要标注“B”和“C”。

三、知识储备

（1）矩形命令、圆角命令、引线标注等。

（2）视图：主要用来表达机件的外部结构形状。

常用类型：基本视图、向视图、局部视图、斜视图。

机件向基本投影面投影所得的视图称为基本视图。

《机械制图》（GB/T17451—1998）规定，采用正六面体的 6 个面作为基本投影面，将物体放在其中，分别向 6 个投影面投影，得到 6 个基本视图：主视图，从前往后看；俯视图，从上往下看；左视图，从左往右看；后视图，从后往前看；仰视图，从下往上看；右视图，从右往左看。

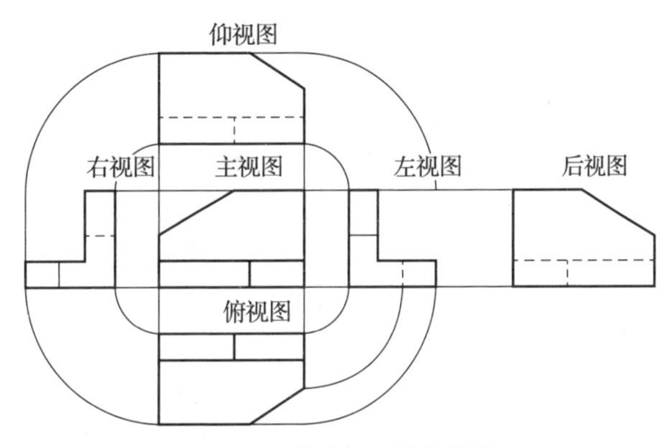

图 2-1-9　基本视图的位置关系

基本视图的位置关系如图 2-1-9 所示。

三视图是指主视图、俯视图、左视图。

绘图原则：主俯视图，长对正；主左视图，高平齐；左俯视图，宽相等。

四、实施任务

【步骤 1】启动 AutoCAD 2016，新建一个空白文档。

【步骤 2】创建图层。分别创建“轮廓层”“中心线层”两个图层，如图 2-1-10 所示。

当前图层: 粗实线　　搜索图层

状..	名称	开	冻结	锁定	颜色	线型	线宽	透明度	打印...	打..	新..	说
	0				白	Continuous	—— 默认	0	Color_7			
	Defpoints				白	Continuous	—— 默认	0	Color_7			
✔	轮廓层				白	Continuous	—— 0.50 毫米	0	Color_7			
	中心线层				红	CENTER	—— 0.25 毫米	0	Color_1			

图 2-1-10　建立图层

【步骤 3】画矩形。绘制长为 100mm、宽为 11mm 的矩形作为主视图。

```
命令：REC
RECTANG
指定第一个角点或［倒角（C）/ 标高（E）/ 圆角（F）/ 厚度（T）/ 宽度（W）]:
指定另一个角点或［面积（A）/ 尺寸（D）/ 旋转（R）]: d
指定矩形的长度 <10.0>: 100
指定矩形的宽度 <10.0>: 11
指定另一个角点或［面积（A）/ 尺寸（D）/ 旋转（R）]:
```

【步骤 4】绘制长为 100mm、宽为 18mm 的矩形作为俯视图。

```
命令： RECTANG
指定第一个角点或［倒角（C）/ 标高（E）/ 圆角（F）/ 厚度（T）/ 宽度（W）]:
需要点或选项关键字。                                    在工作区单击鼠标即可
指定第一个角点或［倒角（C）/ 标高（E）/ 圆角（F）/ 厚度（T）/ 宽度（W）]:
指定另一个角点或［面积（A）/ 尺寸（D）/ 旋转（R）]: d
指定矩形的长度 <10.0>: 100
指定矩形的宽度 <10.0>: 18
指定另一个角点或［面积（A）/ 尺寸（D）/ 旋转（R）]:
需要二维角点或选项关键字。                              在工作区单击鼠标即可
```

结果如图 2-1-11 所示。

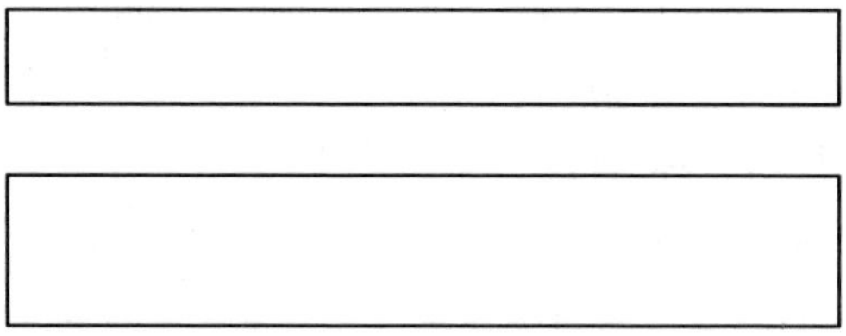

图 2-1-11　绘制主、俯视图

【步骤 5】主视图绘制倒角，倒角距离为 1mm。

```
命令：CHA CHAMFER
（"修剪"模式）当前倒角距离 1 = 0.0，距离 2 = 0.0
选择第一条直线或［放弃（U）/ 多段线（P）/ 距离（D）/ 角度（A）/ 修剪（T）/ 方式（E）/ 多个（M）]:
d 指定 第一个 倒角距离 <0.0>: 1 指定 第二个 倒角距离 <1.0>:
选择第一条直线或［放弃（U）/ 多段线（P）/ 距离（D）/ 角度（A）/ 修剪（T）/ 方式（E）/ 多个（M）]:
p 选择二维多段线或［距离（D）/ 角度（A）/ 方法（M）]:
```

4 条直线已被倒角，如图 2-1-12 所示。

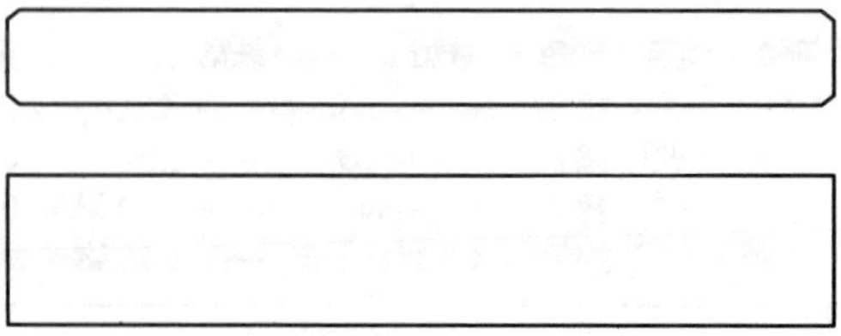

图 2-1-12　主视图（倒角）

【步骤 6】俯视图倒圆角，R=9。

```
命令：F FILLET
当前设置：模式 = 修剪，半径 = 0.0
选择第一个对象或［放弃（U）/ 多段线（P）/ 半径（R）/ 修剪（T）/ 多个（M）]：r 指定圆角半径 <0.0>：9
选择第一个对象或［放弃（U）/ 多段线（P）/ 半径（R）/ 修剪（T）/ 多个（M）]：p 选择二维多段线或［半径（R）]：
```

4 条直线已被圆角，如图 2–1–13 所示。

图 2–1–13　俯视图（圆角）

【步骤 7】完善主视图和俯视图。

在主视图中用直线连接倒角，如图 2–1–14 所示。

在俯视图中向内偏移 1mm，命令行提示如下，结果如图 2–1–15 所示。

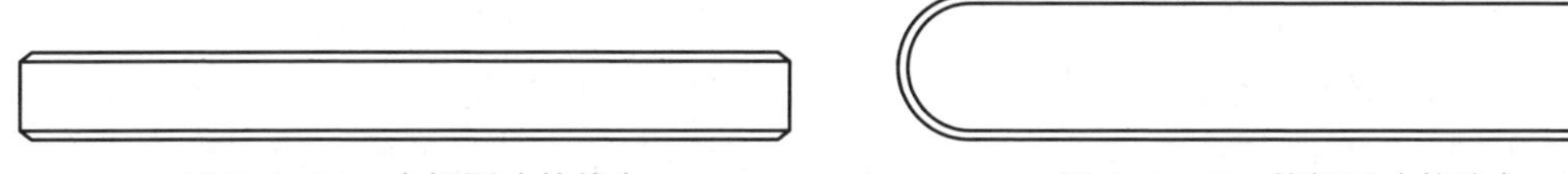

图 2–1–14　主视图（补线）　　图 2–1–15　俯视图（偏移）

```
命令：OFFSET
当前设置：删除源 = 否　图层 = 源　OFFSETGAPTYPE=0
指定偏移距离或［通过（T）/ 删除（E）/ 图层（L）]＜通过＞：1
选择要偏移的对象，或［退出（E）/ 放弃（U）]＜退出＞：
指定要偏移的那一侧上的点，或［退出（E）/ 多个（M）/ 放弃（U）]＜退出＞：
选择要偏移的对象，或［退出（E）/ 放弃（U）]＜退出＞
```

【步骤 8】标注尺寸，如图 2–1–16 所示。

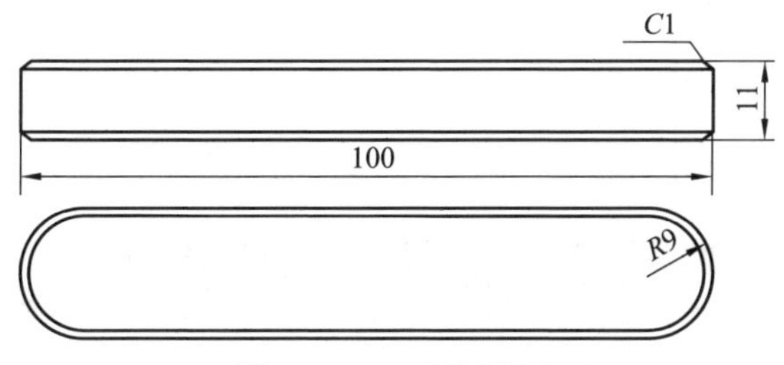

图 2–1–16　标注尺寸

引线的设置和标注，命令行提示如下：

```
命令：QLEADER
指定第一个引线点或［设置（S）]＜设置＞：
指定第一个引线点或［设置（S）]＜设置＞：
```

```
指定下一点：　< 正交 关 >
指定下一点：　< 正交 开 >
指定文字宽度 <0>:
输入注释文字的第一行 < 多行文字（M）>: c1
输入注释文字的下一行:
```

任务3　六角螺母的绘制

学习目标 ⇨ 掌握六角螺母的画法和步骤。

一、明确任务

完成图 2-1-17 所示的 M10 单面倒角的六角螺母绘制（比例画法）。按 1：1 的比例绘制，并标注尺寸（M10 中的“M”表示普通螺纹，“10”表示公称直径 d=10mm）。

二、分析任务

本例中六角螺母由主俯视图来表达，先绘制俯视图，再绘制主视图。在制作六角螺母时，常作出 30° 倒角，使 6 个棱面与圆锥面相交，因而在正六棱柱的侧面形成双曲线形状的截交线。主视图中，作半径为 1.5d 的圆弧，且与上底中点相切，小圆弧的半径 R 由作图决定，并作 30° 倒角与小圆弧相切。俯视图中，螺纹的大径为 d 和小径为 0.85d，如图 2-1-18 所示。

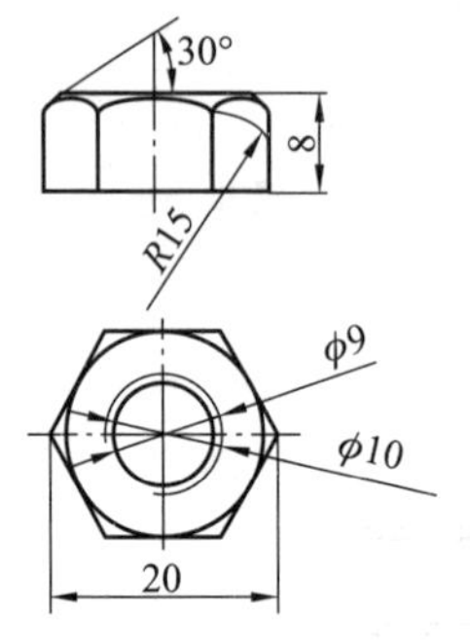

图 2-1-17　M10 六角螺母

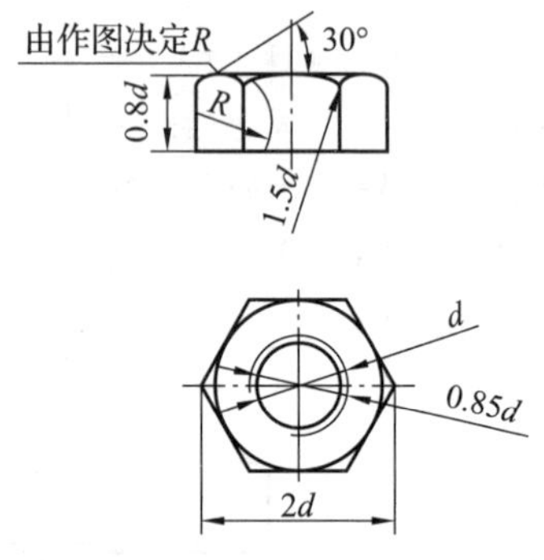

图 2-1-18　六角螺母基本参数

三、知识储备

（1）偏移命令、圆弧命令、临时追踪等。

（2）机械制图中内螺纹的画法。

外螺纹：在圆柱或圆锥外表面上形成的螺纹。内螺纹：在圆柱或圆锥内孔表面上形成的螺纹。螺纹直径有大径（外螺纹用 d 表示，内螺纹用 D 表示）、中径和小径之分。外螺纹的大径和内螺纹的小径均称为顶径；外螺纹的小径和内螺纹的大径均称为底径。螺纹的公称直径为大径（管螺纹用尺寸代号表示）。

内螺纹画法：在剖视图时，内螺纹的牙底（大径）用细实线表示，牙顶（小径）和螺纹终止线用粗实线表示，剖面线应画到粗实线。在反映圆的视图上，大径用 3/4 圆的细实线圆弧表示，倒角圆不画。若为盲孔，采用比例画法时，终止线到孔的末端的距离可按大径的 1/2 绘制，钻孔时在末端形成的锥面的锥角按 120° 绘制。内螺纹不剖时，在非圆视图上其大径和小径均用虚线表示。

四、实施任务

【步骤 1】建立中心线层、轮廓层、细实线层。单击“中心线层”设置为当前层，用“直线”绘制主、俯视图中心线，如图 2–1–19 所示。

【步骤 2】在“轮廓层”绘制 ϕ8.5mm 的圆和 ϕ10mm 的圆，并将 ϕ10mm 的圆换到“细实线层”，使用“打断”命令留约 3/4 圆，如图 2–1–20 所示。

图 2–1–19　绘制中心线

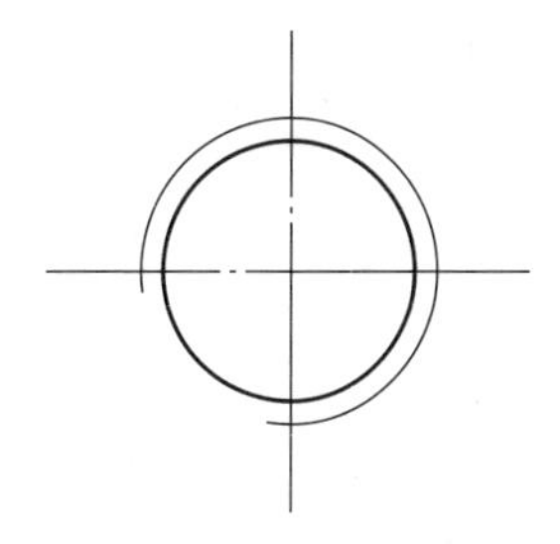

图 2–1–20　绘制大径和小径

【步骤 3】在“轮廓层”绘制一个 R=10 的圆和与圆外切的正六边形，完成俯视图，如图 2–1–21 所示。

【步骤 4】绘制主视图，根据主、俯视图“长对正”，利用追踪与直线命令绘制如图 2–1–22 所示的水平线，高度为 8mm。

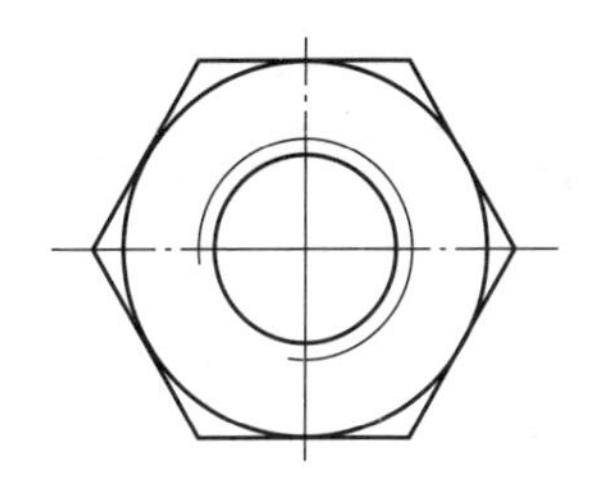

图 2–1–21　俯视图

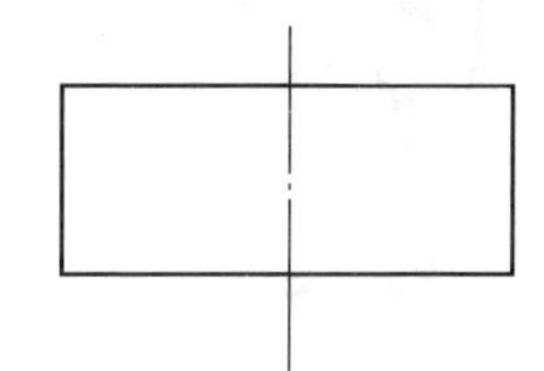

图 2–1–22　绘制主视图轮廓线

【步骤 5】主视图中偏移中心线，修剪后切换到轮廓线层，命令行提示如下，结果如图 2–1–23 和图 2–1–24 所示。

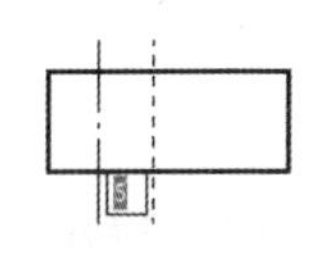

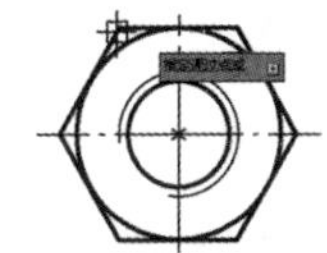

图 2–1–23　偏移中心线

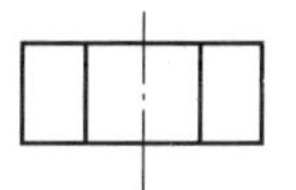

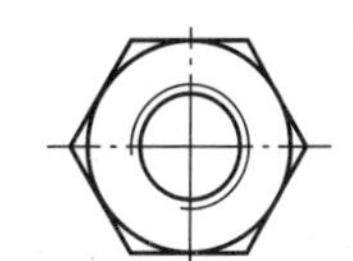

图 2–1–24　绘制效果

```
命令：OFFSET
当前设置：删除源 = 否　图层 = 源　OFFSETGAPTYPE=0
指定偏移距离或 [ 通过（T）/ 删除（E）/ 图层（L）] < 通过 >：t　　（输入 t）
选择要偏移的对象，或 [ 退出（E）/ 放弃（U）] < 退出 >：　　（选择中心线）
指定通过点或 [ 退出（E）/ 多个（M）/ 放弃（U）] < 退出 >：　　（选择俯视图中正六边形上对应的端点）
```

【步骤 6】绘制 ϕ15mm 的圆。在命令行输入“c”，再输入“tk”，用鼠标单击中心线与上边线的交点，鼠标指针沿竖直方向向下，输入“15”按 Space 键结束追踪确定圆心位置，按提示输入圆的半径 15mm，再用“修剪”命令完成修剪，如图 2–1–25 和图 2–1–26 所示。

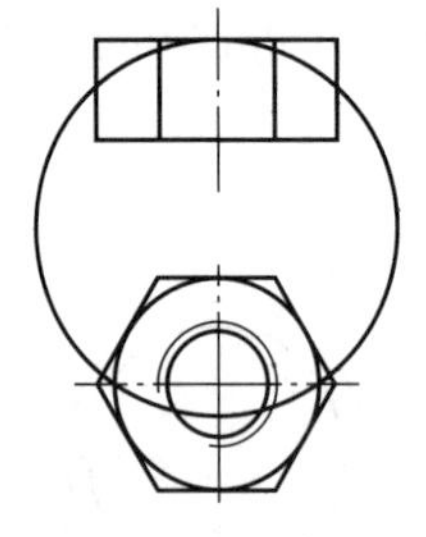

图 2–1–25　绘制圆

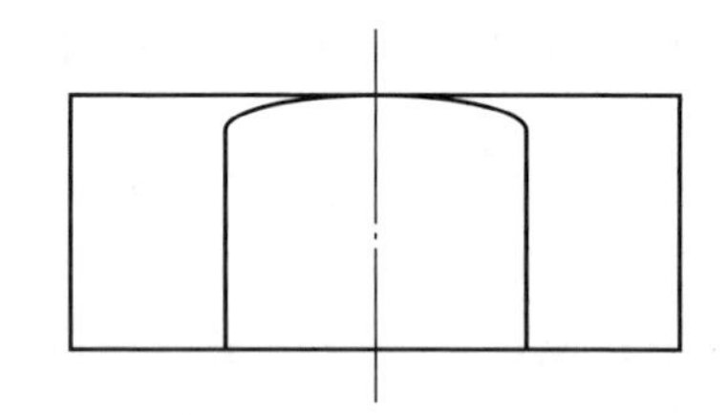

图 2–1–26　修剪图形

【步骤 7】绘制 30° 角。添加辅助线，过辅助线的上端点绘制直线，@10<210，命令行提示如下，结果如图 2–1–27 和图 2–1–28 所示。

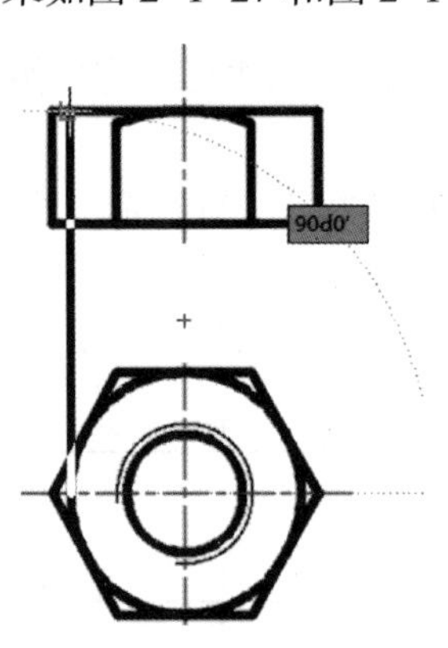

图 2–1–27　添加辅助线

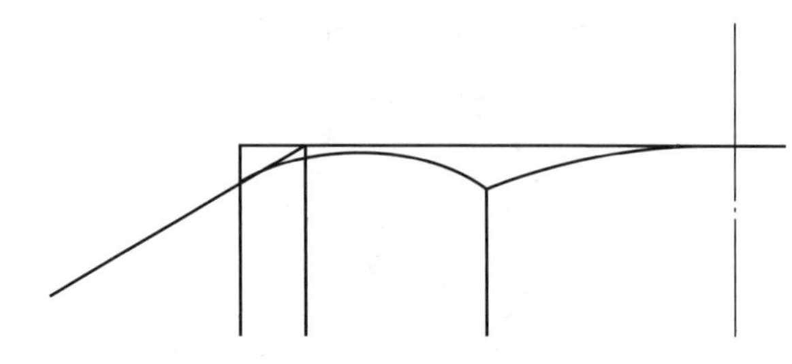

图 2–1–28　绘制直线

```
命令：_arc
圆弧创建方向：逆时针（按住 Ctrl 键可切换方向）
指定圆弧的起点或 [ 圆心（C）]：
指定圆弧的第二个点或 [ 圆心（C）/ 端点（E）]：e
指定圆弧的端点：
指定圆弧的圆心或 [ 角度（A）/ 方向（D）/ 半径（R）]：d 指定圆弧的起点切向：　选择斜线上端点，完成圆弧绘制
```

镜像斜线和圆弧，并修剪和删除辅助线后如图 2–1–29 所示。

【步骤 8】标注尺寸。尺寸标注如图 2–1–30 所示。

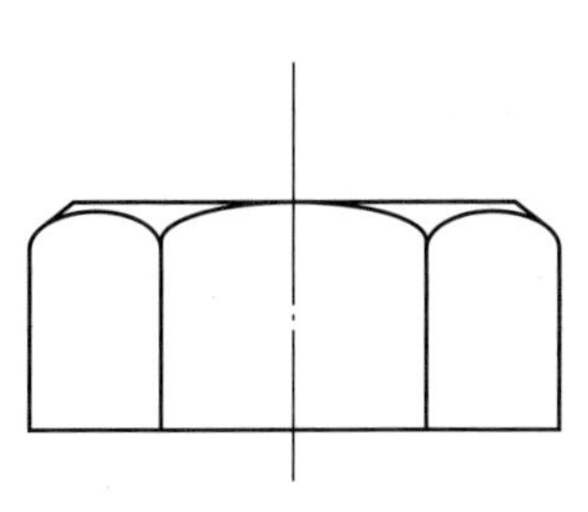

图 2-1-29　镜像斜线和圆弧

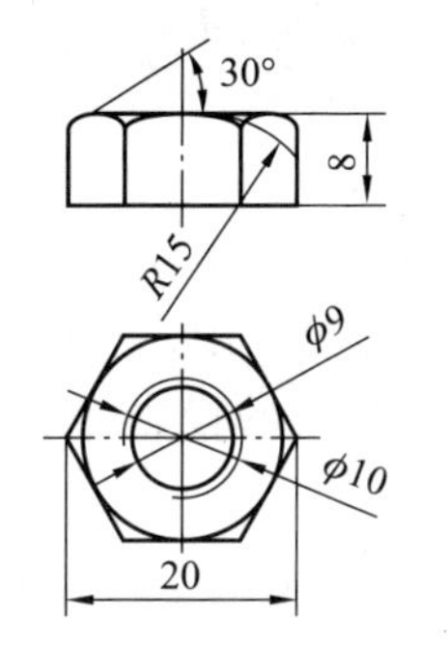

图 2-1-30　尺寸标注

任务4　六角螺栓的绘制

学习目标 ⇨　了解螺栓的画法和步骤。

一、明确任务

完成图 2-1-31 所示的螺栓绘制（比例画法）。按 1 : 1 的比例绘制，并标注尺寸。

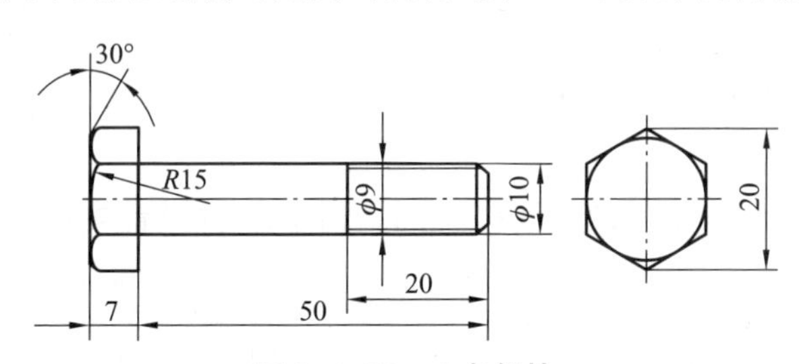

图 2-1-31　六角螺栓

二、分析任务

六角螺栓画法应严格按照国家标准，一般而言，六角螺栓画法主要是比例画法，其基本参数如图 2-1-32 所示。

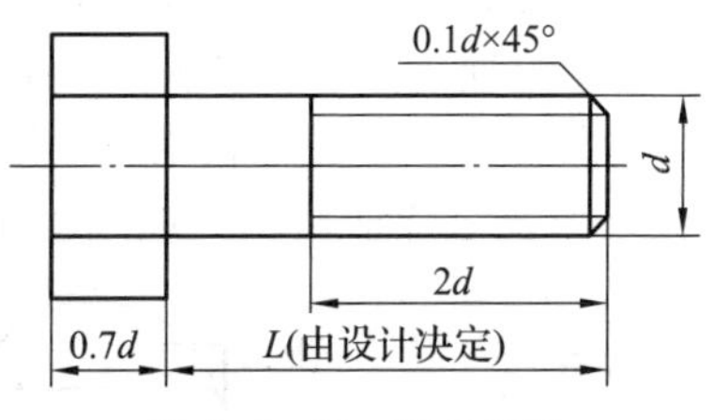

图 2-1-32　基本参数

三、知识储备

外螺纹的画法。

螺纹的牙顶（大径）及终止线画粗实线；螺纹的牙底（小径）画细实线。

螺杆的倒角也要画出，小径可近似地画成大径的 85%，螺纹终止线用粗实线表示。

在垂直螺纹轴线的投影面的视图中，表示螺纹牙底的细实线圆画约 3/4 圈，螺杆断面的倒角圆省略不画。

四、实施任务

【步骤 1】建立“中心线层”“轮廓层”“细实线层”。将“中心线”层设置为当前层，用直线绘制中心线，如图 2–1–33 所示。

【步骤 2】在“轮廓层”绘制一个内接于圆、半径为 10mm 的正六边形并旋转 30° 和正六边形的内切圆，如图 2–1–34 所示。

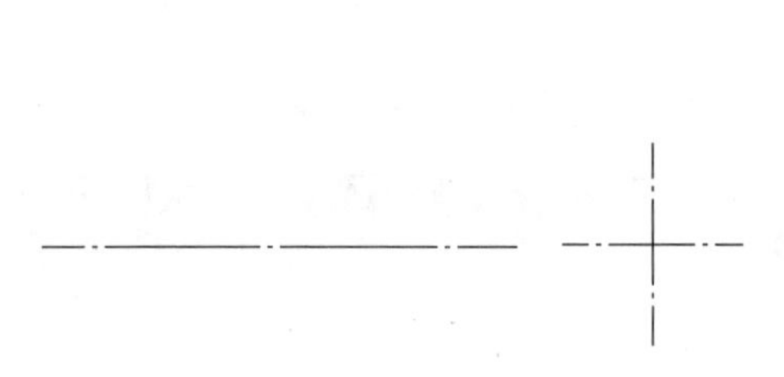

图 2–1–33　绘制中心线

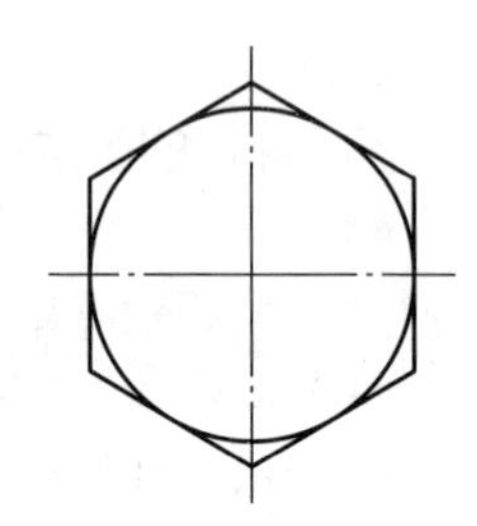

图 2–1–34　绘制左视图

【步骤 3】在主视图中心线的左端绘制一竖直直线，并向左依次偏移 7mm、30mm、20mm，如图 2–1–35 所示。

【步骤 4】再将中心线向上下两侧偏移 5mm、10mm，并设置成轮廓线层中，如图 2–1–36 所示。

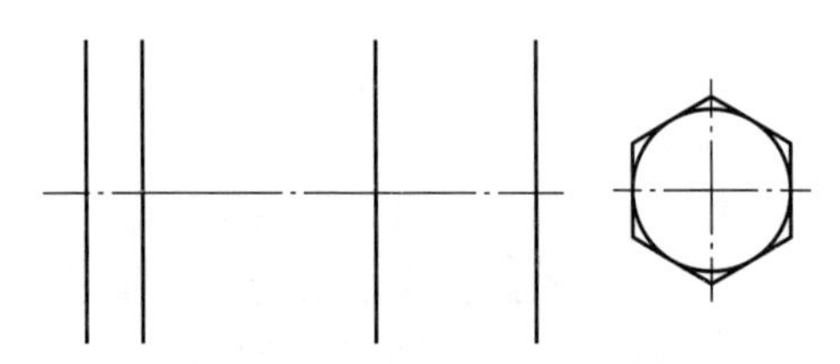

图 2–1–35　偏移直线

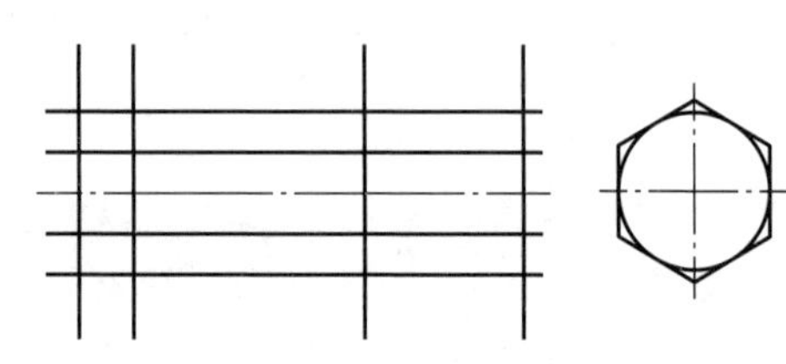

图 2–1–36　上下偏移中心线

【步骤 5】修剪主视图。修剪后的轮廓如图 2–1–37 所示。

【步骤 6】绘制 $\phi15$ 的圆。在命令行输入“c”，再输入“tk”，用鼠标单击中心线与左边线的交点，鼠标指针沿中心线向右方向，输入“15”按 Enter 键结束追踪确定圆心位置，按提示输入圆的半径 15mm，再用“修剪”命令完成修剪，如图 2–1–38 所示。

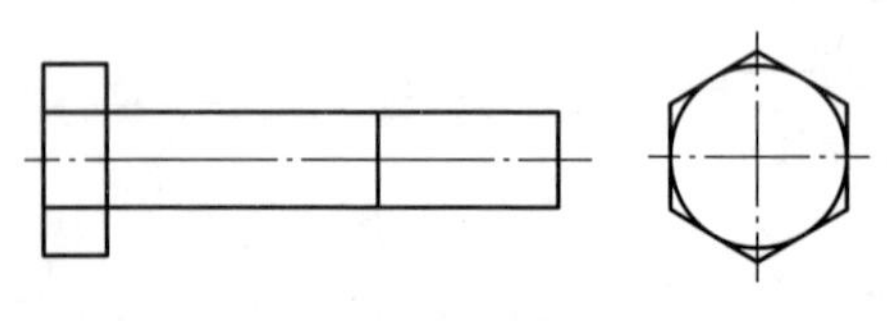

图 2–1–37　修剪主视图

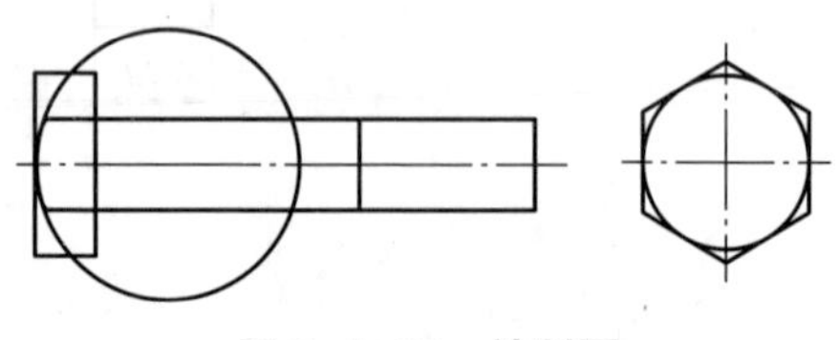

图 2–1–38　绘制圆

【步骤 7】绘制 30° 角。添加辅助线。过辅助线的上端点绘制直线，@10<60，命令行提示如下，结果如图 2-1-39 和图 2-1-40 所示。

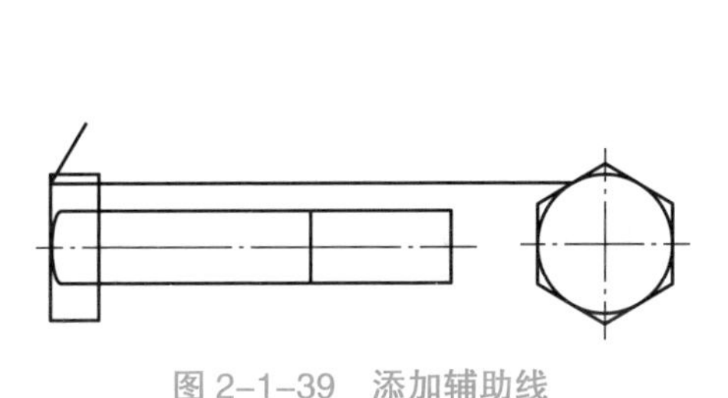

图 2-1-39　添加辅助线

图 2-1-40　绘制直线

```
命令：_arc
圆弧创建方向：逆时针（按住 Ctrl 键可切换方向）
指定圆弧的起点或 [圆心（C）]:                          （选择斜线与上边线的交点）
指定圆弧的第二个点或 [圆心（C）/ 端点（E）]: e
指定圆弧的端点：
指定圆弧的圆心或 [角度（A）/ 方向（D）/ 半径（R）]: d 指定圆弧的起点切向：
                                                      （选择斜线左端点）
```

【步骤 8】完成圆弧绘制，镜像斜线和圆弧，并修剪和删除辅助线后效果如图 2-1-41 所示。

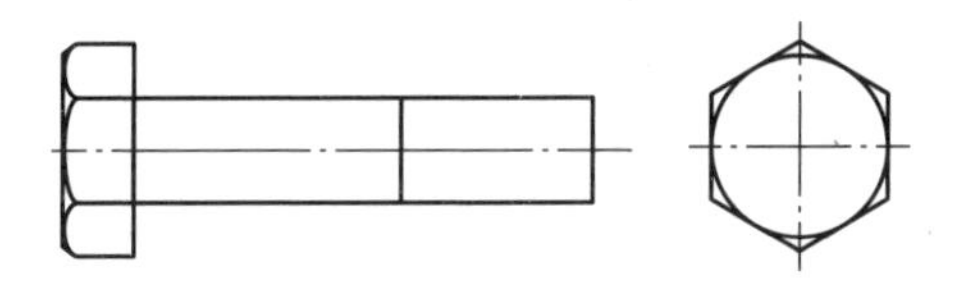

图 2-1-41　镜像斜线和圆弧并修剪

【步骤 9】倒角 $C1$，补画线如图 2-1-42 所示。

【步骤 10】在“细实线”层绘制螺纹牙底线。用“偏移”命令把水平中心线上下偏移 4.5mm，修剪后切换到“细实线”层，如图 2-1-43 所示（注：细实线绘制到倒角处）。

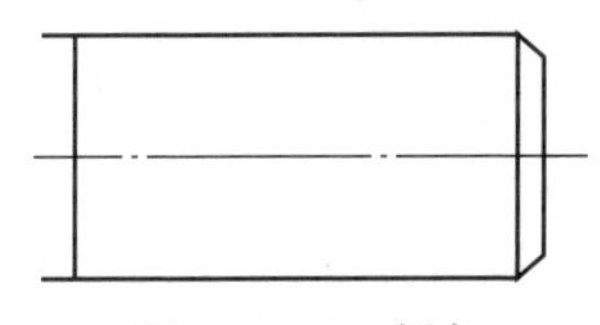

图 2-1-42　倒角

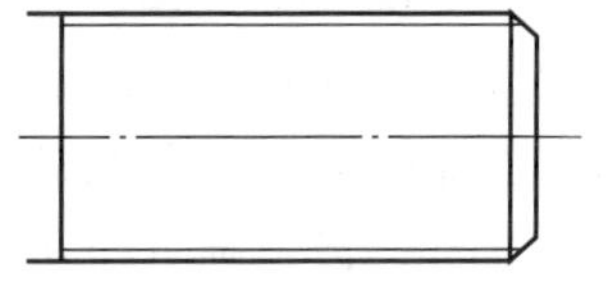

图 2-1-43　绘制牙底线

【步骤 11】在 0 图层标注尺寸，如图 2-1-44 所示。

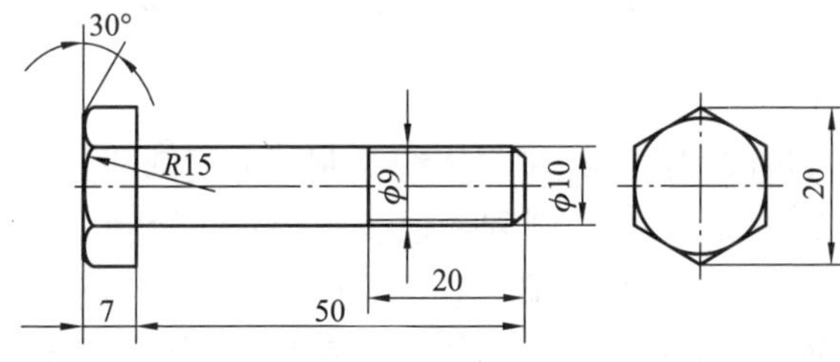

图 2-1-44　标注尺寸

任务5 齿轮的绘制

学习目标 ⇨ 了解齿轮的画法和步骤。

一、明确任务

完成图 2–1–45 所示的齿轮绘制（参数：模数 m=4mm，齿数 Z=30，压力角 α=20°）。按 1 : 1 的比例绘制，并标注尺寸。

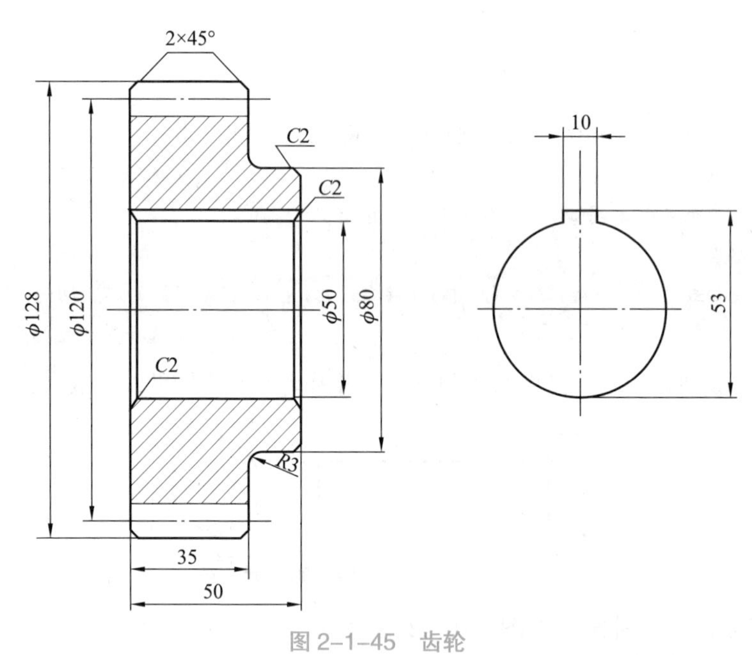

图 2–1–45 齿轮

二、分析任务

齿轮是机械传动中应用广泛的一种传动件，它不仅可以用来传递动力，而且还能用来改变轴的转速和旋转方向。根据齿轮模数 m=4mm，齿数 z=30，压力角 α=20° 。计算出分度圆直径 $d=mz$=120mm，齿顶圆直径 $d_a=m\times(z+2)$=128mm 齿根圆直径 $d_f=m\times(z-2.5)$=110mm。然后按照标准齿轮的画法绘制。

三、知识储备

1. 齿轮的画法

单个齿轮的画法：齿顶圆和齿顶线用粗实线绘制。分度圆和分度线用细点画线绘制（分度线应超出轮齿两端面 2~3mm）。齿根圆和齿根线用细实线绘制，也可省略不画；在剖视图中，齿根线用粗实线绘制，这时不可省略。在剖视图中，当剖切平面通过齿轮轴线时，齿轮一律按不剖处理。齿轮除了轮齿部分外，其余轮体结构均应按真实投影绘制。

齿轮属于轮盘类零件，其表达方法与一般轮盘类零件相同。通常将轴线水平放置，可选用两个视图，或一个视图和一个局部视图，其中的非圆视图可作半剖视或全剖视。

2. 图案填充

在 AutoCAD 中，图案填充是指用图案去填充图形中的某个区域，以表达该区域的特征。在机械制图中，用图案填充表示剖面线。

在命令行输入“BHATCH”(“H”)命令或在“绘图”选项板中单击“图案填充”按钮，出现如图 2-1-46 所示的界面。

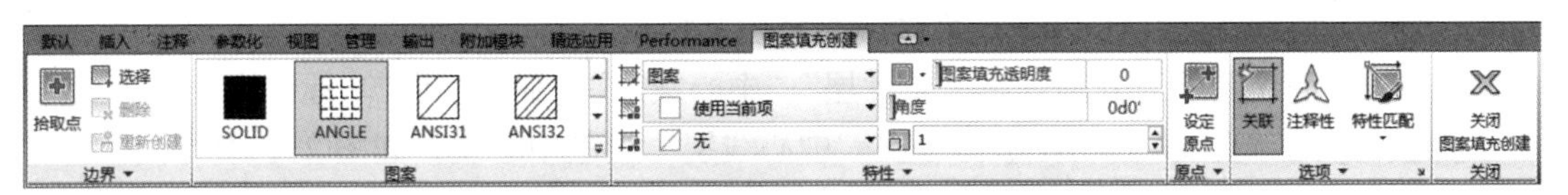

图 2-1-46 “图案填充创建”功能区

在命令行中输入“T”，弹出“图案填充和渐变色”对话框，如图 2-1-47 所示。利用该对话框用户可以设置图案填充时的图案特性、填充边界及填充方式等。

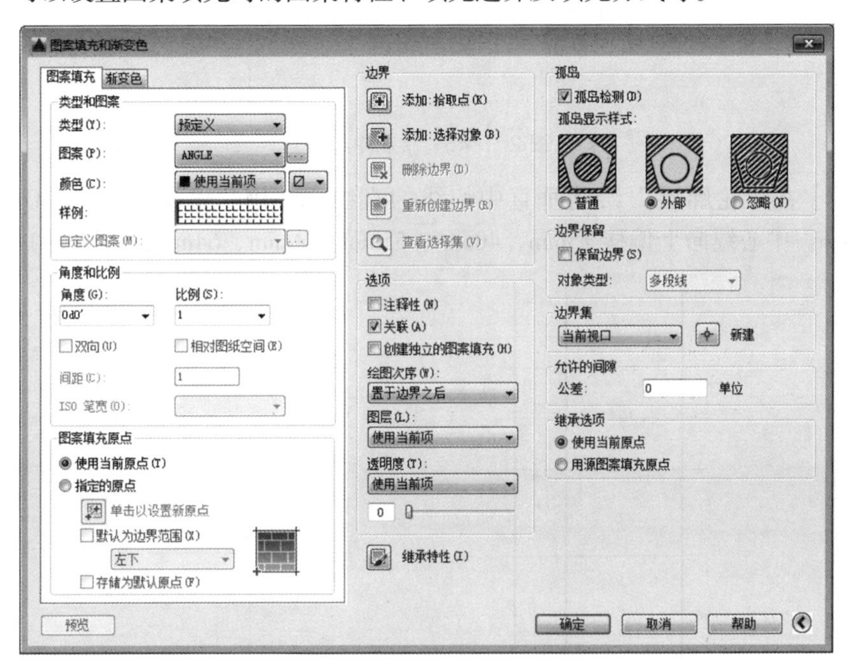

图 2-1-47 “图案填充和渐变色”对话框

下面对“图案填充”选项卡的设置以及相关的参数进行介绍。

“类型和图案”选项区域:用于设置填充图案以及相关的填充参数。可通过“类型和图案”选项区域确定填充类型与图案。机械图样一般选择 ANSI 中的 ANSI31 作为剖面线的填充图案。

“角度和比例”选项区域：通过“角度和比例”选项区域设置填充图案时的图案旋转角度和缩放比例。其中角度在定义时旋转角为零，初始比例为 1。

“图案填充原点”选项区域：控制生成填充图案时的起始位置。

“添加：拾取点”按钮和“添加：选择对象”：用于确定填充区域。

单击“拾取点”按钮，AutoCAD 临时切换到绘图屏幕，并提示“选择内部点：”，在希望进行填充的封闭区域内任意拾取一点后，AutoCAD 会自动确定出包围该点的封闭填充边界，同时以虚线形式显示这些边界。如果在拾取点后，AutoCAD 不能形成封闭的填区边界，则会给出相应的提示信息。

单击“选择对象”按钮，AutoCAD 临时切换到绘图屏幕，并提示“选择对象:”，在此提示下选择构成填充区域的边界。同样，被选择的对象应能够构成封闭的边界区域，否则达不到所希望的填充效果。

四、实施任务

【步骤 1】启动 AutoCAD 2016，新建一个空白文档。

【步骤 2】创建图层。分别创建“轮廓层”“中心线层”“细实线层”“标注层”4 个图层。

【步骤 3】用“直线”（LINE）命令在“中心线层”绘制中心线，如图 2–1–48 所示。

图 2–1–48 绘制中心线

【步骤 4】在“轮廓层”绘制垂直中心线的直线，并用“偏移”命令（O）向右偏移 35mm、50mm。中心线向上偏移 25mm、40mm、55mm、60mm、64mm，如图 2–1–49 所示。

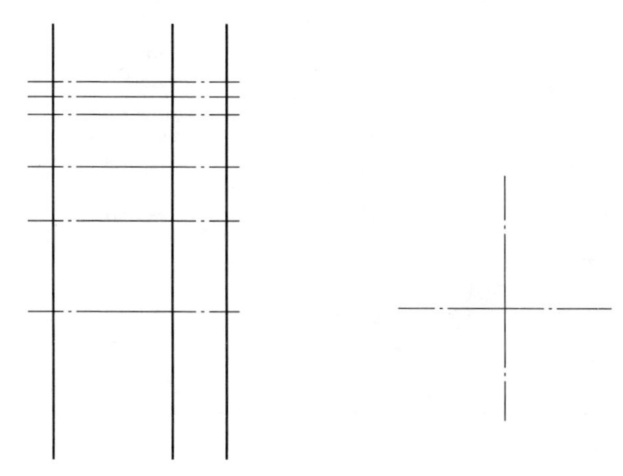

图 2–1–49 偏移直线和中心线

【步骤 5】用“修剪”工具（Tr）修剪主视图，并将第 1、4、5 条直线转换到“轮廓层”，第 3 条直线转换到细实线层。倒角 *C*2 和圆角 *R*3，如图 2–1–50 所示。

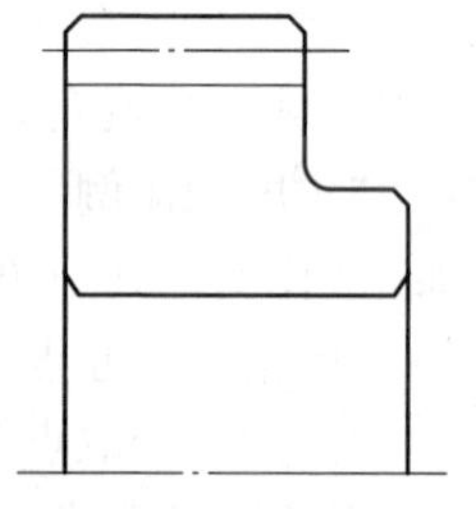

图 2–1–50 倒角和圆角

【步骤 6】镜像并用“直线”命令（L）绘制出键槽线，距离中心线 28mm。在“标注层”中填充。在“轮廓层”直线连接倒角部分，完成主视图。在命令行输入“H”或在“默认”功能区“绘图”选项板中单击“图案填充”按钮，在弹出的“图案填充创建”功能区的“图案”选项板中选择“ANSI31”。在“边界”选项板中单击“拾取点”按钮，回到图形后用鼠标在需要填充的区域内单击，完成后按 Space 键，如图 2–1–51 所示。

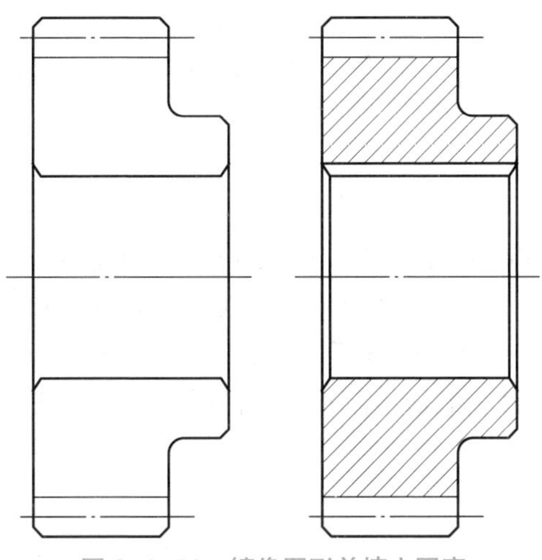

图 2-1-51　镜像图形并填充图案

【步骤7】在左视图中，用“圆”命令（C）绘制直径为50mm的圆，偏移中心线左右各5mm，向上偏移28mm，并修剪。将轮廓转换到“轮廓层”，如图2-1-52所示。

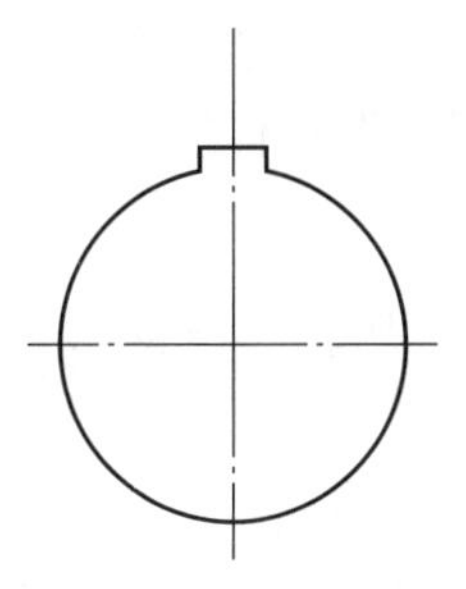

图 2-1-52　绘制圆

【步骤8】在“标注层”标注尺寸，如图2-1-53所示。

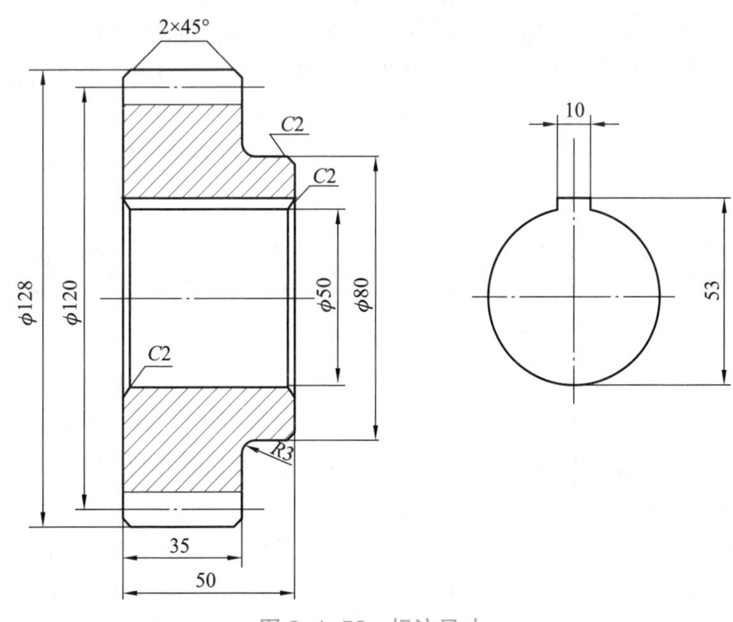

图 2-1-53　标注尺寸

项目 2　机械零件图的绘制

零件是构成机器的不可拆分的最小制造单元，任何机器都是由若干个零件组成的。零件图是表示零件的结构形状、尺寸大小和有关技术要求的技术文件，是机械加工和检验的依据，也是进行技术交流的重要资料。本项目主要介绍运用 AutoCAD 2016 绘制机械零件图的基本流程，使读者掌握绘制机械零件图的基本方法。

任务1　认识、建立机械图样样板文件

学习目标 ⇨ 1. 了解机械图样样板文件包括的内容。
2. 掌握建立常用的机械图样样板文件的步骤。

一、明确任务

建立标准 A4 图幅的机械图样样板文件。

二、分析任务

AutoCAD 提供了许多样板文件，它们都是以“.dwt”为后缀的图形文件，其中，acad.dwt 为英制，单位是英寸，acadiso.dwt 为公制，单位是 mm。对于机械图样而言，可以利用 acadiso.dwt 模板，也可在其基础上进一步设置，还可以单击“打开”按钮后的下拉按钮，在下拉列表中选择“无样板打开 - 公制”选项，新建文件。本例建立的标准 A4 图幅的机械图样文件主要包括设置绘图环境（图形界限、绘图单位精度等）、图层设置、文字样式设置、标注样式设置、图框和标题栏的绘制等内容。

三、知识储备

（1）使用的命令：矩形、偏移、修剪、文字等。

（2）基本图幅：国家制图标准规定的图纸幅面与格式（GB/T14689—2008）有 A0（841 × 1189）、A1（594 × 841）、A2（420 × 594）、A3（297 × 420）、A4（210 × 297）等 5 种规格。绘制技术图样时，应优先采用这 5 种规定的基本幅面。必要时允许加长幅面，以基本幅面的短边的整数倍加长幅面。

（3）图形界限：又称为绘图范围，它用于限定绘图工作区和图纸边界。它相当于手工绘图时事先准备的图纸。在命令行输入“Limits”后按 Space 键。默认设置下图形界限是一个矩形区域，长度为 420mm、宽度为 297mm，其左下角点位于坐标系原点上。

（4）图框：用粗实线画出图框，分为留有装订边和不留装订边两种，但同一产品的图纸只能采用一种格式。

四、实施任务

【步骤 1】新建空白图形文件。使用默认的 acadiso.dwt 样板文件作为初始的模板。

【步骤 2】设置绘图环境。包括设置图形界限、设置绘图单位、设置图层等。

（1）设置图形界限。

命令行中输入“LTS”，按 Space 键，在命令窗口出现如下提示：

```
重新设置模型空间界限:
指定左下角点或 [ 开 (ON) / 关 (OFF)] <0.00, 0.00>:        ( 直接按 Space 键 )
指定右上角点 <420.00, 297.00>: 297, 210                    ( 输入 297, 210, 按 Enter 键。
                                                          完成 A4 图形界限设置 )
```

（2）设置绘图单位和精度。

命令行中输入“UN”，按 Space 键，在弹出的“图形单位”对话框中设置长度单位格式为“小数”，精度为“0.0”；角度单位格式为“度 / 分 / 秒”，精度选择“0d00′”；其他内容默认系统原有设置，如图 2-2-1 所示。

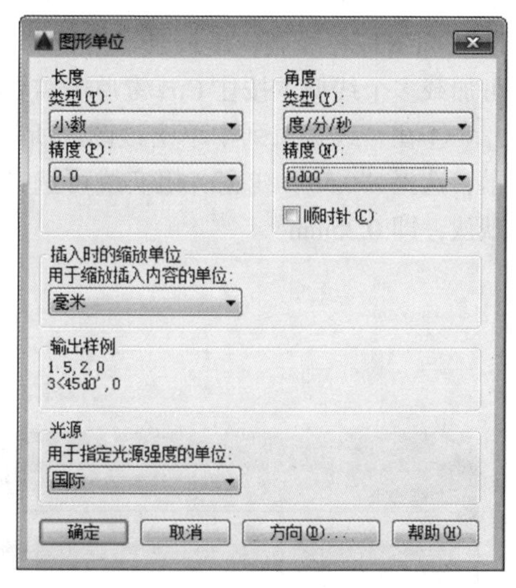

图 2-2-1　“图形单位”对话框

（3）设置图层。

在机械图样中常用的线型有粗实线、细实线、虚线、点画线、双点画线等，图层有轮廓线层、中心线层、虚线层、尺寸标注层等。机械图样中的线宽有粗细两种，粗细之比为 2 : 1，常用粗实线线宽有 0.5mm、0.7mm 等。如果粗实线选择 0.5mm，细实线选择 0.25mm，0.25 也是系统默认的线宽。线型的选择应符合国家标准的规定。对机械图样，中心线、虚线、点画线可分别选择 CENTER、HIDDEN、DASHDOT。

①命令行中输入“LA”，按 Space 键，弹出“图层特性管理器”对话框并建立如图 2-2-2 所示的图层。

当前图层: 0　　搜索图层

状..	名称	开	冻结	锁定	颜色	线型	线宽	透明度	打印...	打..	新..	说
✓	0				白	Continuous	—— 默认	0	Color_7			
	Defpoints				白	Continuous	—— 默认	0	Color_7			
	标注				蓝	Continuous	—— 默认	0	Color_5			
	轮廓线				白	Continuous	—— 0.50 毫米	0	Color_7			
	细实线				白	Continuous	—— 默认	0	Color_7			
	虚线				黄	HIDDEN	—— 默认	0	Color_2			
	中心线				红	CENTER	—— 默认	0	Color_1			

图 2-2-2　“图层特性管理器”对话框

②以创建“轮廓线”图层为例，单击“新建”图标，添加一个新图层，输入“轮廓线”图层名；单击“颜色”所在列的色块，从“选择颜色”对话框中选择粗实线图层的颜色，如图 2-2-3 所示。

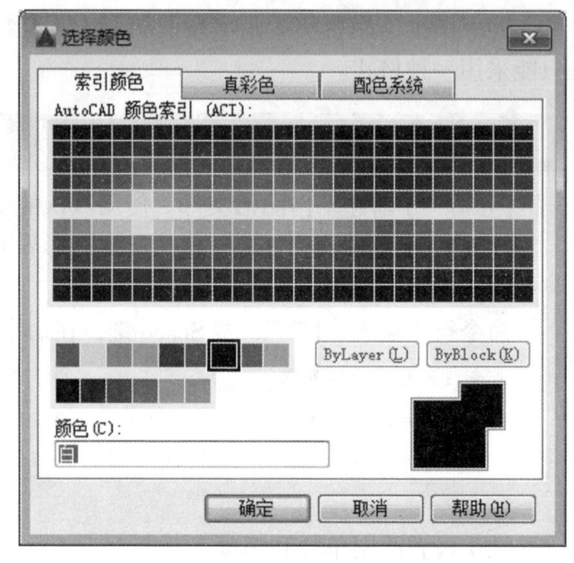

图 2-2-3 “选择颜色”对话框

③单击“线型”列的线型名称（如 Continuous），弹出“选择线型”对话框，如图 2-2-4 所示。在“已加载的线型”列表框中选择合适的线型，然后单击“确定”按钮。如果在“已加载的线型”列表框中没有合适的线型，那么单击“加载”按钮，打开“加载或重载线型”对话框，从线型库中选择合适的线型，粗实线选择 Continuous 线型；细实线选择 Continuous 线型；中心线加载并选择 CENTER 线型；虚线加载并选择 HIDDEN 线型；点画线加载并选择 dashdot 线型，一次可加载多个线型（按住 Ctrl 键单击需要的线型）。

④在“线宽”列中单击该图层所对应的线宽图例，打开“线宽”对话框，如图 2-2-5 所示，选择“0.50”线宽。粗实线可选择 0.5mm、0.7mm 等，本例选择 0.50mm，其他线型选择默认，即 0.25mm。

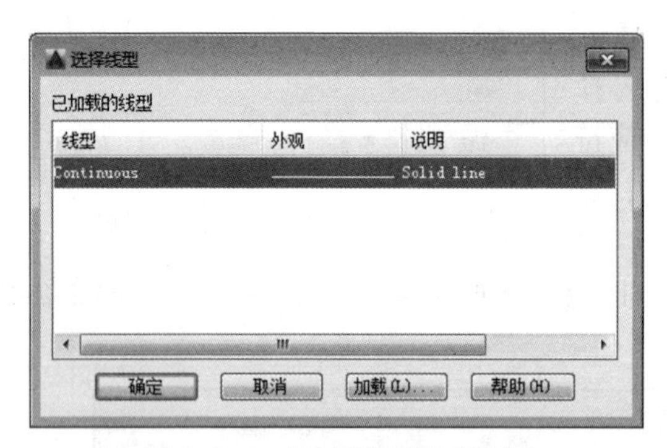

图 2-2-4 “选择线型”对话框

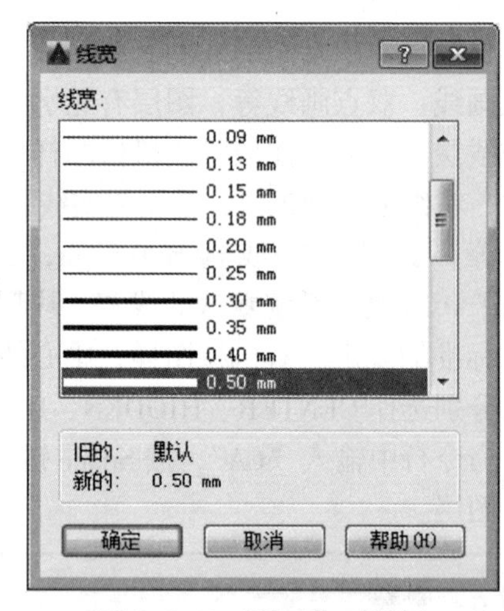

图 2-2-5 “线宽”对话框

【步骤 3】设置文字样式。

（1）选择“格式”→“文字样式”命令，弹出“文字样式”对话框。单击“新建”按钮，在“样式名”文本框中输入“机械文字”。如图 2-2-6 所示，按“确定”按钮，返回到“文字样式”对话框。

（2）从“字体”选项区域中的“SHX 字体”下拉列表框中选择“gbeitc.shx”字体;在“大字体”下拉列表框中选择“gbcbig.shx”字体；在“高度”文本框中输入“3.5”；在“效果”选项区域中设定“宽度因子”为 1，上述设置如图 2-2-7 所示，完成上述设置后，单击“应用”按钮，再单击“关闭”按钮，完成文字样式设置。

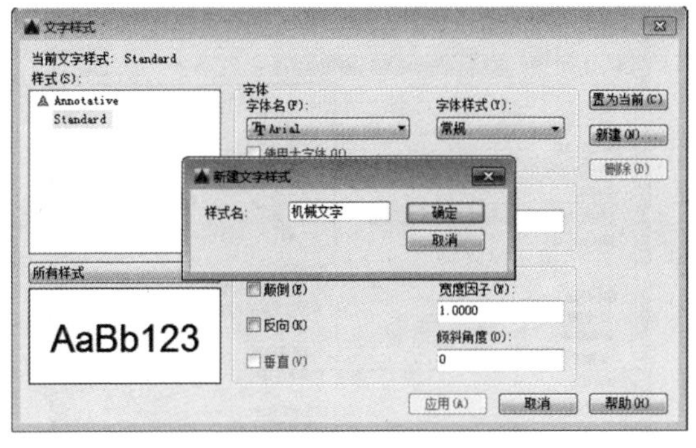

图 2-2-6　新建“文字样式”

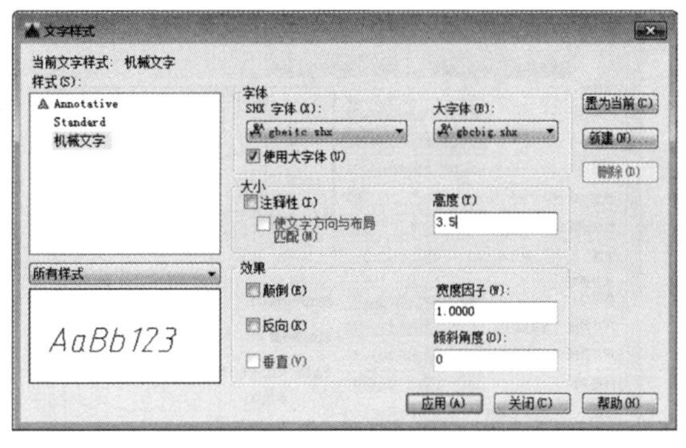

图 2-2-7　“文字样式”设置

一般在进行文字样式设置时，西文字体选择 gbenor.shx 或 gbeitc.shx，“大字体”选择 gbcbig.shx，两种字体的字高大体相当，无须作调整；宽度因子取 1（这些字体已经标准化了，其宽度因子为 0.7），字高取 0，输入时再指定即可。gbeitc.shx 为西文倾斜字体，gbcbig.shx 为简体中文字体，是符合国标的长仿宋体，其宽度比例已处理为 0.7。

【步骤 4】设置标注样式。

（1）选择“标注”下拉菜单中的“标注样式”选项，弹出“标注样式管理器”对话框，如图 2-2-8 所示。

（2）单击“新建”按钮，在弹出的“创建新标注样式”对话框的“新样式名”文本框中输入“机械标注”，“基础样式”选择“ISO-25”，“用于”选择“所有标注”，如图 2-2-9 所示。

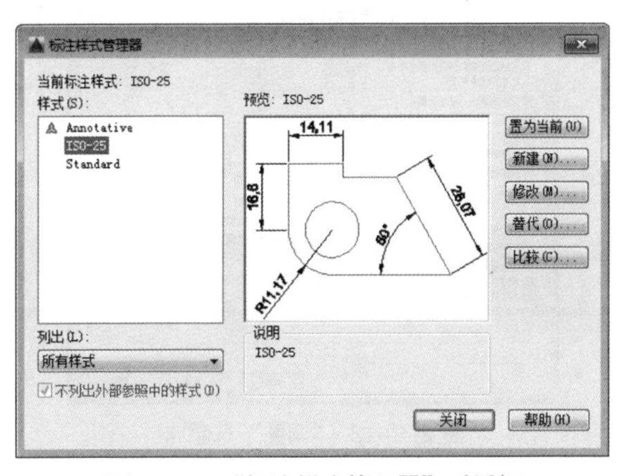

图 2-2-8　“标注样式管理器”对话框

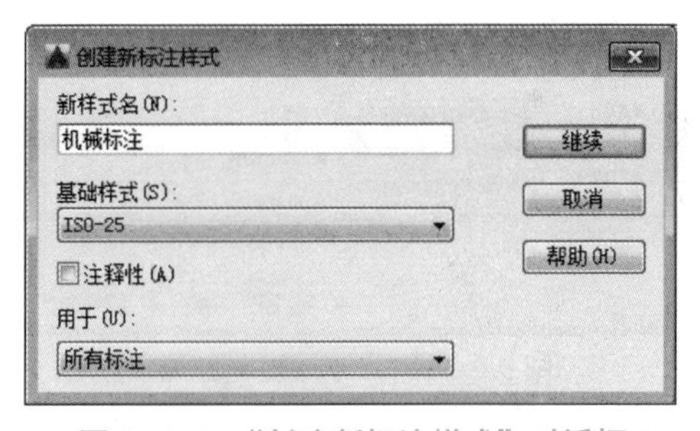

图 2-2-9　“创建新标注样式”对话框

（3）单击“继续”按钮，弹出“新建标注样式”对话框。在此对话框中设置新创建的尺寸标注样式的各个相关参数。默认情况下，“新建标注样式”对话框中各选项的设置继承了原尺寸标注样式的所有特征参数，可以根据实际需要进行相应的修改。

①“线”选项卡。在“新建标注样式”对话框中单击“线”标签，打开“线”选项卡，如图 2-2-10 所示。将“基线间距”设置为“6”；将“超出尺寸线”设置为“3”；将“起点偏移量”设置为“0”。

②“符号和箭头”选项卡。单击“符号和箭头”标签，切换到“符号和箭头”选项卡，如图 2-2-11 所示，在该选项卡中“箭头大小”选择“3.5”，“弧长符号”选中“标注文字的上方”单选按钮，其余采用默认设置。

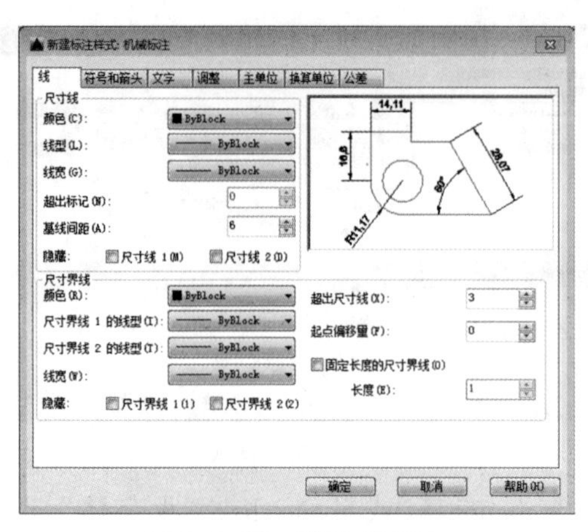

图 2-2-10　“线”选项卡

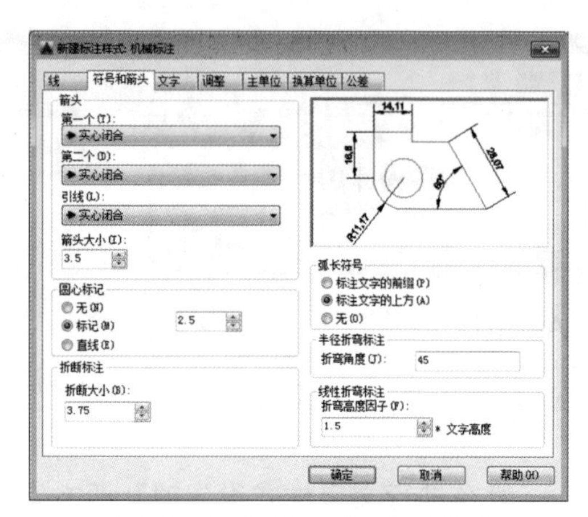

图 2-2-11　“符号和箭头”选项卡

③“文字”选项卡。单击“文字”标签，切换到“文字”选项卡，在该选项卡中“文字样式”选择“机械文字”，“文字高度”设置为“3.5”，“从尺寸线偏移”设置为“1”，其余采用默认设置，如图 2-2-12 所示。

④“调整”选项卡。在“调整”选项卡中，“调整选项”选中“文字或箭头（最佳效果）”单选按钮，“文字位置”选中“尺寸线旁边”单选按钮，“优化”选中“手动放置文字”和“在尺寸界线之间绘制尺寸线”复选框，如图 2-2-13 所示。

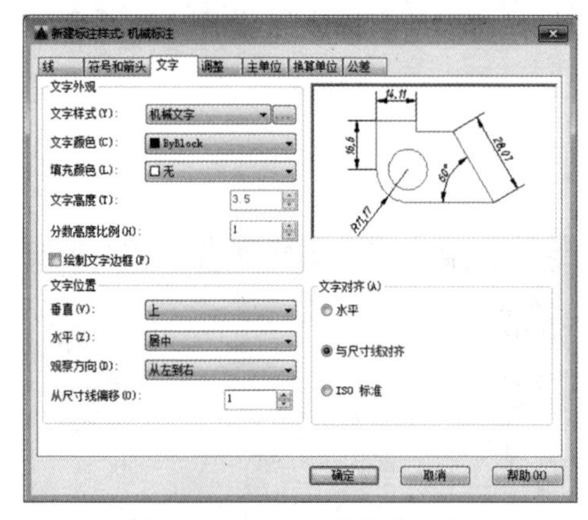

图 2-2-12　“文字”选项卡

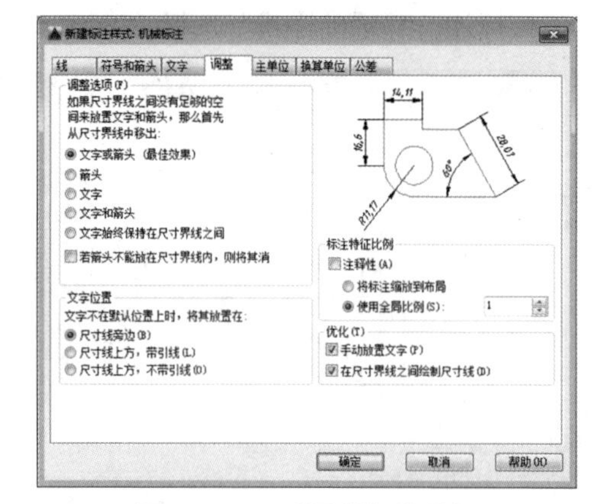

图 2-2-13　“调整”选项卡

⑤“主单位”选项卡。在“主单位”选项卡的“线形标注”选项区域中“单位格式”选择“小数”，“精度”选择“0”，“小数分隔符”设置为“.”（句号）；“角度标注”选项区域中“单位格式”选择“度 / 分 / 秒”，“精度”设置为“0d”；其余采用默认设置，如图 2-2-14 所示。

单击“确定”按钮，完成尺寸标注样式的设定，返回到“标注样式管理器”对话框。

在“机械标注”样式下创建角度、半径和直径 3 个子样式。

①角度子样式。在“标注样式管理器”对话

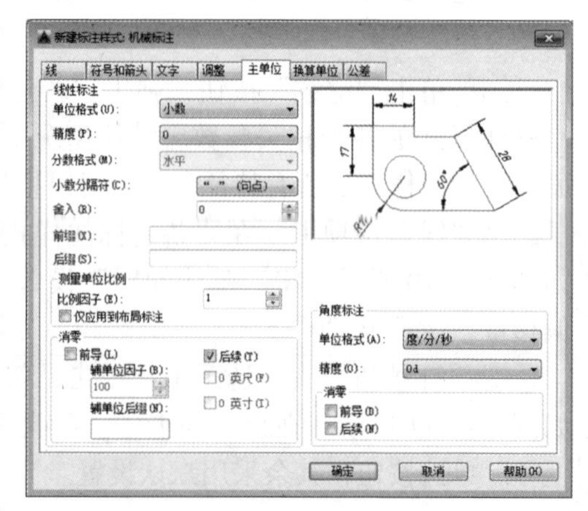

图 2-2-14　“主单位”选项卡

框中单击“新建”按钮，弹出“创建新标注样式”对话框，“基础样式”选择“机械标注”，“用于”选择“角度标注”，如图 2–2–15 所示。单击“继续”按钮，在弹出的对话框的“文字”选项卡的“文字对齐”选项区域中选中“水平”单选按钮。单击“确定”按钮回到“标注样式管理器”对话框。

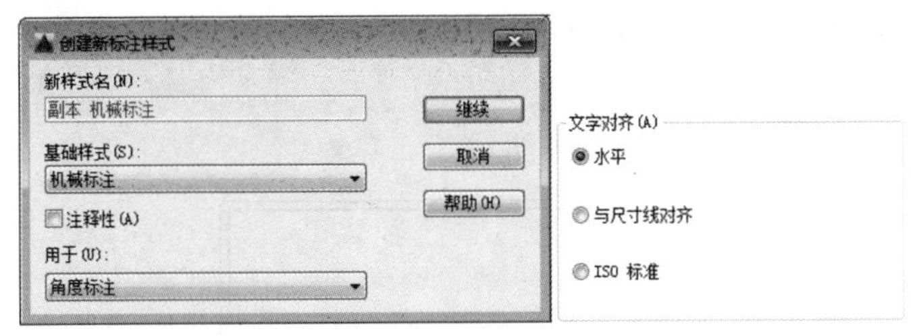

图 2–2–15　“角度标注”之文字对齐

②半径子样式。在“标注样式管理器”对话框中单击“新建”按钮，弹出“创建新标注样式”对话框，“基础样式”选择“机械标注”，“用于”选择“半径标注”，单击“继续”按钮，在弹出的对话框的“文字”选项卡的“文字对齐”选项区域中选中“ISO 标准”单选按钮，如图 2–2–16 所示。

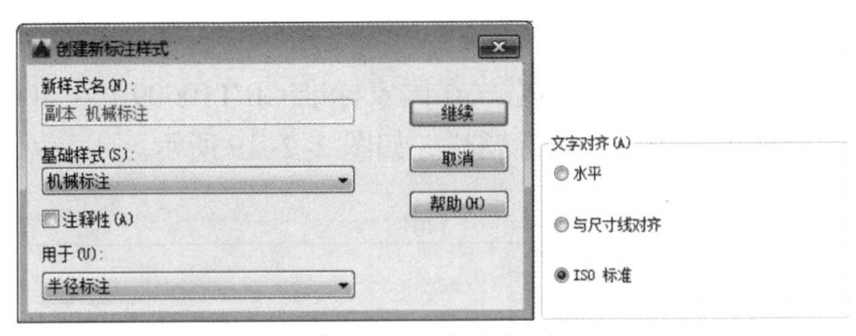

图 2–2–16　“半径标注”之文字对齐

③直径子样式。在“标注样式管理器”对话框中单击“新建”按钮，弹出“创建新标注样式”对话框，“基础样式”选择“机械标注”，“用于”选择“直径标注”，单击“继续”按钮，在弹出的对话框的“调整”选项卡的“调整选项”选项区域中选中“文字”单选按钮，其余项保持默认设置，如图 2–2–17 所示。

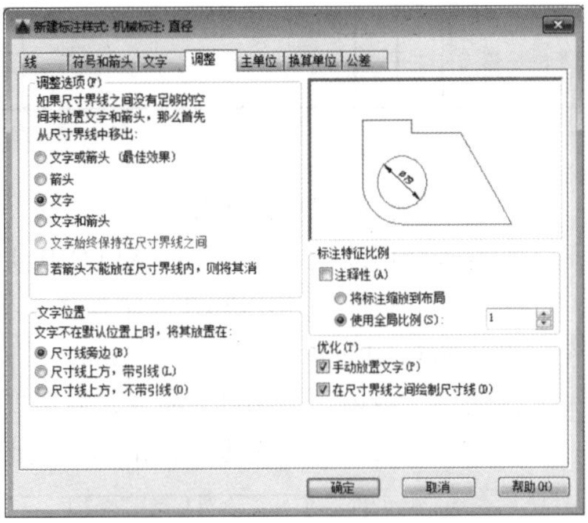

图 2–2–17　“直径标注”之调整选项

【步骤 5】绘制图框。

在国家机械制图标准中对图框的格式有具体规定，这里选择带有装订边的图纸格式（横装），绘制 A4 幅面的图框。

（1）绘制图框边界线。将“细实线”层设为当前层，用“矩形”（RECTANG）命令绘制，根据提示做如下操作：

```
指定第一个角点或［倒角（C）/ 标高（E）/ 圆角（F）/ 厚度（T）/ 宽度（W）］：0，0
                                                    （输入图框边界线起点）
指定另一个角点或［面积（A）/ 尺寸（D）/ 旋转（R）］：@297，210
                                                    （输入图框边界线右上角点）
```

（2）绘制图框线。将“轮廓线”层设为当前层，用“矩形”命令绘制，根据提示做如下操作：

```
指定第一个角点或［倒角（C）/ 标高（E）/ 圆角（F）/ 厚度（T）/ 宽度（W）]：25，5
                                                        （输入图框起点）;
指定另一个角点或［面积（A）/ 尺寸（D）/ 旋转（R）]：@267，200
                                                        （输入图框右上角点）
```

绘制完成后的 A4 图框，如图 2-2-18 所示。

图 2-2-18　图框边界线和图框线

【步骤 6】绘制标题栏。

标题栏的基本要求、内容、尺寸和格式在国家标准 GB/T10609.1 — 2008《技术制图标题栏》中有详细的规定。这里采用简化的标题栏，如图 2-2-19 所示。

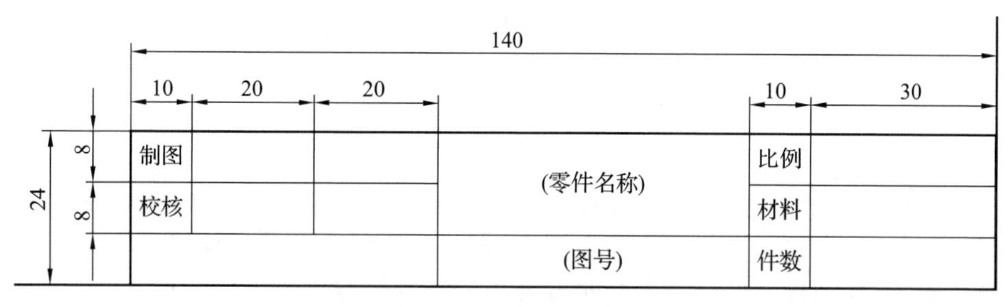

图 2-2-19　简化的标题栏

（1）绘制标题栏中的表格线。

①首先将框线用“分解”（EXPLODE）命令将框线分解。

②使用“偏移”（OFFSET）命令将下框线向上偏移 8mm、16mm、24mm，将右侧框线向左偏移 30mm、40mm、90mm、110mm、130mm、140mm。

③使用“裁剪”（TRIM）命令，修剪所复制的直线。

④切换图层，将应为细实线的直线更改到细实线层，结果如图 2-2-20 所示。

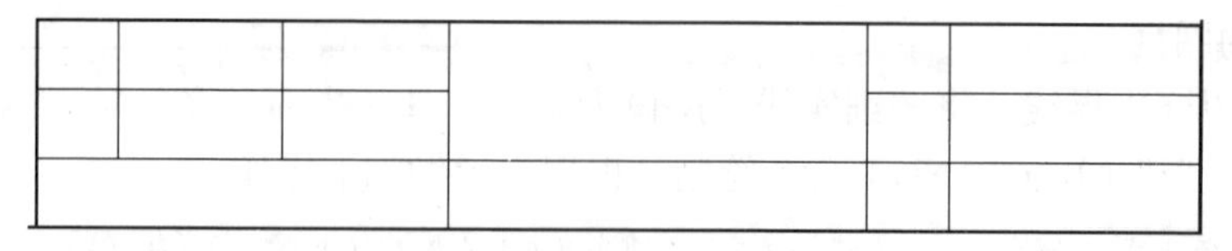

图 2-2-20　绘制标题栏

（2）输入标题栏中的文字。

确认文字样式为“机械文字”；将“标注”设为当前层；使用“DTEXT”命令输入标题

栏中的汉字；通过移动、复制、编辑等命令完成文字的输入与编辑，完成标题栏中文字的输入，结果如图 2–2–21 所示。

制图			(零件名称)	比例	
校核				材料	
			(图号)	件数	

图 2–2–21　输入标题栏中的文字

通过以上步骤，得到 A4 图纸对应的图框与标题栏，如图 2–2–22 所示。

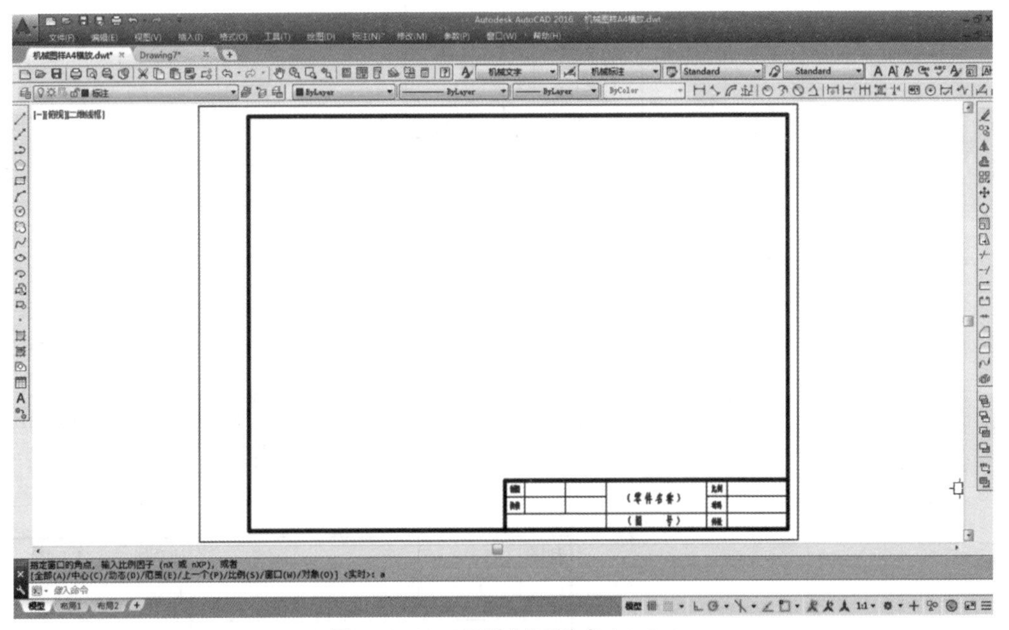

图 2–2–22　机械制图样式 A4.dwt

【步骤 7】另存为样板文件。

单击“应用程序”按钮，在弹出的菜单中选择“另存为”→“图形样板”。在“图形另存为”对话框中输入文件名“机械制图样式 A4”，在“文件类型”下拉列表框中选择“AutoCAD 图形样板文件（*.dwt）”，然后单击“保存”按钮。完成图形样板文件的建立。

任务2　绘制轴套类零件

学习目标 ⇨
1. 了解轴套类零件的结构、表达方法等。
2. 掌握绘制轴套类零件的方法。
3. 掌握外部图块的创建和使用方法。

一、明确任务

绘制图 2–2–23 所示的轴类零件。

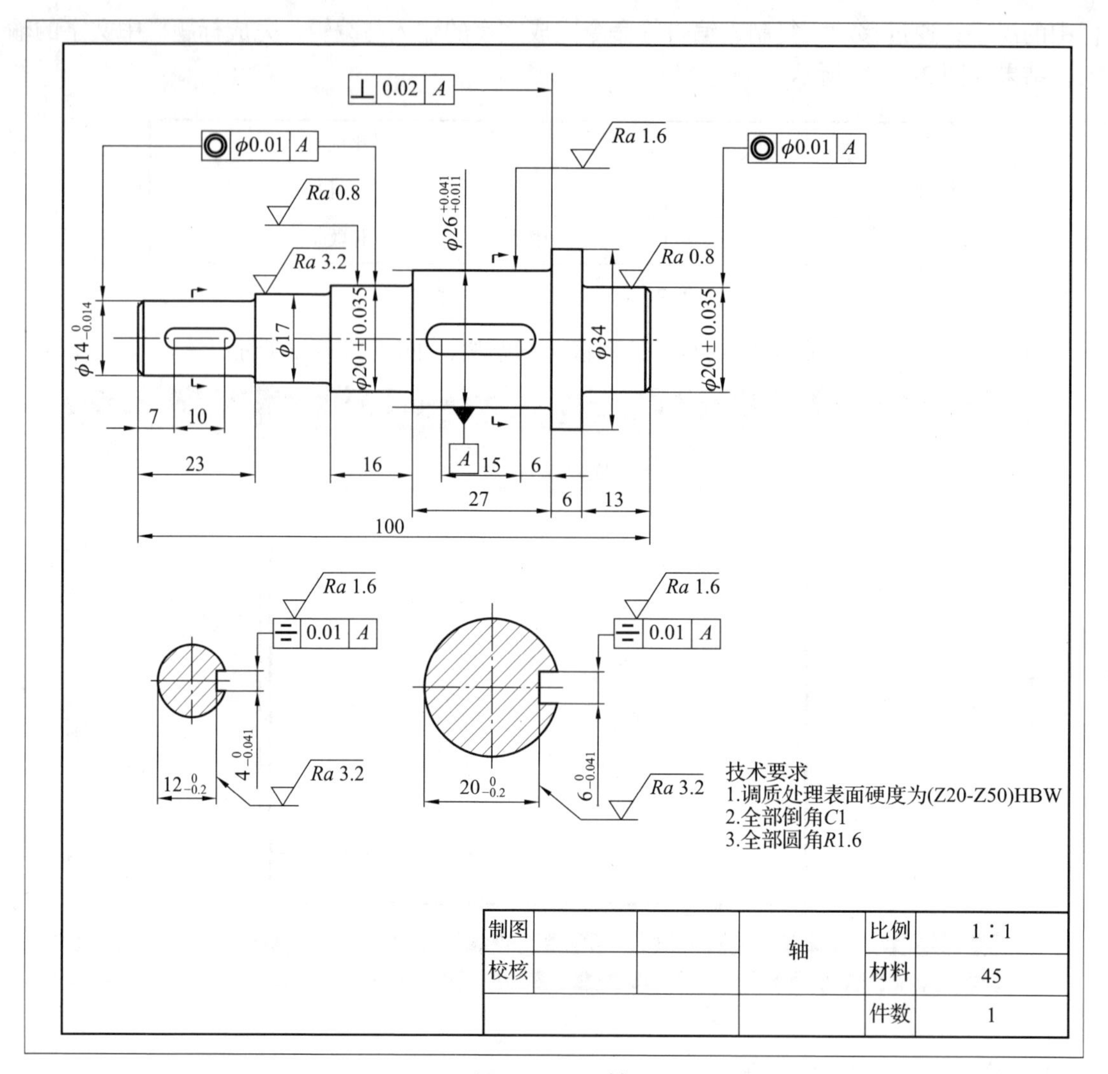

图 2–2–23　轴

二、分析任务

轴类零件包括各种轴、丝杆等，在机器中主要用来支撑传动件（如齿轮、带轮等），实现传递运动和动力。

1. 结构分析

一般由多段不同直径的圆柱组成。轴上常有一些典型工艺结构，如键槽、退刀槽、螺纹、倒角、中心孔等结构，其形状和尺寸大部分已标准化。

2. 表达方法

轴套类零件一般在车床上加工，要按形状和加工位置确定主视图，轴线水平放置。一般只画一个主视图。对于零件上的键槽、孔等，可作出移出断面。砂轮越程槽、退刀槽、中心孔等可用局部放大图表达。

3. 尺寸标注

轴类零件的尺寸主要是轴向和径向尺寸。径向尺寸的主要基准是轴线，轴向尺寸的主要基准是端面。为了清晰和便于测量，在剖视图上，内外结构形状尺寸应分开标注。零件上的标准结构应按该结构标准尺寸标注。

4. 技术要求

有配合要求的表面，其表面粗糙度、尺寸精度要求较严。有配合的轴颈和重要的端面应有形位公差要求，如同轴度、径向圆跳动、端面圆跳动及键槽的对称度等。

三、知识储备

（1）使用的命令，有矩形、移动、修剪、倒角、圆角、图案填充、块操作、公差等。

（2）移出断面图。画在视图之外的断面图称为移出断面图。

①移出断面图的画法。

a. 移出断面图的轮廓线用粗实线绘制。

b. 通常将断面图配置在剖切平面迹线的延长线上，也可放在其他适当位置。

c. 当剖切平面通过由回转面形成的孔或凹坑等结构的轴线时，这些结构应按剖视图绘制。

d. 剖切平面一般应垂直于被剖切部分的主要轮廓线，当用两相交的剖切平面剖切时，为了表示两边倾斜的肋的断面真实形状，必须使剖切面垂直于肋的轮廓线。断面图中间应用波浪线断开。

②移出断面图的标注方法。

a. 在断面图上方用大写拉丁字母注明移出断面图名称“*X—X*”。

b. 在相应视图上用剖切符号、剖切线表示剖切位置，用箭头指明投射方向，并注上相同拉丁字母“*X*”，如“*A—A*”“*B—B*”。

c. 当断面图画在剖切线的延长线上时（注字母），对称的图形可省略标注，若不对称（注箭头）应标注剖切符号及投射方向箭头。

d. 当断面图未放置在剖切位置的延长线上时，应标注剖切符号和表示断面图名称的字母。

（3）图块。图块是一组图形实体的总称，在该图形单元中，各实体可以具有各自的图层、线型、颜色等特征。在应用过程中，AutoCAD 将图块作为一个独立的、完整的对象来操作。用户可以根据需要按一定比例和角度将图块插入到任一指定位置。关于图块的建立、插入见本任务中粗糙度图块实例。

四、实施任务

【步骤 1】调用样板文件，开始绘图。

（1）在绘制一幅新图之前应根据所绘图形的大小及个数，确定绘图比例和图纸尺寸，建立或调用符合国家机械制图标准的样板图。绘图应尽量采用 1∶1 的比例。如果没有所需样板图，则应先设置绘图环境。设置包括绘图界限、单位、图层、颜色和线型、文字及尺寸样式等内容。

本例选择“机械制图样式 A4”图纸的样板文件，绘图比例为 1∶1，图层、颜色和线型设置如图 2–2–24 所示，全局线型比例为 1∶1。

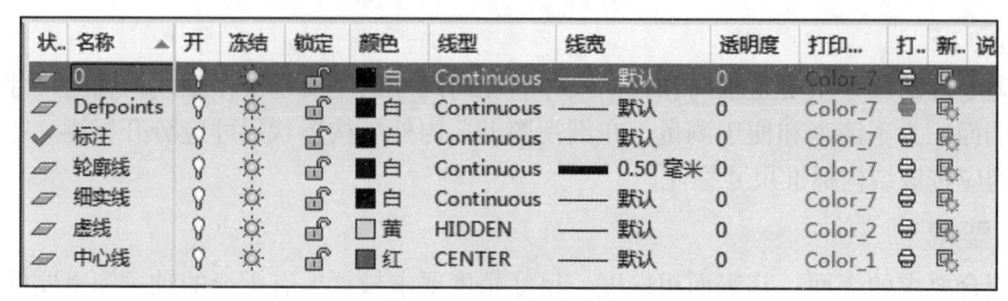

状..	名称	开	冻结	锁定	颜色	线型	线宽	透明度	打印...	打..	新..	说
	0				白	Continuous	—— 默认	0	Color_7			
	Defpoints				白	Continuous	—— 默认	0	Color_7			
✓	标注				白	Continuous	—— 默认	0	Color_7			
	轮廓线				白	Continuous	—— 0.50 毫米	0	Color_7			
	细实线				白	Continuous	—— 默认	0	Color_7			
	虚线				黄	HIDDEN	—— 默认	0	Color_2			
	中心线				红	CENTER	—— 默认	0	Color_1			

图 2-2-24 图层设置

（2）用“SAVERS”命令指定路径保存图形文件，文件名为“轴 .dwg”。

【步骤 2】绘制图形。

绘图前应先分析图形，设计好绘图顺序，合理布置图形，在绘图过程中要充分利用缩放、对象捕捉、极轴追踪等辅助绘图工具，并注意切换图层。

（1）绘制主视图。

①将“中心线”层置为当前层，用“直线”（LINE）命令绘制一条水平轴线和一条竖直中心线。

②用“偏移”（OFFSET）、“修剪”（TRIM）命令绘图。

a. 根据各段轴径和长度，向上平移轴线 7mm、8.5mm、10mm、13mm、17mm，向右偏移左端面 23mm、100mm，将右端面线交替向左偏移 13mm、6mm、27mm、16mm。

b. 从左侧开始按照轴径和相应轴段的长度，修剪和删除多余线条。

c. 用“镜像”（MIRROR）命令复制各轴段的上半部分。

d. 把轴的轮廓换至轮廓线层。用“窗选”选中轴的轮廓线，单击图层中的轮廓层。主视图的绘制过程如图 2-2-25 所示。

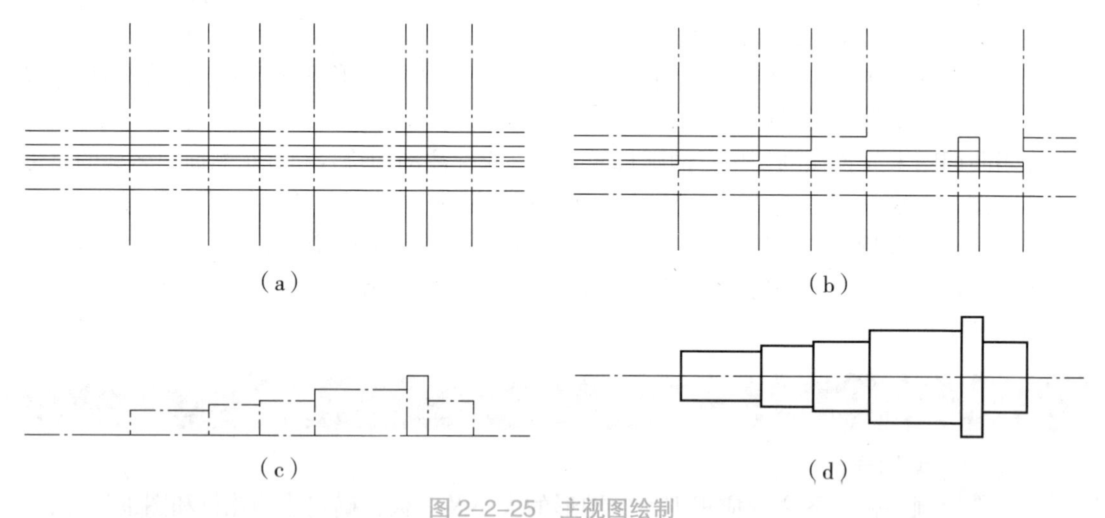

图 2-2-25 主视图绘制

（2）倒角和圆角。

用“倒角”（CHAMFER）命令绘制轴端倒角 $C1$，用“圆角”（FILLET）命令绘制轴肩圆角 $R1.6$，如图 2-2-26 所示。

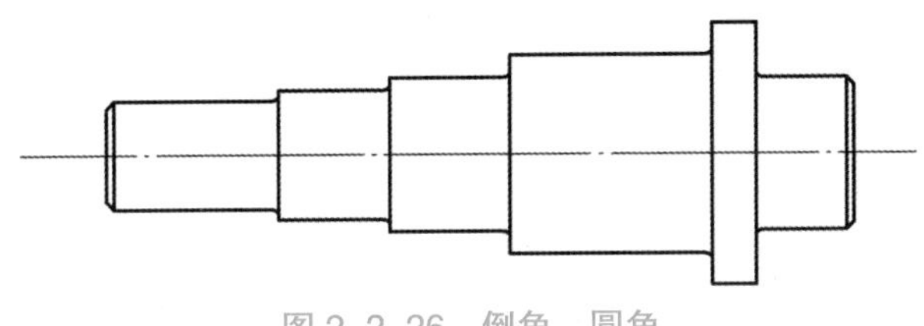

图 2-2-26 倒角、圆角

（3）绘键槽。

用“矩形”命令在图形外绘制键槽，然后圆角。将绘制好的键槽图形移动到主视图相应的位置，利用“追踪”（TRACK）命令准确定位，21×6 键槽的移动过程如图 2-2-27 所示。完成另一个键槽 14×4 的绘制。

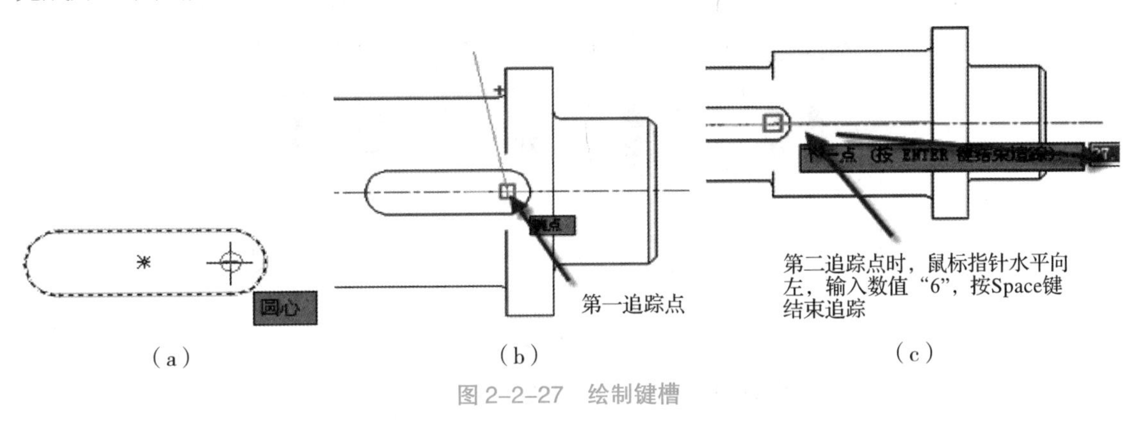

图 2-2-27 绘制键槽

```
命令：MOVE
选择对象：找到 1 个
选择对象：
指定基点或[位移(D)]<位移>:
指定第二个点或<使用第一个点作为位移>:
>> 输入 ORTHOMODE 的新值<0>:
正在恢复执行 MOVE 命令。
指定第二个点或<使用第一个点作为位移>: tk
第一个追踪点:
下一点(按 Enter 键结束追踪):
>> 输入 ORTHOMODE 的新值<1>:
正在恢复执行 MOVE 命令。
下一点(按 Enter 键结束追踪): 6
下一点(按 Enter 键结束追踪):
```

（4）绘制键槽的移出断面图。

在键槽位置的下方分别绘制中心线，分别绘制 ϕ14mm、ϕ26mm 的圆，将左侧水平中心线上下偏移 2mm，右侧中心线上下偏移 3mm，分别将左侧竖直中心线向右偏移 5mm，右侧竖直中心线向右偏移 9mm。利用“图案填充”（HATCH）命令绘制剖面线。用“多段线”（PLINE）命令在主视图绘出移出断面图的剖切位置和投射方向，完成后的效果如图 2-2-28 所示。

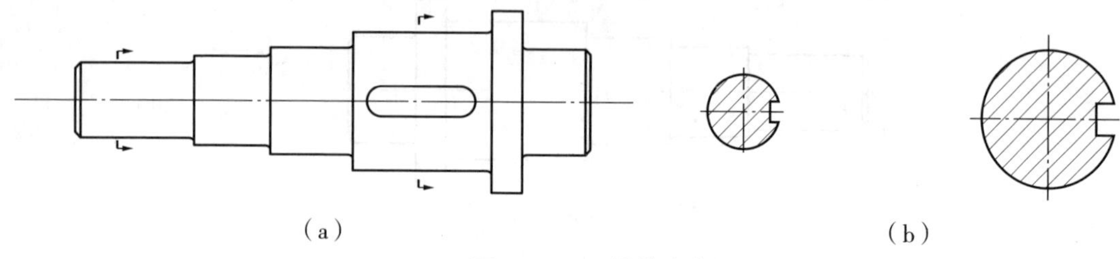

图 2–2–28　键槽移出断面

【步骤 3】标注尺寸和形位公差。

关于标注尺寸，在此仅以图中同轴度公差为例，说明形位公差的标注方法。

（1）选择“标注”→“公差”选项后，弹出“形位公差”对话框，如图 2–2–29 所示。

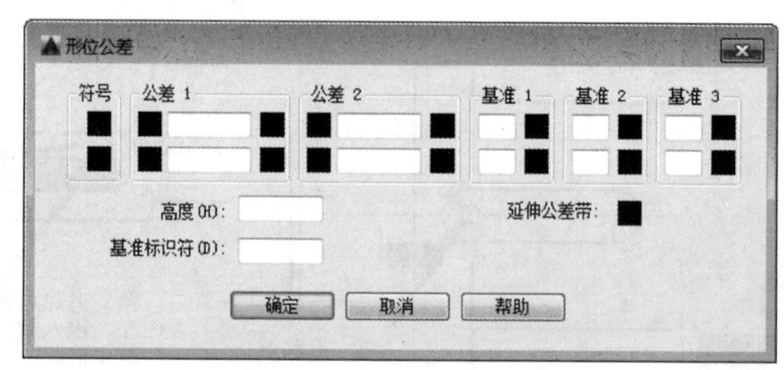

图 2–2–29　“形位公差”对话框

（2）单击“符号”下的黑方块，选择“同轴度”符号“◎”。

（3）在“公差 1”下单击左边的黑方块，显示“ϕ”符号，在中间白框内输入公差值“0.01”。

（4）在“基准 1”下左边白方框内输入基准代号字母“A”。

（5）单击“确定”按钮，退出“形位公差”对话框，并放置在合适的位置。

（6）用“引线”（LEADER）命令绘制引线，结果如图 2–2–30 所示。

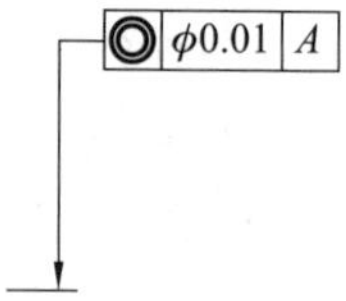

◎ ϕ0.01 A

图 2–2–30　绘制引线

【步骤 4】表面粗糙度可定义为带属性的“块”来插入，插入时应注意块的大小和方向以及相应的属性值。

（1）粗糙度符号绘制。

表面粗糙度的符号尺寸可参照国家标注规定绘制，其参数如图 2–2–31 所示。本例的数字与字母的高度为 3.5mm，H_1 为 5mm，H_2 为 10.5mm。

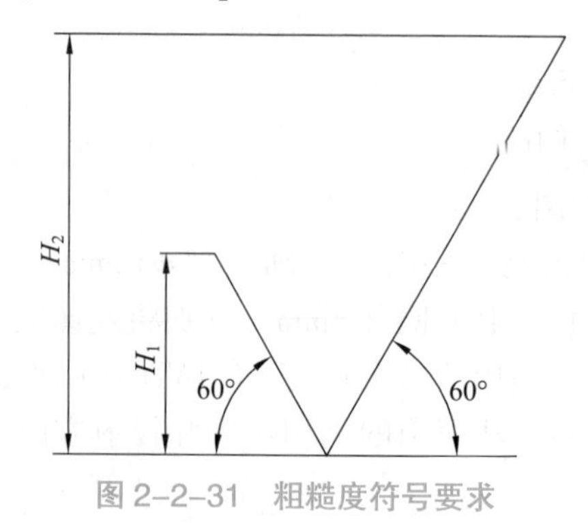

图 2–2–31　粗糙度符号要求

将图层换至“0 图层”，将线宽设置为“0.35”，用“直线”命令绘制一条水平线，再利用“偏移”命令向上偏移 5mm、10.5mm，利用“极轴追踪”功能绘制出与水平成 60° 的两条斜直线并修剪图形，操作过程如图 2-2-32 所示。

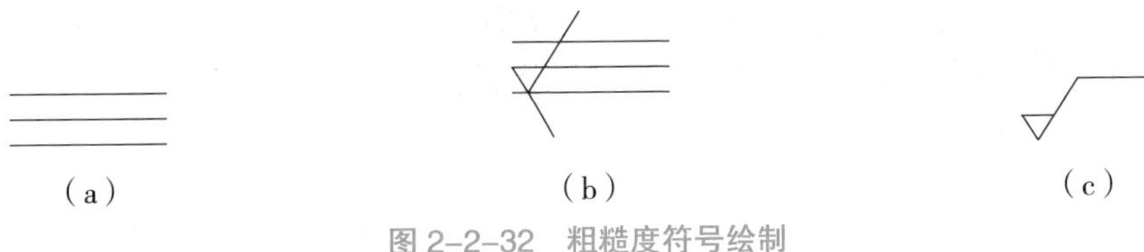

图 2-2-32　粗糙度符号绘制

（2）定义属性。

命令行中输入“att”，按 Space 键，出现“属性定义”对话框，设置如图 2-2-33 所示，然后单击“确定”按钮完成属性定义。

（3）创建外部块。

命令行中输入“w”，按 Space 键，出现“写块”对话框，如图 2-2-34 所示，其中“基点”选项区域中单击“拾取点”按钮，在粗糙度符号中选取三角形的下端点，在“对象”选项区域中单击“选择对象”按钮，选择整个粗糙度符号，在“文件名和路径”文本框中输入“粗糙度”并选择保持路径，然后单击“确定”按钮完成属性块的创建。

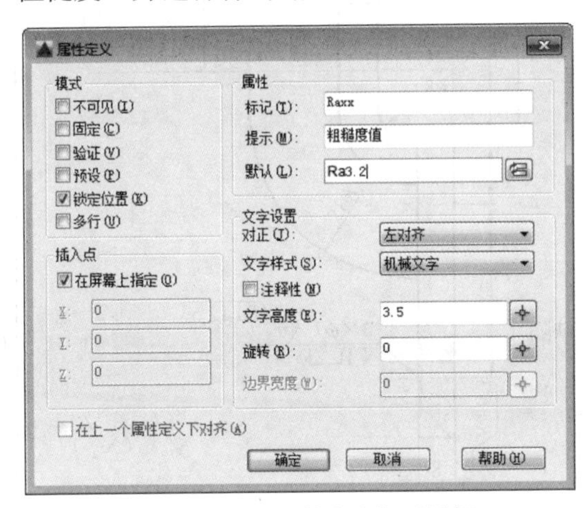

图 2-2-33　“属性定义”对话框

图 2-2-34　“写块”对话框

（4）插入块。

命令行中输入“i”，按 Space 键空格，出现“插入”对话框，如图 2-2-35 所示，单击“名称”文本框后面的“浏览”按钮，选择已定义好的块文件“粗糙度”，单击“确定”按钮后出现“编辑属性”对话框，在粗糙度值后的文本框中输入标注的粗糙度值。单击“确定”按钮后在图形中找到需要标注的地方单击放置。

【步骤 5】标注尺寸，输入标题栏、技术要求中的文字。

至此，轴零件图绘制完成。

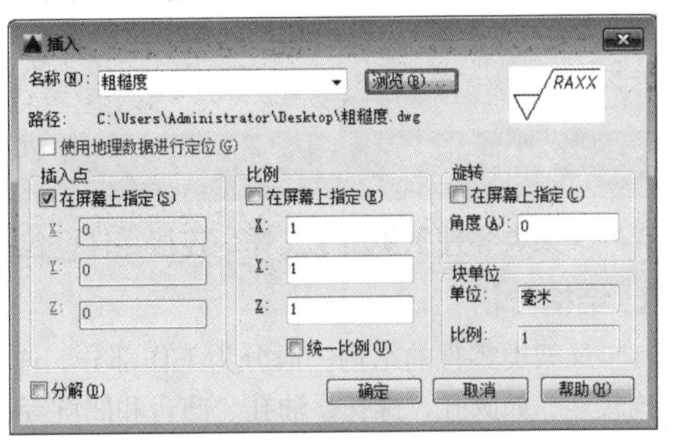

图 2-2-35　“插入”对话框

任务3　绘制叉架类零件

学习目标 ⇨ 1. 了解叉架类零件的结构、表达方法。
2. 掌握绘制叉架类零件的方法和步骤。

一、明确任务

绘制图 2-2-36 所示的叉架类零件。

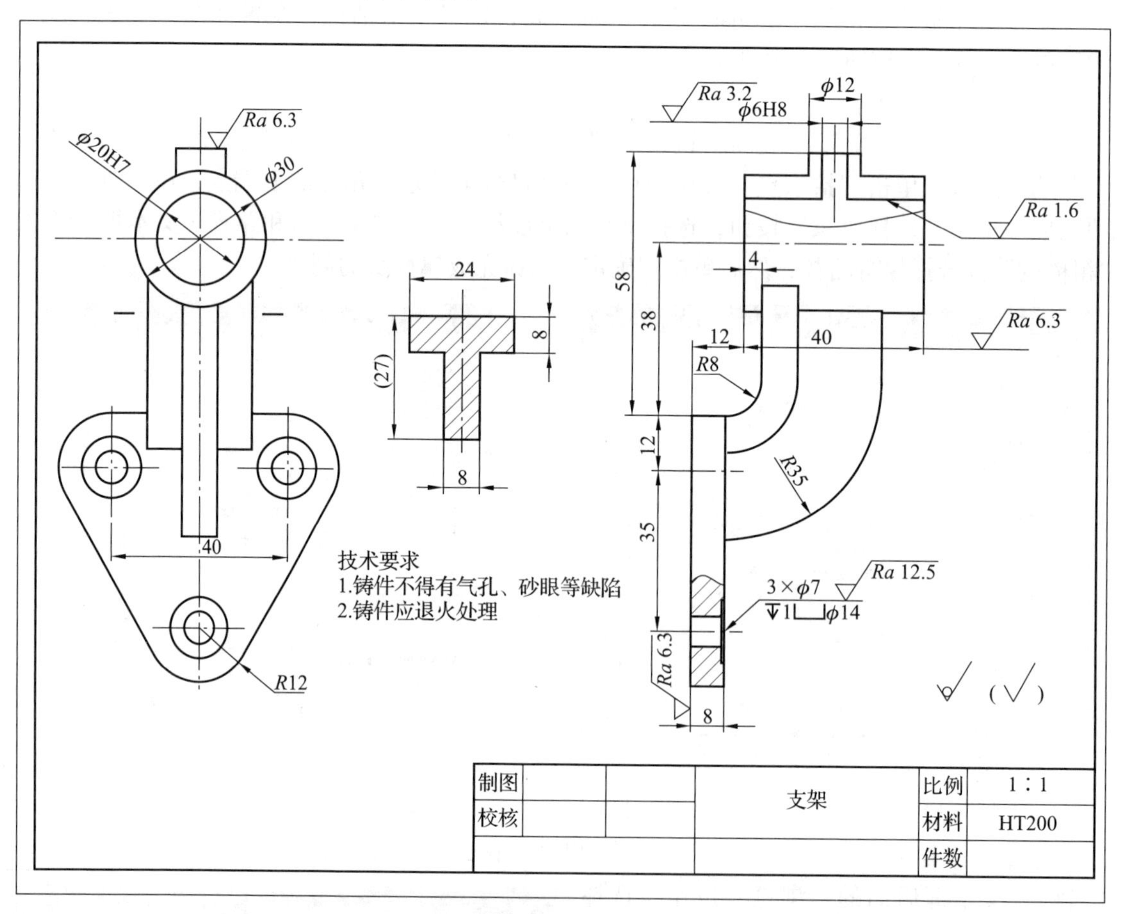

图 2-2-36　支架

二、分析任务

叉架类零件主要用于支撑、连接零件，包括支架、拨叉、连杆等。

1. 结构分析

叉架类零件的结构一般分为工作部分、连接部分和支撑部分，工作部分和支撑部分的结构较多，如圆孔、螺孔、油孔、凸台和凹坑等；连接部分多为肋板结构。

2. 表达方法

叉架类零件的结构形式较多，一般选择自然放置或工作位置放置，按形状特征明显的方向作为主视方向，采用 2~3 个基本视图，对于局部细节如螺孔、肋板等可根据需要采用局部剖视图、断面图和局部视图等表达方法。

3. 尺寸标注

尺寸基准一般选用安装基准面、零件的对称面和较大的加工平面。

4. 技术要求

叉架类零件一般对工作部分的孔和表面粗糙度、尺寸公差和形位公差有比较严的要求，应给出相应的公差值。

三、知识储备

（1）使用的命令，有直线、圆、圆弧、打断、偏移、修剪、样条曲线、图案填充等。

（2）样条曲线。机械制图中的波浪线用来画断裂处边界线、视图与剖视图的分界线。用样条曲线来绘制波浪线作为局部剖视图中的分界线。样条曲线主要由起点、拟合点和控制点组成，是一条光滑曲线。样条曲线的绘制需要通过一系列的两个点或多个点，并通过指定终点切向或用“闭合”选项将最后一段与第一段相连。

操作步骤如下。

①命令行输入“spl”（SPLINE）命令，然后按 Space 键。

②（可选）输入“m”（方法），然后输入“f”（拟合点）或“cv”（控制点）。

③指定样条曲线的起点。

④指定样条曲线的下一个点。根据需要继续指定点。

⑤按 Space 键或 Enter 键结束，或者输入“c”（闭合）使样条曲线闭合。

四、实施任务

【步骤 1】调用样板文件，开始绘制新图。

本例选择 A4 图纸的样板文件，绘图比例为 1∶1。用“SAVERS”命令指定路径保存图形文件，文件名为“支架 .dwg”。

【步骤 2】绘制主视图。绘图前应先分析图形，设计好绘图顺序，合理布置图形，启用“极轴追踪”“对象捕捉”“捕捉追踪”功能。设置对象捕捉方式为“端点、圆心、交点”。

（1）设置中心线层为当前层，绘制中心线，如图 2-2-37 所示。

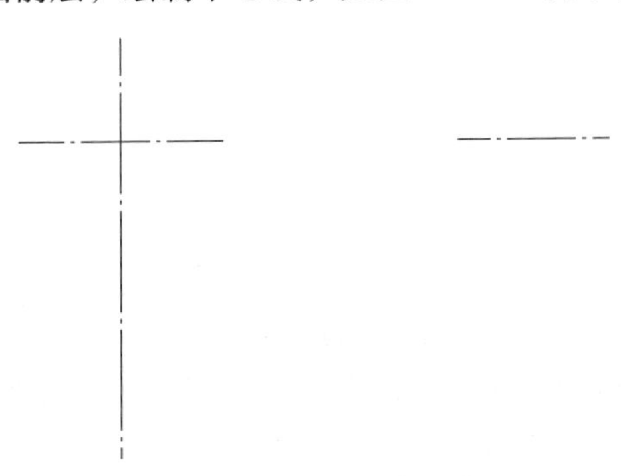

图 2-2-37　绘制中心线

（2）用“偏移”命令把水平中心线向下偏移 50mm、85mm。将竖直中心线向左右各偏移 20mm。用“打断”命令修改，如图 2-2-38 所示。

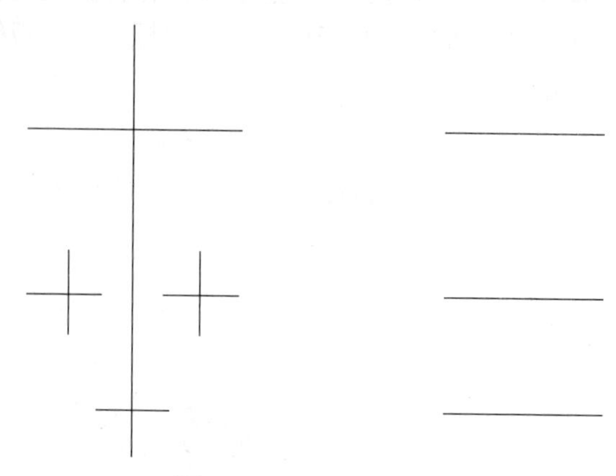

图 2-2-38 补画中心线

（3）设置轮廓线层为当前层，绘制 ϕ20mm、ϕ30mm、ϕ7mm、ϕ14mm 的圆，如图 2-2-39 所示。

（4）把水平中心线向上偏移 20mm，竖直中心线向左右各偏移 6mm，修剪后的图形如图 2-2-40 所示。

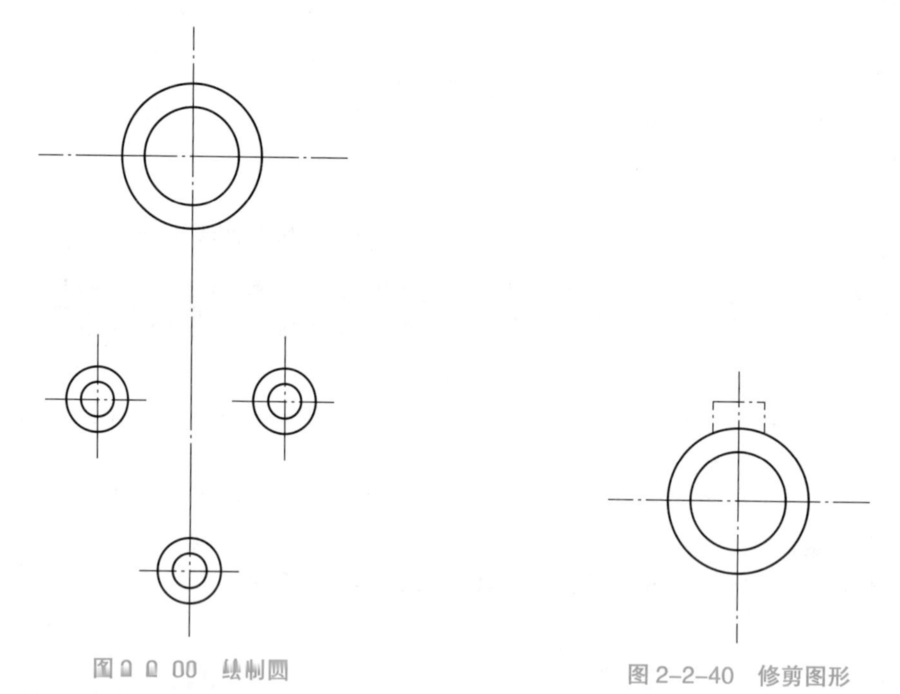

图 2-2-39 绘制圆

图 2-2-40 修剪图形

（5）支撑部分的绘制。

①绘制 3 个 R12mm 的圆。

②在命令行中输入直线命令“L”，按“Space”键，输入“tan”，在 R12mm 圆的外侧单击，提示下一点，输入“tan”，在另一个 R12mm 圆的外侧单击，完成一条切线的绘制。

③同理，绘制另外两条与 R12mm 圆的外切切线，修剪后的图形如图 2-2-41 所示。

（6）连接部分的绘制。把竖直中心线左右偏移 12mm、4mm。把水平中心线向下偏移

8mm、27mm。修剪并转换轮廓线层后的图形如图 2-2-42 所示。

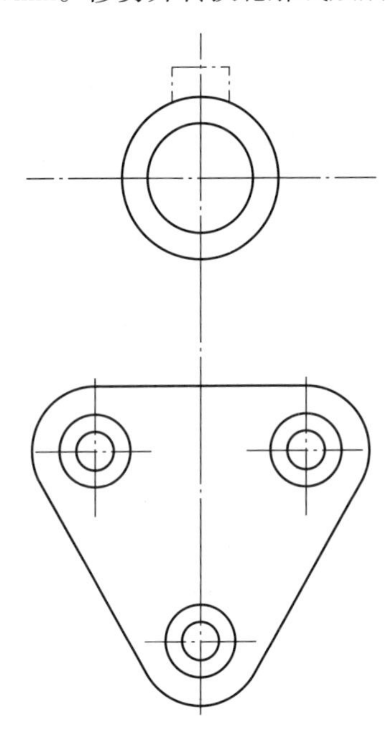

图 2-2-41　绘制圆并修剪

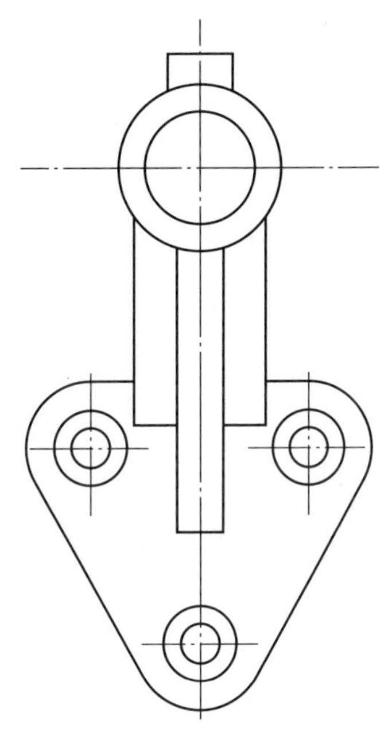

图 2-2-42　连接部分的绘制

【步骤 3】绘制左视图。

（1）在左视图位置左侧绘制一条竖直线，向左偏移 8mm、12mm、52mm，把上面的水平中心线上下分别偏移 15mm。把中间的中心线向上偏移 12mm，下面的中心线向下偏移 12mm，如图 2-2-43 所示。修剪后的图形如图 2-2-44 所示。

（2）绘制 3 个同心圆。输入圆命令“c”，按 Space 键，输入“tk”，单击下面矩形的右上角，鼠标指针沿竖直方向向上移动，输入“8”，按 Space 键（确定圆心完毕），输入半径“8”，按 Space 键完成 R8mm 的绘制，然后以 R8mm 圆的圆心为圆心，绘制 R16mm、R35mm 的圆。用直线命令“L”过 3 个圆的右侧象限点绘制三条向上的竖直线，如图 2-2-45 所示。

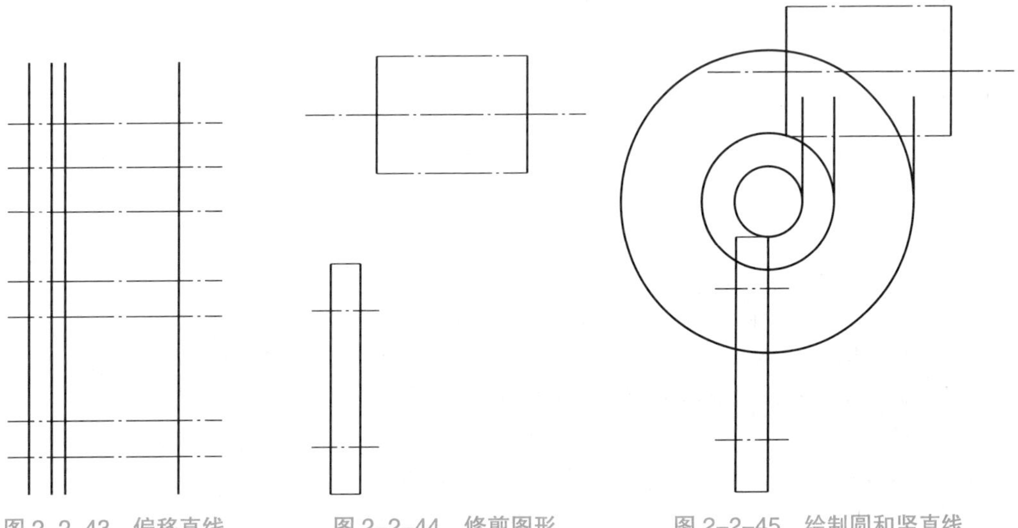

图 2-2-43　偏移直线　　图 2-2-44　修剪图形　　图 2-2-45　绘制圆和竖直线

（3）根据主左视图“高平齐”绘制如图 2–2–46 所示的两条水平线，修剪后的图形如图 2–2–47 所示。

（4）在中心线层绘制上面矩形的左右对称中心线，利用“偏移”（O）命令将中心线向左右分别偏移 3mm、6mm。把水平中心线向上偏移 10mm、20mm，如图 2–2–48 所示，通过修剪后的图形如图 2–2–49 所示。

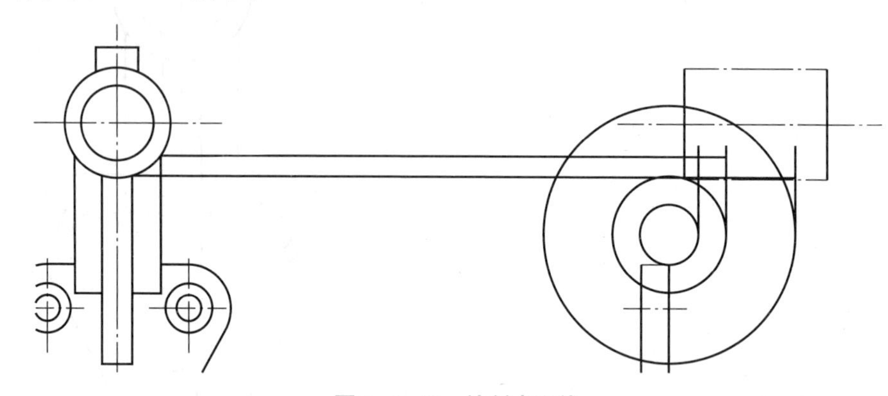

图 2–2–46　绘制水平线

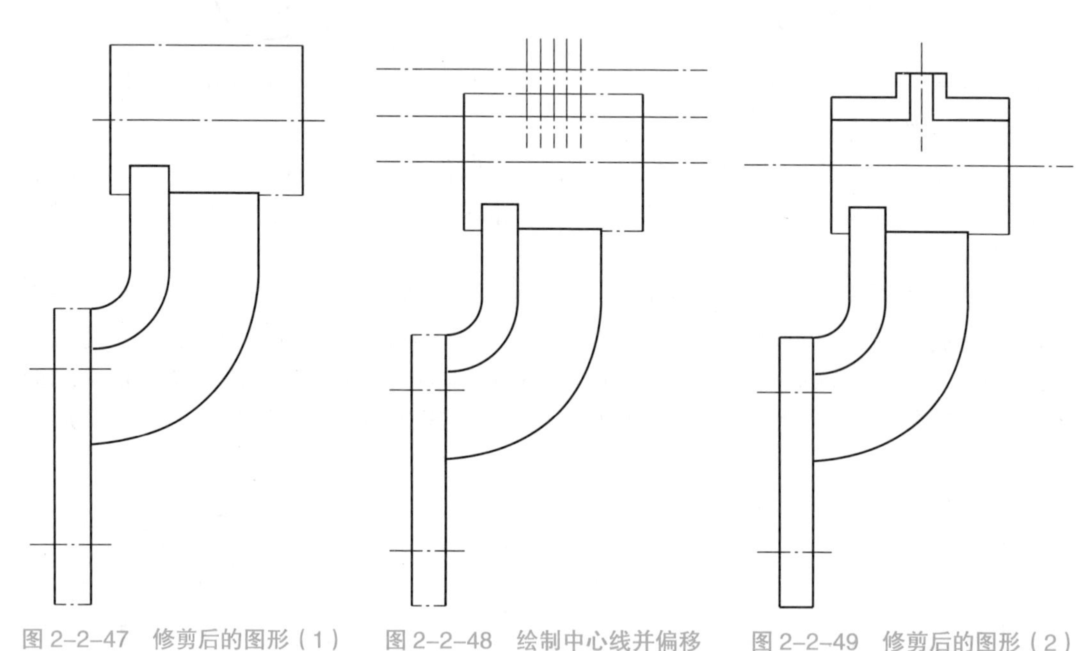

图 2–2–47　修剪后的图形（1）　图 2–2–48　绘制中心线并偏移　图 2–2–49　修剪后的图形（2）

（5）用“圆弧”命令绘制相贯线。

```
命令：ARC
圆弧创建方向：逆时针（按住 Ctrl 键可切换方向）
指定圆弧的起点或［圆心（C）］：                          （单击左侧交点）
指定圆弧的第二个点或［圆心（C）/ 端点（E）］：e
指定圆弧的端点：                                          （单击右侧交点）
指定圆弧的圆心或［角度（A）/ 方向（D）/ 半径（R）］：r
指定圆弧的半径：20
```

结果如图 2–2–50 所示。

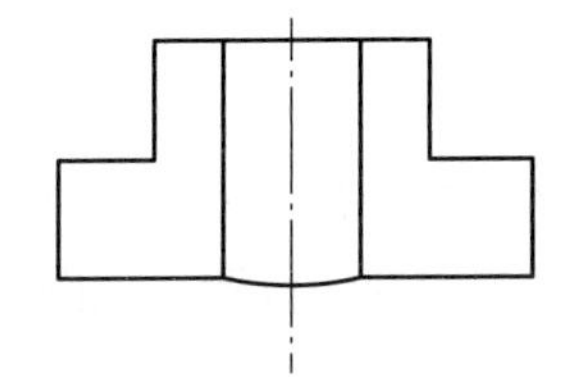

图 2-2-50　绘制相贯线

（6）把下边的水平中心线向上下偏移 3.5mm、7mm。右侧竖直线向左偏移 1mm，如图 2-2-51 所示。修剪后转换至轮廓线层，如图 2-2-52 所示。

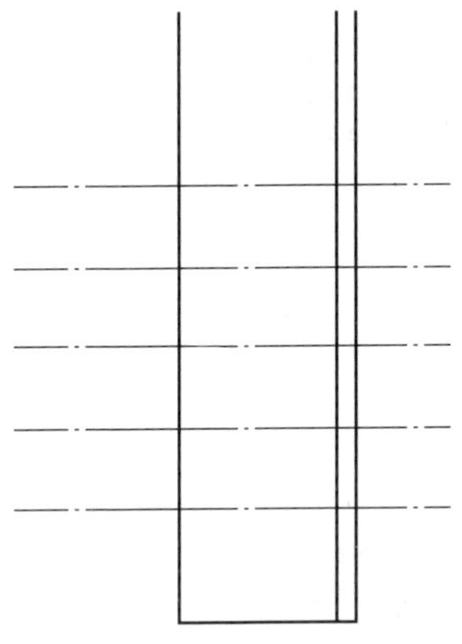

图 2-2-51　偏移中心线和竖直线

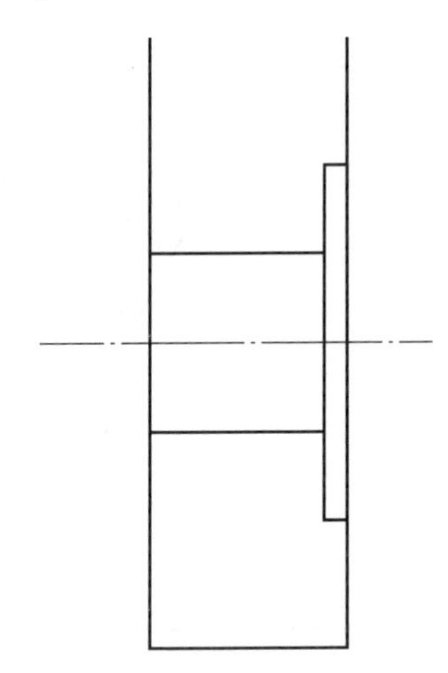

图 2-2-52　修剪图形并转换到轮廓线层

【步骤 4】绘制局部剖视图。

（1）用样条曲线在细实线层绘制局部剖视图的边界线，如图 2-2-53 所示。

（2）在细实线层用“图案填充”命令完成局部剖视图，如图 2-2-54 所示。

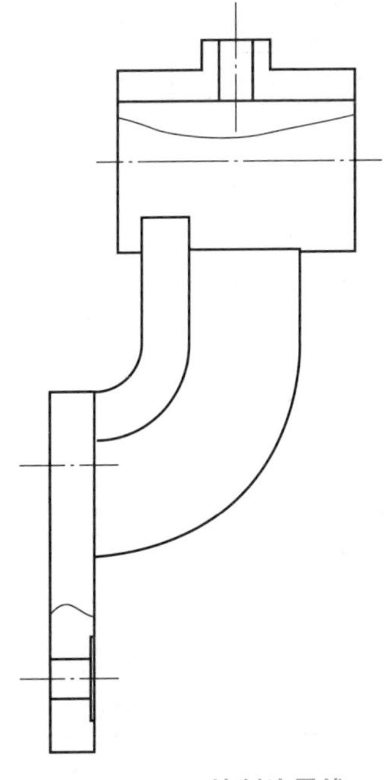

图 2-2-53　绘制边界线

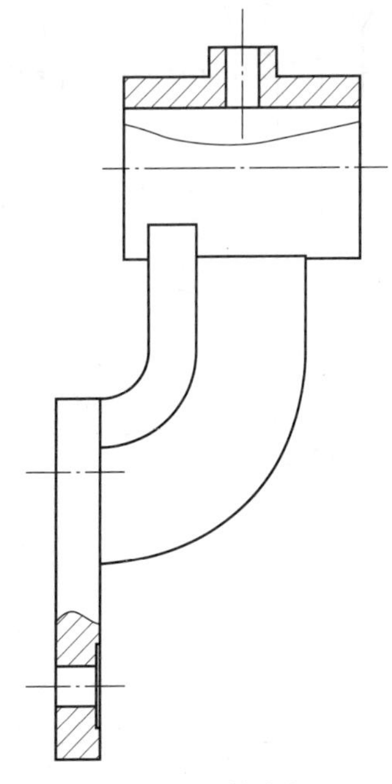

图 2-2-54　填充剖面

【步骤 5】绘制移出断面图。

在主左视图中间绘制一条竖直方向的中心线和一条水平线，利用“偏移”命令和“修剪”命令完成移出断面图的绘制并转换至轮廓层，用“图案填充”命令在细实线层进行填充。用“多段线”命令绘制移出断面图的剖切位置，如图 2-2-55 所示。

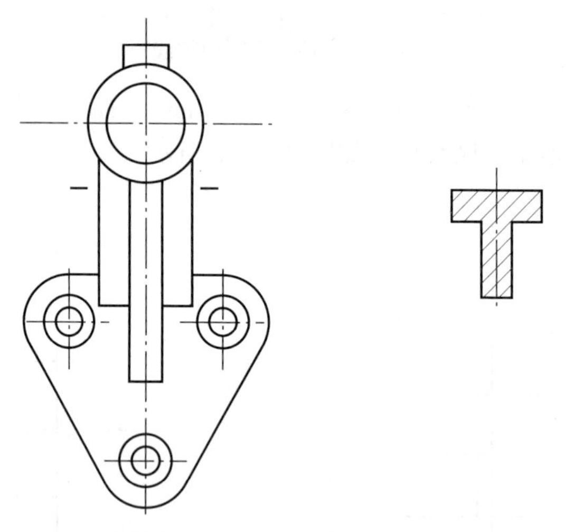

图 2-2-55　绘制移出断面图

【步骤 6】标注尺寸并输入标题栏内容和技术要求内容，如图 2-2-56 所示。

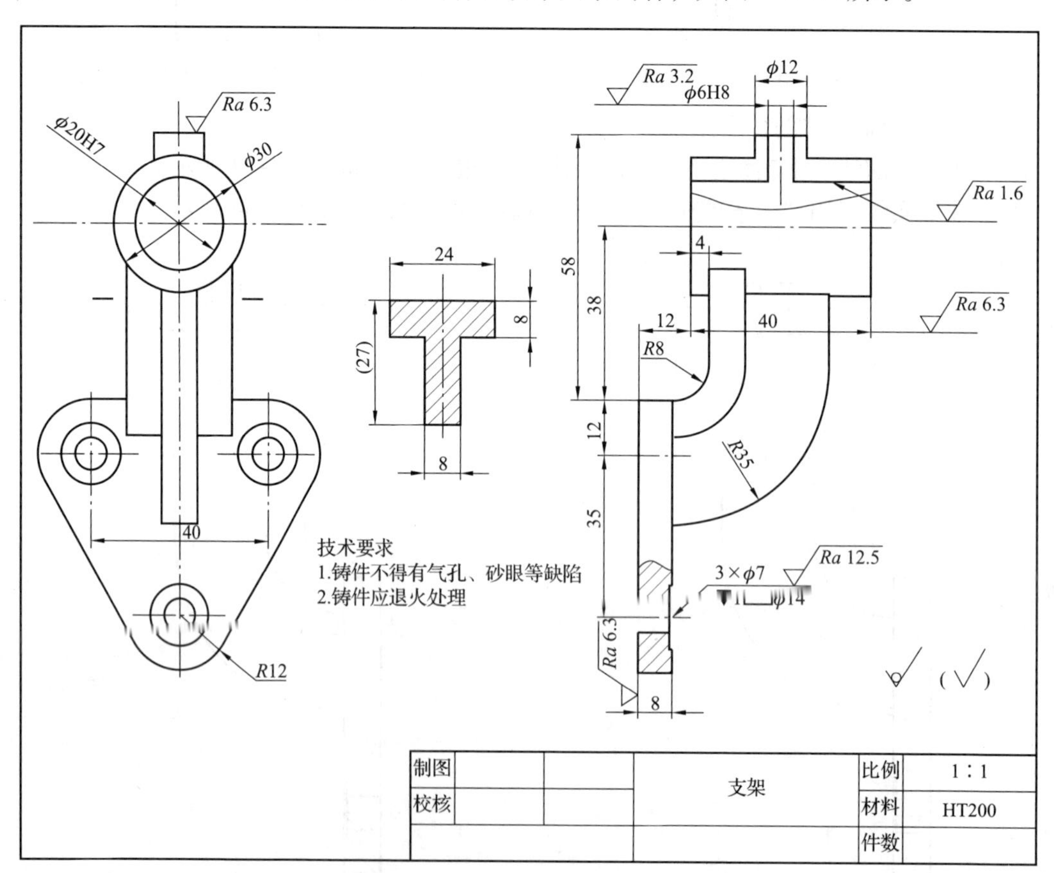

图 2-2-56

任务4　零件图尺寸标注和技术要求

学习目标 ⇨ 1. 了解尺寸标注的基本规则。
2. 掌握常用尺寸的标注方法。
3. 了解技术要求的基本内容。

一、明确任务

完成图 2–2–57 中的尺寸标注。

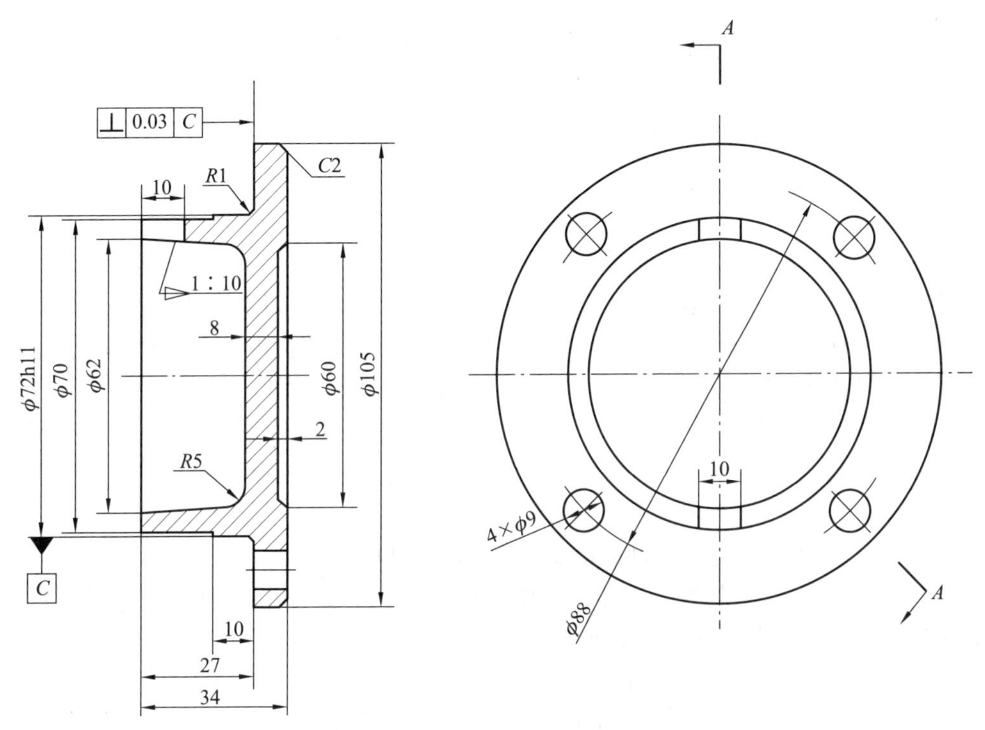

图 2–2–57　端盖

二、分析任务

轮盘类零件的结构特点是由同一轴线不同直径的圆柱组成的，其径向尺寸比轴向尺寸大。本例中的端盖上均布有 4 个孔。φ105 圆柱左端面为轴向标注基准，φ72h11 圆柱轴线为径向尺寸的标注基准。在标注圆柱体的直径时，一般都标注在非圆的视图上。

三、知识储备

（1）用到的命令有标注样式、线性标注、直径标注、引线等。

（2）标注尺寸的基本规则。机械制图的尺寸标注有严格的国家标准，可参阅有关的资料，如高等教育出版社出版的《机械制图》。

①机械零件的真实大小应以图样上所标注的尺寸数值为依据，与图形的大小及绘图的准确度无关。

②机械图样中的尺寸一般以毫米为单位，不标注计量单位的代号或名称，如果采用其他单位，则必须注明相应的计量单位的代号或名称。

③图样中所标注的尺寸，为该图样所表示机件的最后完工尺寸，否则应另加说明。

④零件的每一个尺寸，一般只标注一次，并应标注在反映该结构最清晰的图形上。

⑤圆的尺寸最好标注在非圆的视图上。

（3）标注尺寸的组成部分。

一个完整的尺寸标注包含 4 个要素：尺寸界线、尺寸线、尺寸数字和尺寸线终端（箭头），如图 2-2-58 所示。

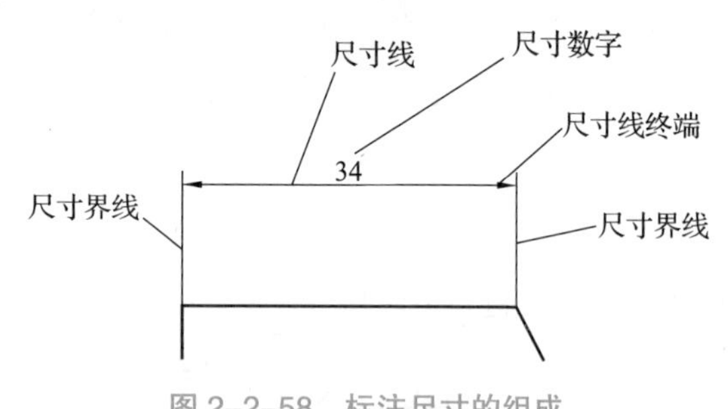

图 2-2-58　标注尺寸的组成

①尺寸界线表示所标注尺寸的度量范围，用细实线绘制。它由图形的轮廓线、轴线或对称中心线处引出。也可利用轮廓线、轴线或对称中心线本身作尺寸界线。尺寸界线超出尺寸线 2mm 左右。

②尺寸线表示所标注尺寸的度量方向，用细实线绘制。尺寸线不能用其他图线代替，不得与其他图线重合或画在其延长线上，并应尽量避免尺寸线之间及尺寸线与尺寸界线相交。尺寸线必须与所标注的线段平行，相互平行的尺寸线，小尺寸在内，大尺寸在外，依次排列整齐。并且各尺寸线的间距要均匀，间隔应大于 5mm，以便注写尺寸数字和有关符号。

③尺寸线终端有两种形式：箭头和细斜线。机械图样一般用箭头形式，箭头尖端与尺寸界线接触，不得超出也不得离开。当尺寸线太短，没有足够的位置画箭头时，允许将箭头画在尺寸线外边；标注连续的小尺寸时可用圆点代替箭头。

④尺寸数字表示所标注尺寸的实际大小。线性尺寸的数字一般应写在尺寸线的上方、左侧或尺寸线的中断处，位置不够时，也可以引出标注。尺寸数字不能被任何图线通过，否则必须将该图线断开。在同一张图上基本尺寸的字高要一致。

（4）AutoCAD 尺寸标注有线性标注、对齐标注、半径标注、直径标注、角度标注等。

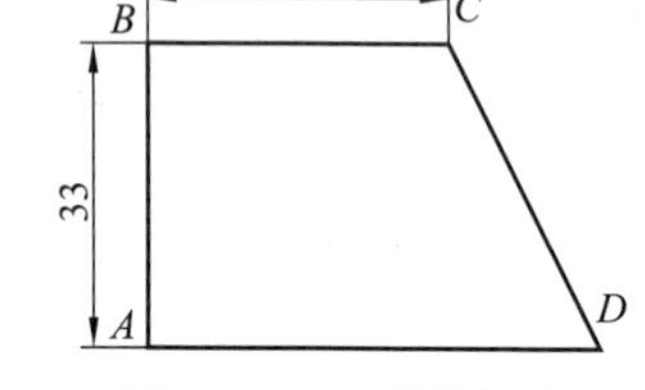

图 2-2-59　线性标注

①线性标注用于水平或垂直尺寸的标注，如图 2-2-59 所示。

单击“线性标注”按钮或在命令行输入“dli”，按 Space 键，命令行提示如下：

```
命令：DLI
DIMLINEAR
指定第一个尺寸界线原点或 <选择对象>:                    （拾取图中点 A）
指定第二条尺寸界线原点:                                 （拾取图中点 B）
创建了无关联的标注
指定尺寸线位置或                                        （在合适位置单击）
[多行文字（M）/ 文字（T）/ 角度（A）/ 水平（H）/ 垂直（V）/ 旋转（R）]:
标注文字 = 33
```

即完成一个线性尺寸的标注。

②对齐标注用于创建尺寸线与图形中的轮廓线相互平行的尺寸标注，如图 2–2–60 中的长度尺寸“37”。

单击“对齐标注”按钮或在命令行输入“dal”，按 Space 键，按提示拾取 *C*、*D* 两点，或先右击，再拾取线段 *CD*，移动鼠标单击定位，即可完成对齐尺寸的标注。

③角度标注用于圆弧包角、两条非平行线的夹角及三点之间夹角的标注，如图 2–2–61 中的角度“63°”。单击“角度标注”按钮或在命令行输入“dan”，按 Space 键，命令行及操作显示如下：

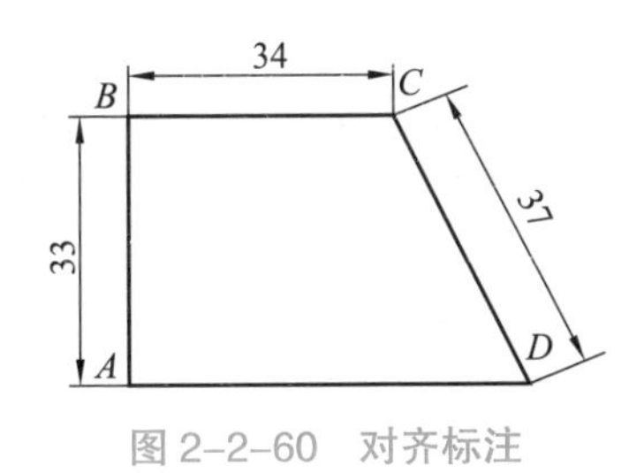

图 2–2–60　对齐标注

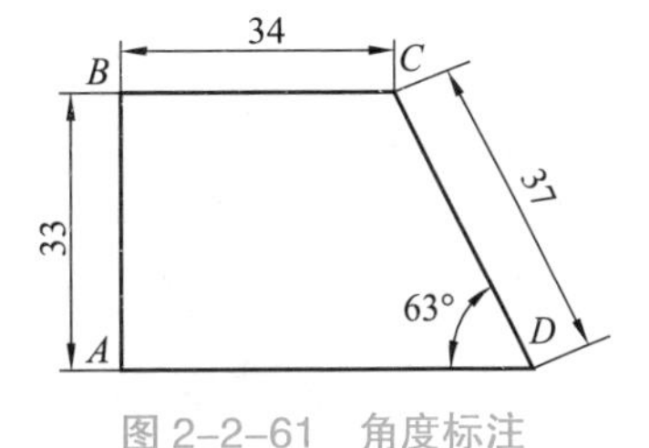

图 2–2–61　角度标注

```
命令：DAN
DIMANGULAR
选择圆弧、圆、直线或 < 指定顶点 >:
选择第二条直线：
指定标注弧线位置或 [ 多行文字（M）/ 文字（T）/ 角度（A）/ 象限点（Q）]:
```

④半径、直径标注用于圆或圆弧的半径、直径尺寸标注，如图 2–2–62 所示。

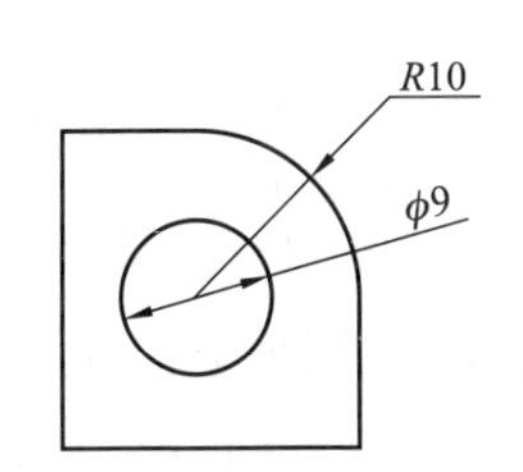

图 2–2–62　半径、直径标注

单击“直径”按钮或在命令行输入“ddi”，按 Space 键，命令行提示“选择圆弧或圆”，移动鼠标指针拾取图中的圆弧。命令行提示“指定尺寸线位置或 [多行文字（M）/ 文字（T）/ 角度（A）]”，移动鼠标指针使直径尺寸文字位置合适，单击指定尺寸线位置，结束直径标注。

单击“半径”按钮或在命令行输入“dal”，按 Space 键，命令行提示“选择圆弧或圆”，移动鼠标指针拾取图中的圆弧。命令行出现“指定尺寸线位置或 [多行文字（M）/ 文字（T）/ 角度（A）]”提示，移动鼠标指针使半径尺寸文字位置合适，单击指定尺寸线位置，结束半径标注。

⑤引线标注用于标注一些注释、说明和形位公差等。

引线标注是一个比较复杂的标注命令。命令行输入“ql”，按 Space 键，命令行出现“指定引线起点或 [设置（S）] < 设置 >”提示。在命令行输入“S”，按 Space 键，在弹出如图 2–2–63 所示的对话框中进行设定。

在“引线和箭头”选项卡设置参数，如图 2-2-64 所示。

图 2-2-63 “注释”选项卡

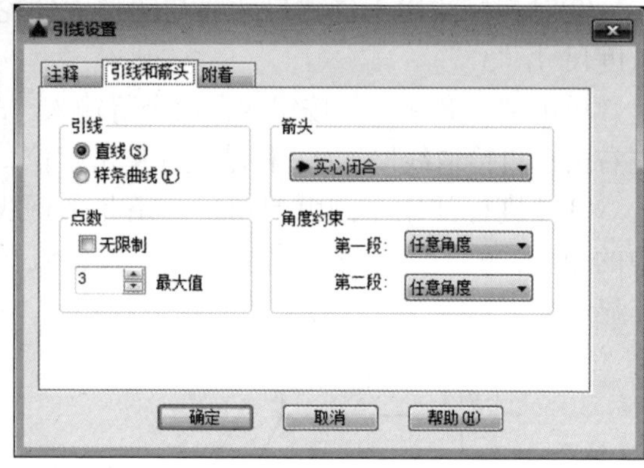

图 2-2-64 “引线和箭头”选项卡

在“附着”选项卡设置参数，如图 2-2-65 所示。

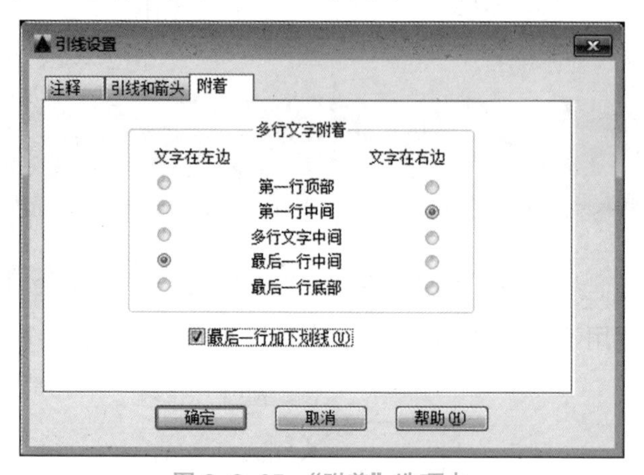

图 2-2-65 “附着”选项卡

然后将鼠标指针移动到需要引出标注的图形上，单击指定引线起点。移动鼠标指针，重复单击操作进行引线的绘制，待命令行提示“指定下一点”时，右击结束引线绘制。

（5）零件图上的技术要求的内容包括：说明零件表面粗糙程度要求的粗糙度代号；重要尺寸的尺寸公差和零件形状位置的几何公差；材料要求和说明；热处理和表面修饰说明；特殊加工要求、检验和试验说明。下面介绍在 AutoCAD 中尺寸公差的标注和形位公差的标注。

①尺寸公差标注。图 2-2-66 中非圆尺寸 14mm、20mm 的公差可以通过“文字编辑器”功能区（图 2-2-67）设置实现。

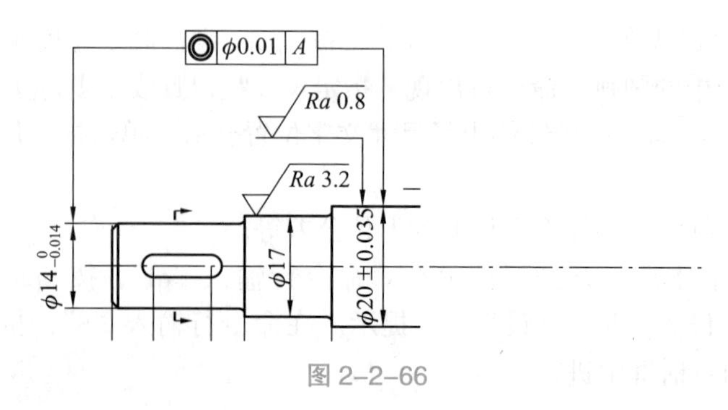

图 2-2-66

图 2–2–67　“文字编辑器”功能区

双击需要编辑的尺寸，如尺寸数字“14”前面标注直径符号，可输入“%%c”即可，在“14”后面输入“0”“^”“–0.014”，选中刚输入的内容后，单击“堆叠”按钮，完成不同公差值的标注。尺寸数字 $\phi20\pm0.035$ 中公差值相等，是在“20”前面输入“%%c”、在“20”后输入“%%p0.035”来实现的。

②几何公差标注方法是先用“公差”命令创建公差框格，再使用“引线”标注完成引线创建。如同轴度公差◎ Ø0.01 A，单击“公差”按钮，弹出“形位公差”对话框，如图 2–2–68 所示。单击对话框左侧的“符号”黑色方框，弹出“特征符号”面板（图 2–2–69）。单击同轴度符号“◎”，单击“公差 1”黑色方框，出现直径符号，在白色方框中输入数值“0.01”，在“基准 1”的白色方框中输入“A”，单击“确定”按钮。

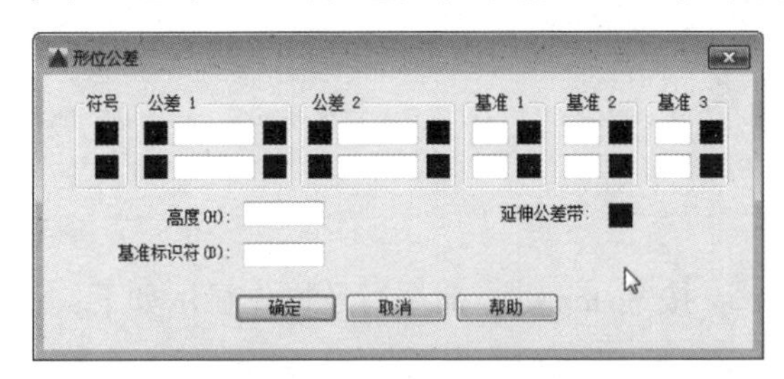

图 2–2–68　“形位公差”对话框

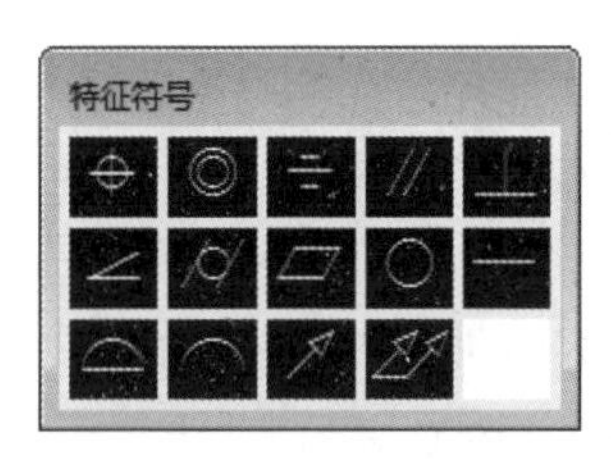

图 2–2–69　“特征符号”面板

命令行中出现“输入公差位置”提示，十字光标处跟随一个公差框格，移动鼠标指针至合适处并单击，完成公差框的定位。在命令行输入“ql”，按 Space 键，把注释类型设为“无”。移动光标拾取圆柱投影线上的一点，打开“正交”和“对象捕捉”工具，完成引线线段绘制。

四、实施任务

【步骤 1】利用“打开”命令，打开“端盖.dwg”，如图 2–2–57 所示。

【步骤 2】设置标注样式。设置方法参照本项目“任务 1　认识、建立机械图样样板文件”中的【步骤 4】。

【步骤 3】线性标注。设置标注层为当前层。

（1）尺寸 2、8、10、27、34 标注。

① 34 尺寸的标注。在命令行输入“dli”，按 Space 键，命令行及操作显示如下：

```
命令：DLI
DIMLINEAR
指定第一个尺寸界线原点或 <选择对象>:
指定第二条尺寸界线原点:
指定尺寸线位置或
[多行文字(M)/文字(T)/角度(A)/水平(H)/垂直(V)/旋转(R)]:
标注文字 = 34
```

②其他尺寸的标注与上面的操作相同。

（2）$\phi 105$、$\phi 60$、$\phi 62$、$\phi 70$、$\phi 72\text{h}11$ 尺寸标注。

① $\phi 72\text{h}11$ 尺寸标注。在命令行输入“dli”，按 Space 键，命令行及操作显示如下：

```
命令：DLI
DIMLINEAR
指定第一个尺寸界线原点或 < 选择对象 >:
指定第二条尺寸界线原点：
创建了无关联的标注
指定尺寸线位置或
[多行文字（M）/ 文字（T）/ 角度（A）/ 水平（H）/ 垂直（V）/ 旋转（R）]: t
输入标注文字 <72>: %%c72h11
指定尺寸线位置或
[多行文字（M）/ 文字（T）/ 角度（A）/ 水平（H）/ 垂直（V）/ 旋转（R）]:
标注文字 = 72
```

②其他尺寸标注与上面的操作基本相同。

【步骤 4】半径、直径标注。

（1）*R*1、*R*5 的半径标注。

① *R*1 的尺寸标注。在命令行输入“dra”，按 Space 键，命令行及操作显示如下：

```
命令：DRA
DIMRADIUS
选择圆弧或圆：
标注文字 = 1
指定尺寸线位置或 [多行文字（M）/ 文字（T）/ 角度（A）]:
```

② *R*5 的尺寸标注同 *R*1 的标注。

（2）$4\times\phi 9$、$\phi 88$ 直径标注。

① $4\times\phi 9$ 尺寸标注。在命令行输入“ddi”，按 Space 键，命令行及操作显示如下：

```
命令：DDI
DIMDIAMETER
选择圆弧或圆：
标注文字 = 9
指定尺寸线位置或 [多行文字（M）/ 文字（T）/ 角度（A）]: t
输入标注文字 <9>: 4x%%c9
指定尺寸线位置或 [多行文字（M）/ 文字（T）/ 角度（A）]:
```

② $\phi 88$ 的标注与上面基本相同。

【步骤 5】标注几何公差。标注方法同“同轴度”公差的标注。

【步骤 6】锥度的标注。

（1）在命令行输入多行文字命令“t”，按 Space 键，在合适的位置拉一个矩形框用于放置锥度符号，弹出“文字编辑器”功能区，在字体下拉列表框中选择“gdt”字体，在输入框中输入“y”，单击“关闭文字编辑器”按钮。

（2）用“直线”命令绘制引导线。

（3）在命令行输入单行文字命令“dt”，按 Space 键，在锥度符号右上方选择放置位置，输入“1 ： 10”，按两次 Space 键结束输入。

【步骤 7】基准符号的标注。

（1）基准符号的绘制。在命令行输入多线命令“pl”，按 Space 键，命令行及操作显示如下：

```
命令：PL
PLINE
指定起点：
当前线宽为 0.0000
指定下一个点或 [圆弧（A）/ 半宽（H）/ 长度（L）/ 放弃（U）/ 宽度（W）]：  < 正交 开 > w
指定起点宽度 <0.0000>：6
指定端点宽度 <6.0000>：0
指定下一个点或 [圆弧（A）/ 半宽（H）/ 长度（L）/ 放弃（U）/ 宽度（W）]：
指定下一点或 [圆弧（A）/ 闭合（C）/ 半宽（H）/ 长度（L）/ 放弃（U）/ 宽度（W）]：
指定下一点或 [圆弧（A）/ 闭合（C）/ 半宽（H）/ 长度（L）/ 放弃（U）/ 宽度（W）]：3
指定下一点或 [圆弧（A）/ 闭合（C）/ 半宽（H）/ 长度（L）/ 放弃（U）/ 宽度（W）]：6
指定下一点或 [圆弧（A）/ 闭合（C）/ 半宽（H）/ 长度（L）/ 放弃（U）/ 宽度（W）]：6
指定下一点或 [圆弧（A）/ 闭合（C）/ 半宽（H）/ 长度（L）/ 放弃（U）/ 宽度（W）]：6
指定下一点或 [圆弧（A）/ 闭合（C）/ 半宽（H）/ 长度（L）/ 放弃（U）/ 宽度（W）]：
指定下一点或 [圆弧（A）/ 闭合（C）/ 半宽（H）/ 长度（L）/ 放弃（U）/ 宽度（W）]：* 取消 *
```

（2）在命令行输入单行文字命令“dt”，按 Space 键，在基准符号的文本框内单击，输入“A”。

（3）用“移动”命令将基准符号移动到需要标记的位置。

任务5　零件图的打印和输出

学习目标 ⇨ 1. 了解打印的步骤。
2. 掌握模型空间的打印图形。

一、明确任务

在 A4 纸按照 1 ： 1 的比例打印如图 2-2-70 所示的轴。

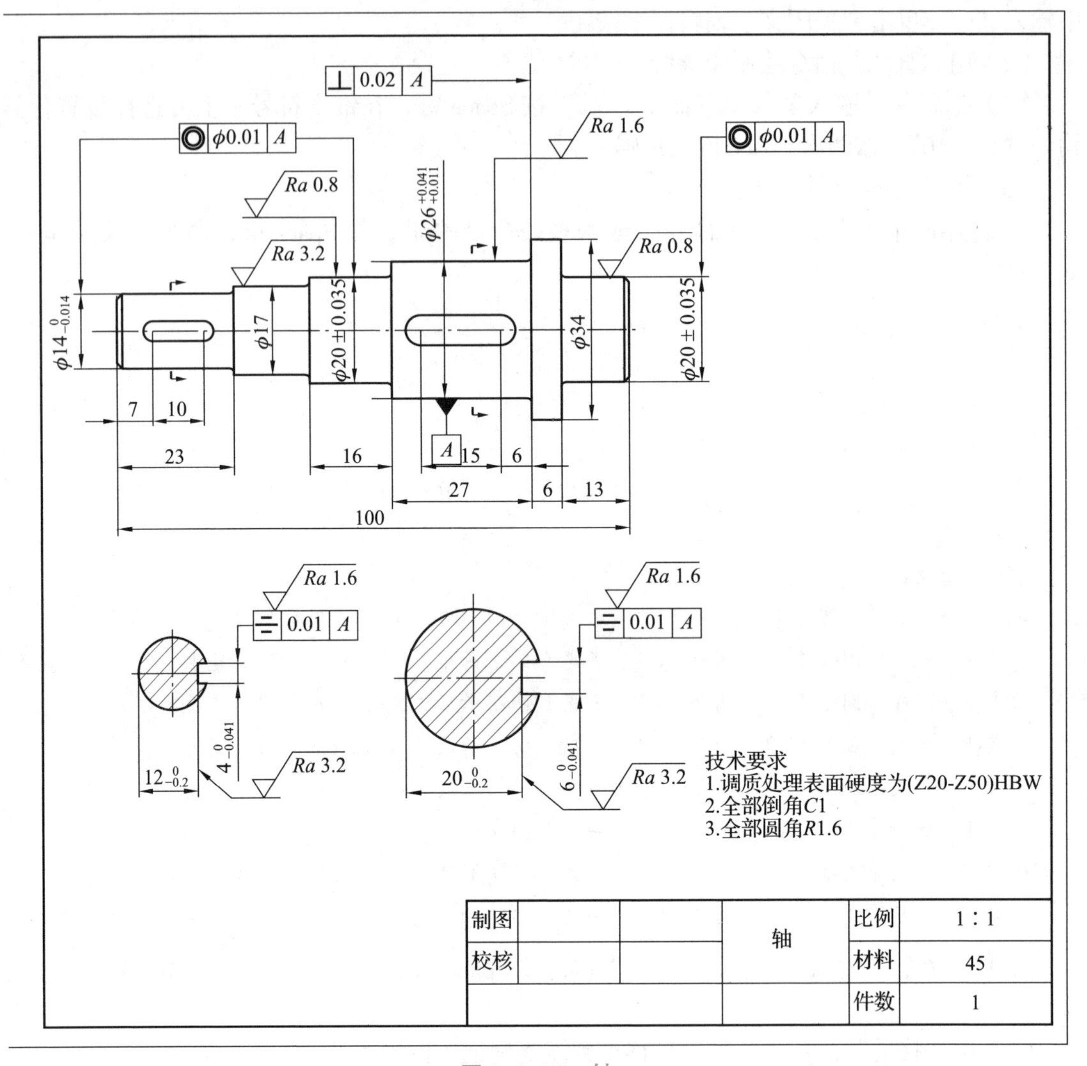

图 2–2–70　轴

二、分析任务

在模型空间中打印图形时需要一些设置，将绘制好的图形按照一定的比例准确地打印输出。

三、知识储备

（1）在 AutoCAD 中，用户可以在模型模式下工作，也可在布局设计模式下工作，或称为模型空间和布局空间（“图纸空间”）。

模型模式是平常使用的一种模式，是图形设计的主要操作空间，用户只能拥有平铺视图，是一个辅助的出图空间，可打印要求较低的图形；布局设计模式用来安排图形的视图方式，是图形打印的主要操作空间，用户可以多比例、多图形打印。

（2）设置页面的方法。

方法 1：选择“文件”→“页面设置管理器”命令，弹出“页面设置管理器”对话框，如图 2–2–71 所示，可选择其中已保存的页面设置名称，或单击“新建”按钮，弹出“新建页面设置”对话框，如图 2–2–72 所示，在“新页面设置名”文本框中可以默认也可以重新命名后，单击“确定”按钮，弹出如图 2–2–73 所示的“页面设置 – 模型”对话框，在此对话框中完成设置，并保存即可。

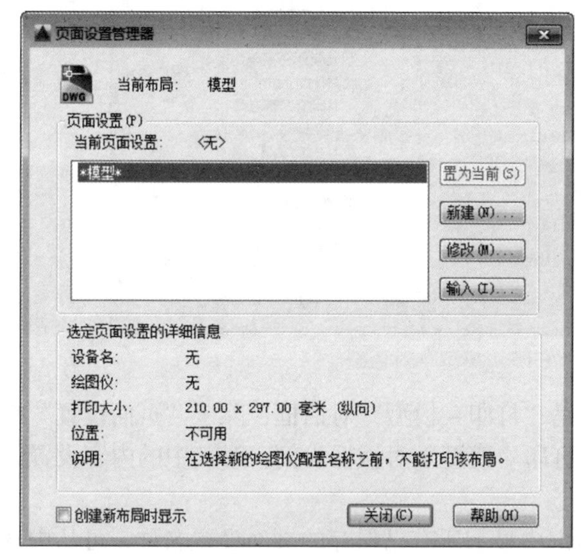

图 2–2–71　“页面设置管理器”对话框

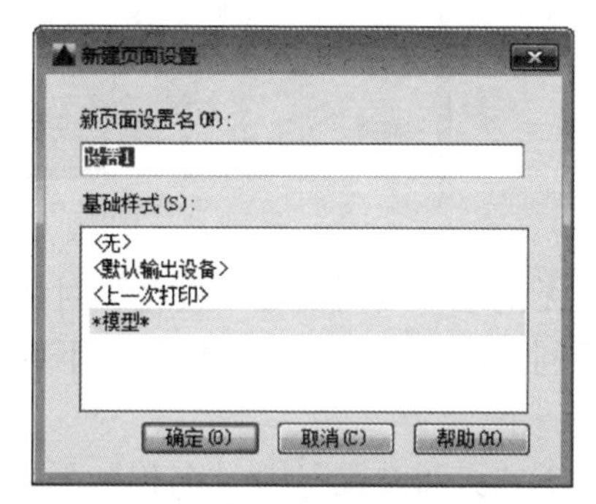

图 2–2–72　“新建页面设置”对话框

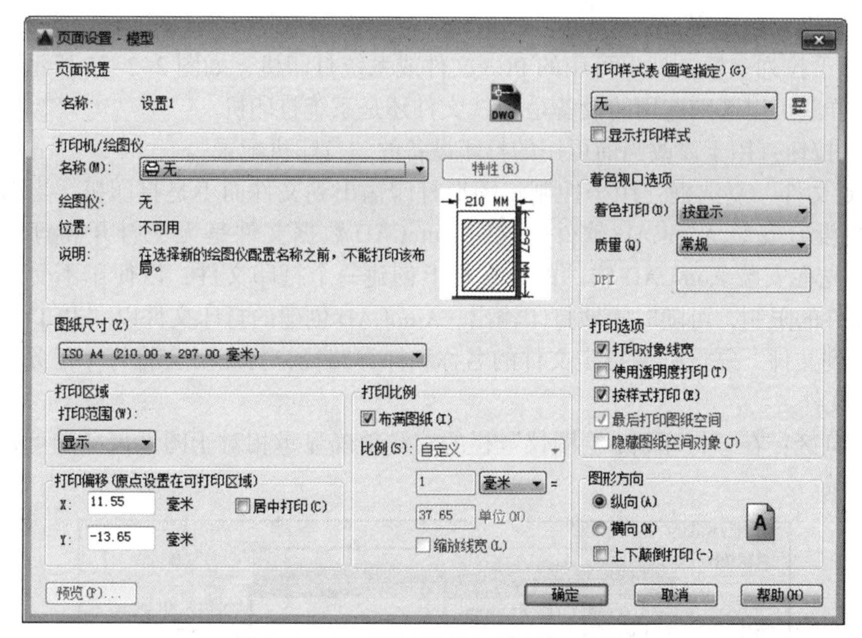

图 2–2–73　“页面设置 – 模型”对话框

方法 2：在模型空间选择“文件”→“打印”命令，弹出如图 2–2–74 所示的“打印 – 模型”对话框。

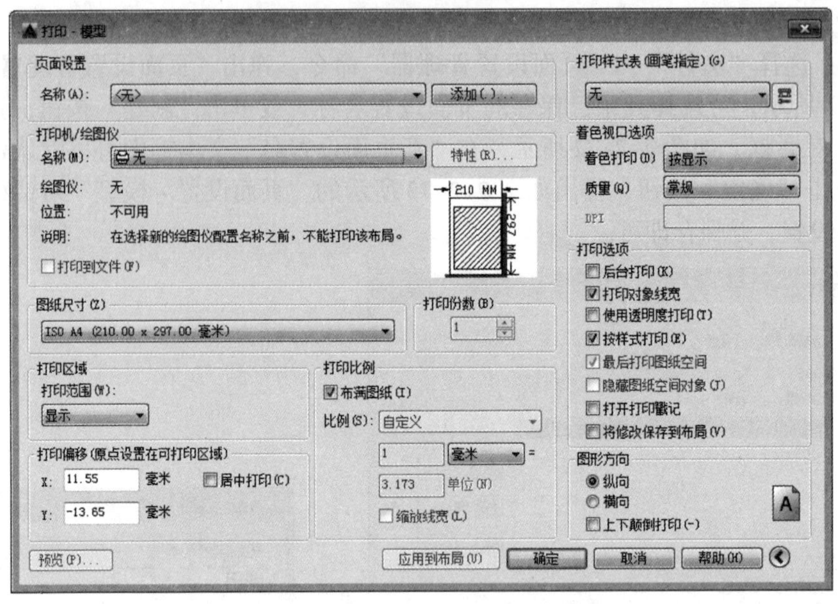

图 2–2–74　“打印 – 模型”对话框

无论是“页面设置 – 模型”对话框还是“打印 – 模型”对话框，除了“页面设置”栏略有不同，其设置内容是一致的。下面以“打印 – 模型”对话框为例，对其中的内容设置简单介绍一下。

①“页面设置”栏：“名称”下拉列表框中显示所有已保存的页面设置名称，可从中选择其中一个页面设置，或者添加并保存当前的设置作为以后从模型空间打印图形的基础。

②“打印机 / 绘图仪”栏。

“名称”下拉列表框：列出可用的 PC3 文件或系统打印机，如图 2–2–75 所示。设备名称前面的图标样式可以区别选用的设备是 PC3 文件还是系统打印机。

“特性”按钮：用于修改当前可用的打印设备的“打印机配置”。

“打印到文件”复选框：用于控制将图形打印输出到文件而不是打印机。当与打印机相连的计算机没有安装 AutoCAD 软件，这时 AutoCAD 数据文件是无法打开和打印的。这种情况下可事先在安装 AutoCAD 软件的计算机上创建一个打印文件，以便于不受是否安装有 AutoCAD 软件的限制，可随时随地打印输出。AutoCAD 创建的打印文件以“.PLT”为扩展名。选中“打印到文件”复选框后指定文件的名称和保存路径，打印时会将打印任务输出成为一个“.PLT”文件。

局部预览区：在“打印机 / 绘图仪”栏的右侧精确显示相对于图纸尺寸和可打印区域的有效打印区域。

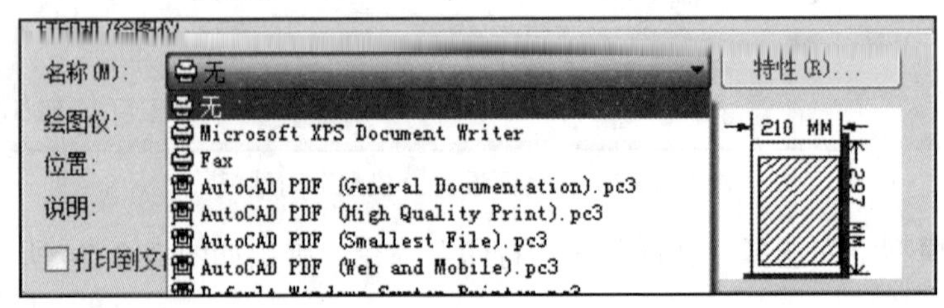

图 2–2–75　打印机 / 绘图仪设置

③“图纸尺寸”下拉列表框：显示所选打印设备可用的标准图纸尺寸，实际的图纸尺寸由宽（X 轴方向）和高（Y 轴方向）确定。如果未选择绘图仪，将显示全部标准图纸尺寸的列表以供选择。如果所选绘图仪不支持布局中选定的图纸尺寸，将显示警告，用户可以选择绘图仪的默认图纸尺寸或自定义图纸尺寸。在“打印机 / 绘图仪”栏中可以实时显示基于当前打印设备所选的图纸尺寸仅能打印的实际区域。如果打印的是光栅图像（如 BMP 或 TIFF 文件），打印区域大小的指定将以像素为单位而不是英寸或毫米。

④“打印区域”栏:用于设置打印图形的范围。“打印范围”下拉列表框中包括图形界限、范围、窗口和显示等选项。

图形界限：打印由图形界限（Limit）所定义的整个绘图区域，超出这个界限的图形将不打印。

范围：打印区域将包含当前模型空间的所有对象，包括绘制在图形界限外的对象。

显示：打印当前屏幕中显示的图形，显示多少打印多少。

窗口：选择“窗口”选项后可以在绘图窗口内拾取一个矩形窗口，该矩形窗口范围就是打印范围。

⑤“打印比例”栏：用于控制图形单位与打印单位之间的相对尺寸。

“布满图纸”复选框：系统将打印区域的范围布满所选的整个图纸，“比例”“英寸”和“单位”框中显示自适应的缩放比例因子。

“比例”下拉列表框：可以选取某一标准比例或选择“自定义”来定义所需的打印比例。

⑥“打印偏移”栏：可以定义打印区域偏离图纸左下角的偏移量。布局中指定的打印区域左下角位于图纸页边距的左下角。可以输入一个正值或负值以偏离打印原点。选中“居中打印”复选框，则自动将打印图形置于图纸正中间。

⑦“打印样式表”栏：用于设置、编辑打印样式表或者创建新的打印样式表。通过打印样式表的设置可以控制如何将图形中的对象输出到打印机，可以替代对象原有的颜色、线型和线宽，可以指定端点、连接和填充样式，也可以指定抖动、灰度、笔指定和淡显等输出效果。另外，通过打印样式还可以控制打印机如何对待图形中的每个单独的对象。注意在工程图打印时，必须选择相应的样式，一般采用“颜色相关”的打印样式，根据绘制工程图样时，图层或图线颜色的设置不同打印出图样所需的粗细线型。

⑧“着色视口选项”栏：用于指定着色和渲染视口的打印方式，并确定它们的分辨率大小和每英寸点数（DPI）。

⑨“打印选项”栏：用于指定线宽、打印样式、着色打印和对象的打印次序等。

⑩“图形方向”栏：为支持纵向或横向的绘图仪指定图形在图纸上的打印方向。图纸图标代表所选图纸的介质方向。字母图标代表图形在图纸上的方向。

⑪“预览”按钮：按图纸中打印出来的样式显示图形。

四、实施任务

在模型空间打印零件图的操作步骤如下。

【步骤 1】利用“打开”命令，打开“轴 .dwg”文件，如图 2-2-70 所示。

【步骤 2】在命令行输入“plot”，按 Space 键确定，弹出“打印 – 模型”对话框，如图 2-2-74 所示。以下进行页面设置、打印机 / 绘图仪设置、图纸尺寸设置、打印范围、打印比例设置和图形方向设置。

（1）页面设置。单击“添加”按钮，弹出“添加页面设置”对话框，如图 2–2–76 所示，可保持默认设置，单击“确定”按钮。

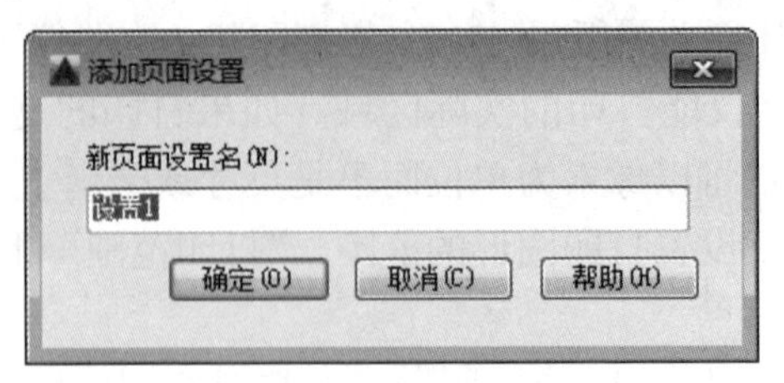

图 2–2–76　“添加页面设置”对话框

（2）打印机 / 绘图仪设置。

①选择“名称”下拉列表框中的实际连接打印机或 DWF6 ePlot.pc3（虚拟打印），本例选择了 DWF6 ePlot.pc3 虚拟打印设备。

②单击“特性”按钮，出现如图 2–2–77 所示的对话框，在“设备和文档设置”选项卡中选择“修改标准图纸尺寸（可打印区域）”，在“修改标准图纸尺寸”选项区域中选择“ISO A4(210.00 × 297.00)”，再单击“修改”按钮，打开“自定义图纸尺寸 – 可打印区域”对话框，将各项参数均设置为 0，如图 2–2–78 所示。

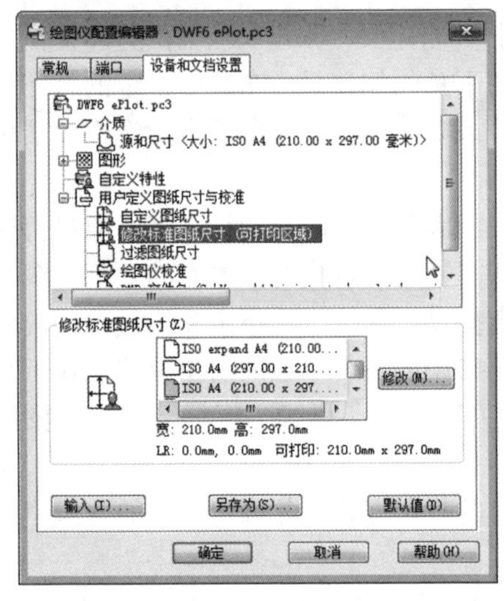

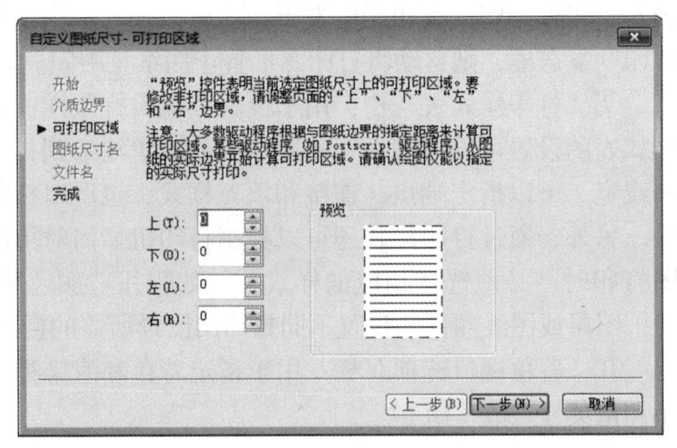

图 2–2–77　“绘图仪配置编辑器”对话框　　图 2–2–78　“自定义图纸尺寸 – 可打印区域”对话框

单击“下一步”按钮，出现修改后的标准图纸尺寸的对话框，单击“完成”按钮，返回到“绘图仪配置编辑器 –DWF6 ePlot.pc3”对话框，单击“确定”按钮。

（3）图纸尺寸设置，在下拉列表框中选择“ISO A4（210.00 × 297.00 毫米）”选项。

（4）打印区域设置：选择“图形界限”选项。

（5）打印比例设置：取消选中“布满图纸”复选框，选择比例为 1 : 1。

（6）打印偏移设置：选中“居中打印”复选框。

（7）打印样式表设置：可选择“黑白打印 .ctb”，出现“问题”对话框，单击“确定”按钮。

（8）图形方向设置：选中“横向”单选按钮。

设置完成后如图 2–2–79 所示。

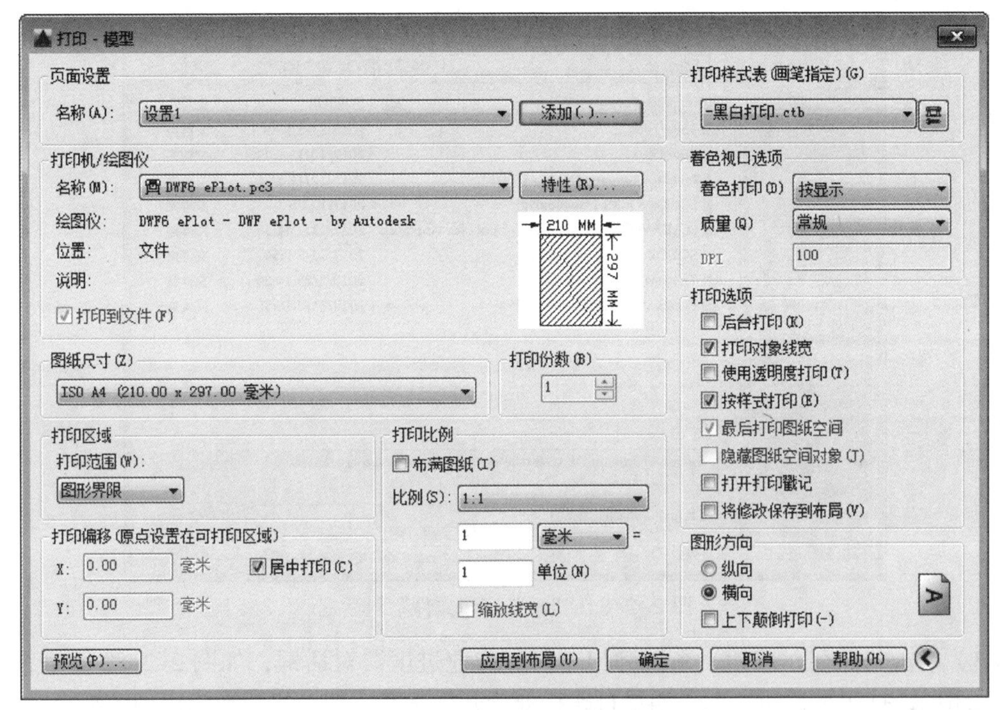

图 2–2–79　“打印 – 模型”对话框

【步骤 3】预览并打印。

（1）在“打印 – 模型”对话框中单击“预览”按钮，出现如图 2–2–80 所示的预览界面。

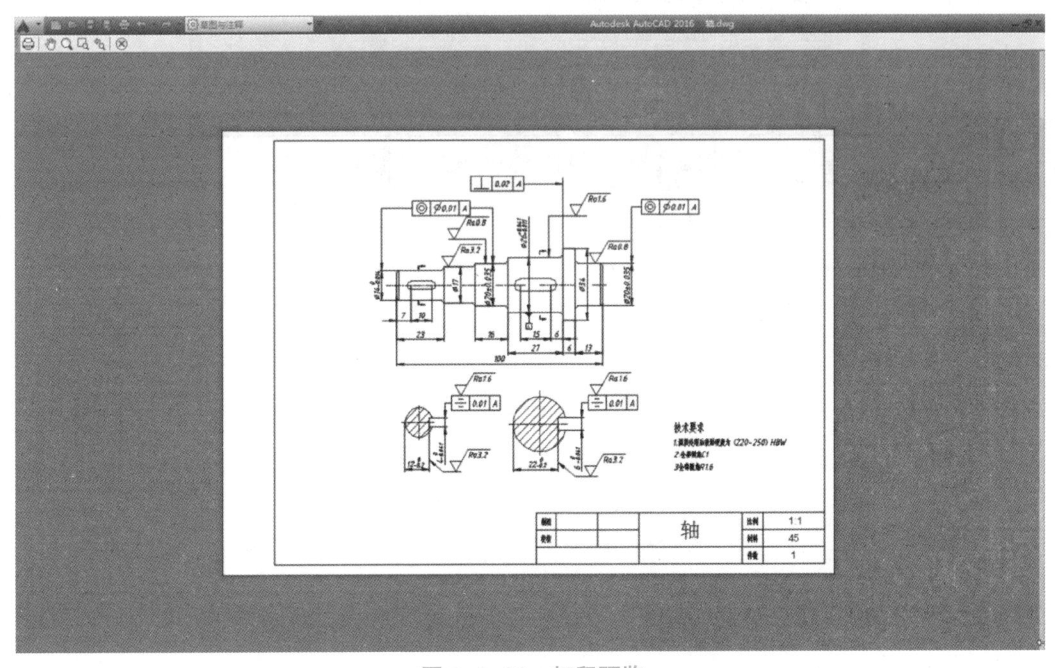

图 2–2–80　打印预览

（2）单击“打印”按钮，弹出“浏览打印文件”对话框，如图 2–2–81 所示。

图 2–2–81　“浏览打印文件”对话框

（3）单击“保存”按钮，系统弹出“打印作业进度”对话框，如图 2–2–82 所示，等对话框关闭后，打印过程即结束，如果打印机处于开机状态，即可将图形输出到图纸上。

图 2–2–82　“打印作业进度”对话框

第3部分

工程制图 AutoCAD 2016 建筑绘图应用

本部分在编写过程中理论联系实际，以实例制作为主，从建筑标注及注释、建筑平面图、建筑立面图以及建筑剖面图与建筑（剖视）详图4个项目进行讲解，每部分又分为不同的子任务，通过不同的实例详细介绍建筑绘图部分的知识以及绘图技巧，使读者更轻松地掌握CAD建筑绘图。

项目 1　建筑标注及注释

在绘制完一个图形后，需要通过文字和尺寸标注对图形进行补充说明，以便查看图样的人可以更好地了解图样信息。本项目主要讲解注释文字及尺寸标注，它们是绘图的重点。

任务1　制作新房装修流程图

学习目标 ⇨ 掌握文字、标注、矩形等工具的使用方法。

一、明确任务

本任务的图例如图 3-1-1 所示。

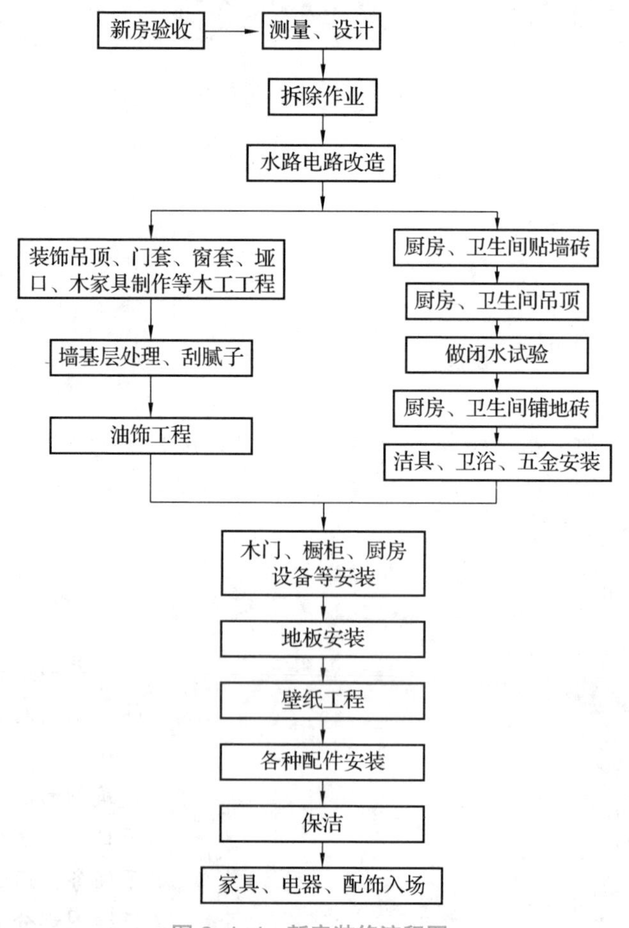

图 3-1-1　新房装修流程图

二、分析任务

本图例是由“矩形”“文字”“箭头”构成的图形，利用阵列、复制工具，辅助完成图形的绘制。

三、实施任务

【步骤 1】选择“默认”功能区中的“绘图”→“矩形”命令，在绘图工作区域内绘制一个如图 3–1–2 所示的长 90mm、宽 25mm 的矩形。

【步骤 2】选择“默认”功能区中的“修改”→“复制”命令，选择矩形，向右复制 150mm，如图 3–1–3 所示。

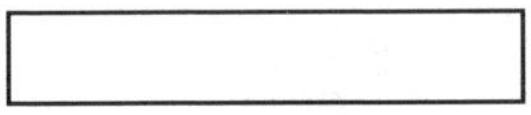

图 3–1–2　绘制矩形 　　　图 3–1–3　复制矩形

【步骤 3】选择“默认”功能区中的“修改”→“阵列”命令，选择“矩形阵列”选项，以计数方式阵列复制右边的矩形，设置行数为 3、列数为 1、行偏移为 –55、列偏移为 0，阵列对象为右侧矩形，如图 3–1–4 所示。

【步骤 4】绘制矩形，使用“复制”“阵列”命令完成矩形的绘制，可以根据文字的多少适当改变矩形的大小，如图 3–1–5 所示。

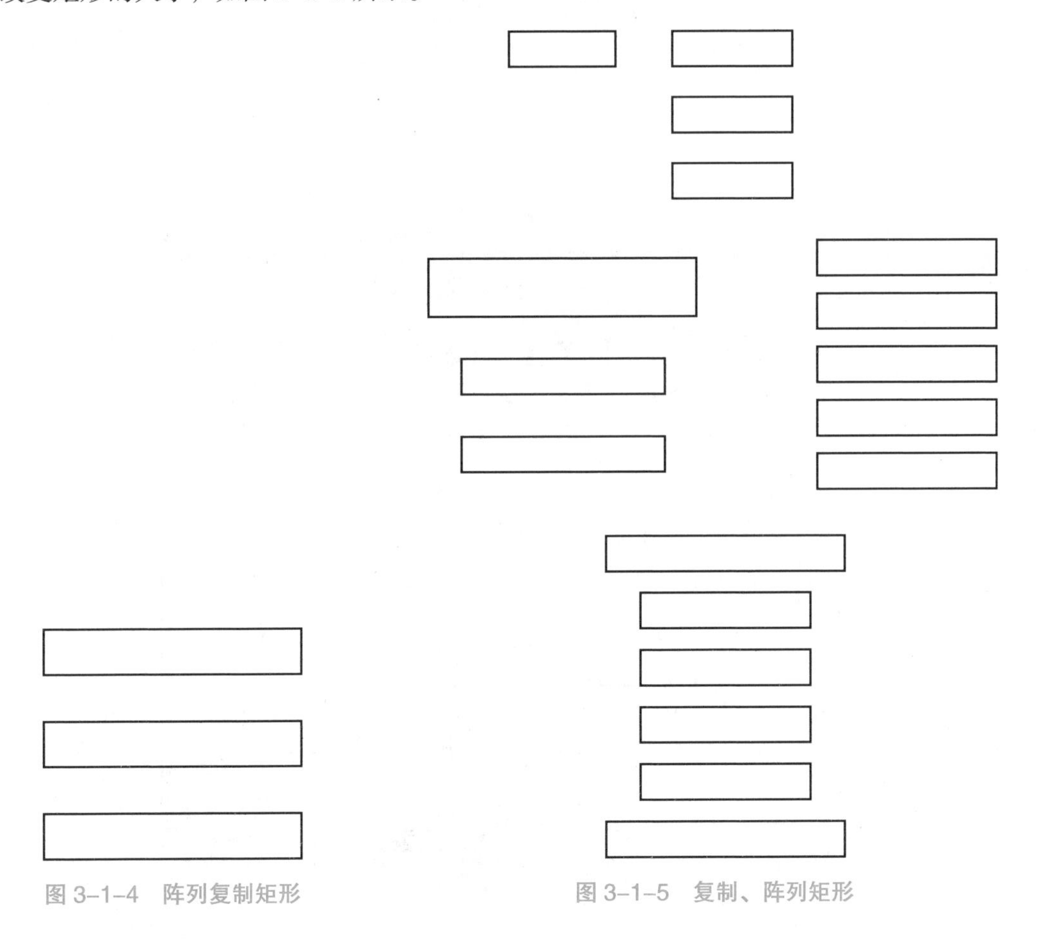

图 3–1–4　阵列复制矩形　　　图 3–1–5　复制、阵列矩形

【步骤 5】使用“多重引线”命令绘制“带箭头的直线段”。设置箭头大小，选择“注释”功能区中的“引线”→“管理多重引线样式”命令，打开“多重引线样式管理器”对话框，如图 3–1–6 所示。

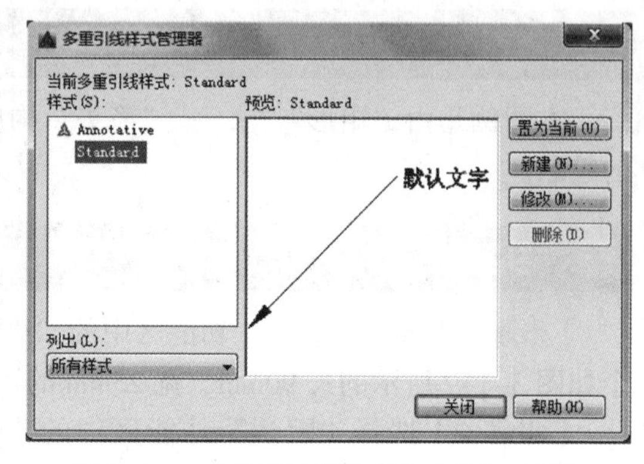

图 3–1–6 “多重引线样式管理器”对话框

【步骤 6】单击“修改”按钮，弹出“修改多重引线样式”对话框，选择“引线格式”选项卡，设置箭头大小为“15”，如图 3–1–7 所示。选择“引线结构”选项卡，取消选中“基线设置”选项区域中的“自动包含基线”复选框，如图 3–1–8 所示。单击“确定”按钮，再单击“关闭”按钮，完成设置。

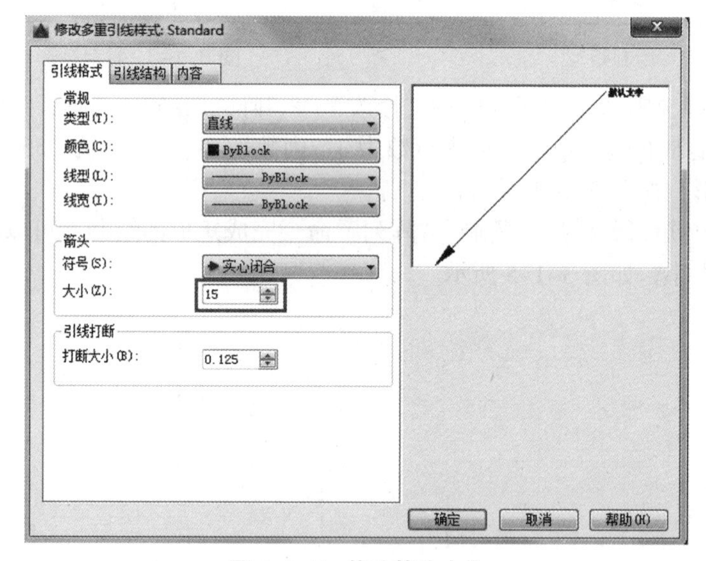

图 3–1–7 修改箭头大小

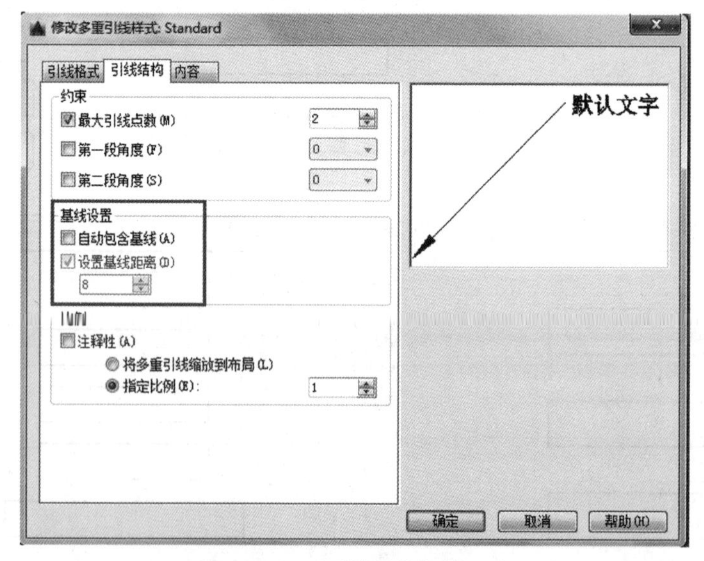

图 3–1–8 “引线结构”选项卡

【步骤 7】选择“注释”功能区中的“引线”→“多重引线”命令，选择相邻矩形边长的中心点，绘制箭头，如图 3-1-9 所示。

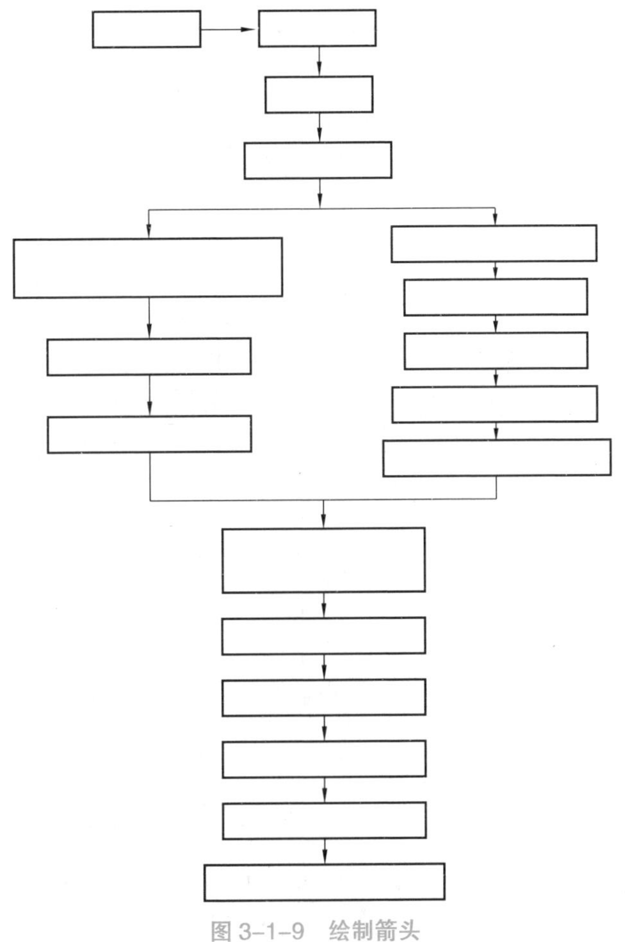

图 3-1-9　绘制箭头

【步骤 8】选择“注释”功能区中的“文字”→“管理文字样式”命令，弹出“文字样式”对话框，设置字体为“宋体”，高度为“9”，如图 3-1-10 所示。单击“应用”按钮，然后关闭该对话框。

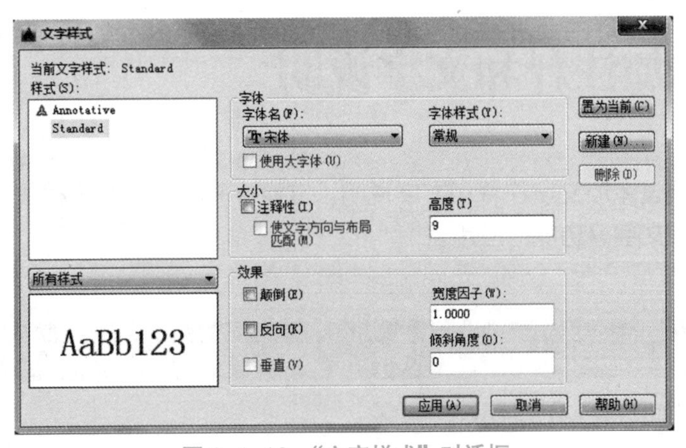

图 3-1-10　“文字样式”对话框

【步骤9】选择“注释”功能区中的“文字”→“多行文字（或单行文字）”命令，依次在各个矩形中输入相对应的文字，如图 3-1-11 所示，完成“新房装修流程图”的制作。

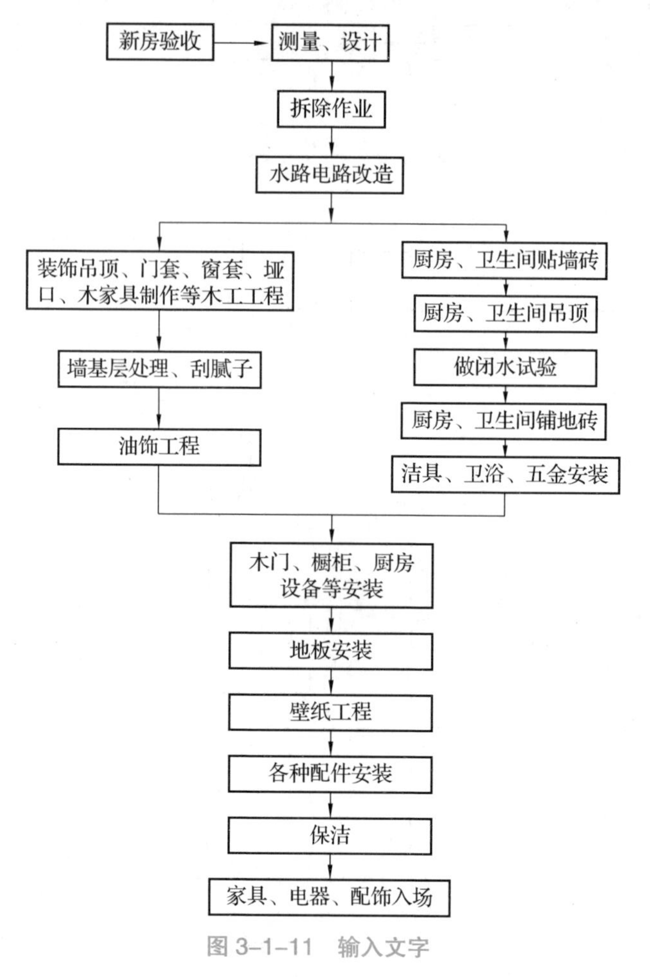

图 3-1-11　输入文字

【友情提示】注意输入的文字在矩形中的位置，可以通过“移动”命令进行调整。为了提高效率，可以先在一个矩形中输入文字，使用“复制”命令，将文字复制到其他矩形框中，然后再修改文字的内容。

任务2　添加注释和文字说明

学习目标 ⇨ 通过添加文字注释和文字说明，掌握打开文件、文字样式、单行文字、多行文字等功能的应用。

一、明确任务

本任务的图例如图 3-1-12 所示。

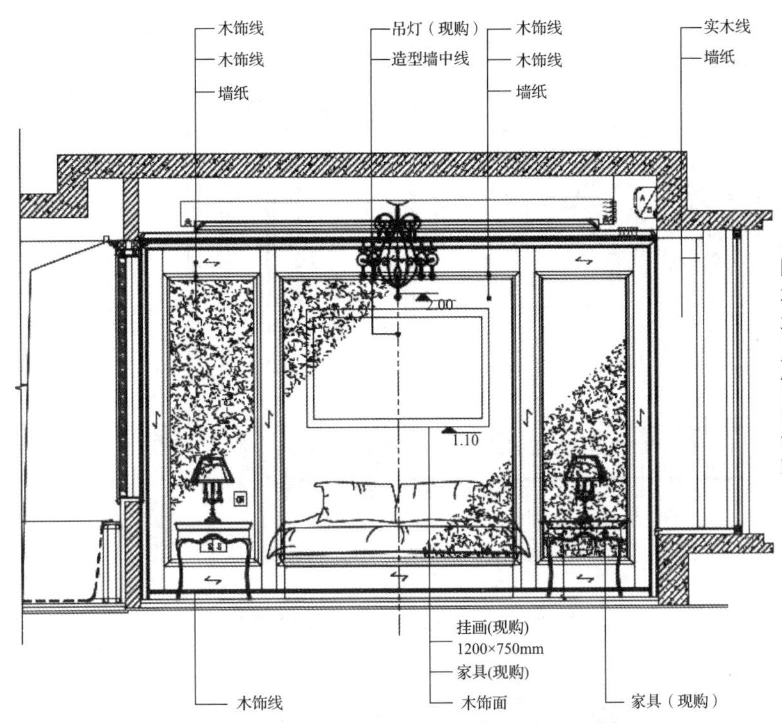

图 3–1–12　添加文字注释和文字说明

二、分析任务

本图例主要练习单行文字和多行文字的使用方法。无论单行文字还是多行文字，在使用前都必须设置“文字样式”。单行文字和多行文字的主要区别是单行文字就是一行，所有文字都是一样的字体和高度。对于不需要多种字体或多行的内容，可以创建单行文字。单行文字的快捷键为 DT。多行文字中的文字可以是多行，也可以是不同的高度、字体，还可以倾斜、加粗等。对于较长、较为复杂的内容，可以创建多行或段落文字。多行文字是由任意数目的文字行或段落组成的，布满指定的宽度。还可以沿垂直方向无限延伸。 无论行数是多少，单个编辑任务创建的段落集将构成单个对象。用户可对其进行移动、旋转、删除、复制、镜像或缩放操作。多行文字的编辑选项比单行文字多。例如，可以将对下划线、字体、颜色和高度的修改应用到段落中的单个字符、词语或短语。多行文字的快捷键为 MT 或 T。

三、实施任务

【步骤 1】单击“快速访问工具栏”中的“打开”按钮，打开一个卧室的立面图，如图 3-1-13 所示。

【步骤 2】选择“注释”功能区中的“文字”→“管理文字样式”命令，弹出“文字样式”对话框，设置如图 3-1-14 所示。

图 3–1–13　某卧室立面图

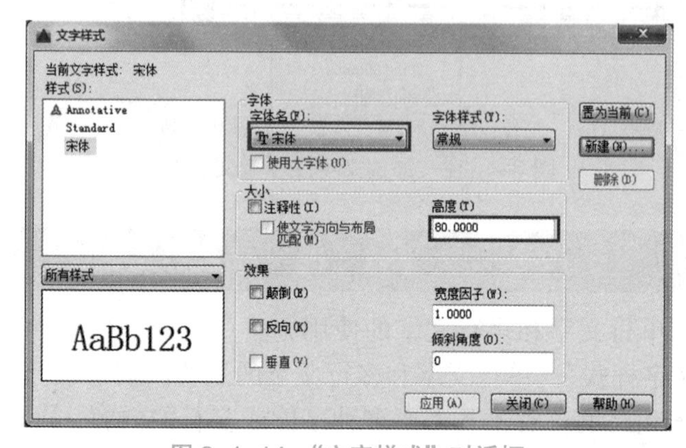

图 3–1–14　“文字样式”对话框

【步骤 3】绘制文字注释引出线。在需要注释的地方绘制直径 15mm 的圆，并填充全黑，然后使用直线将其引出，以便注释文字，如图 3–1–15 所示。

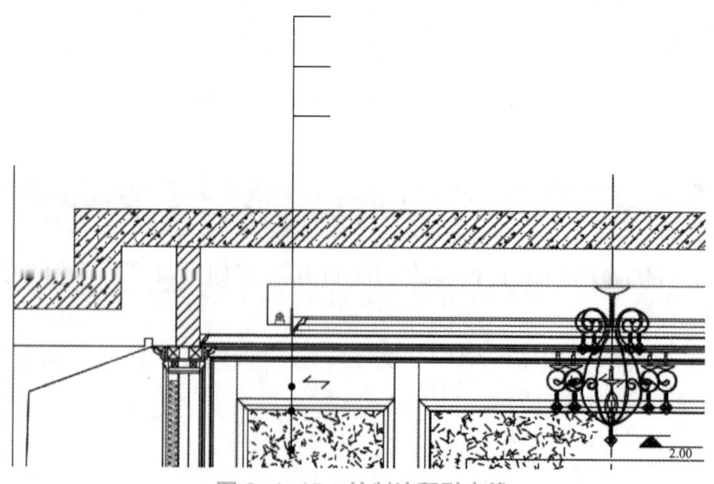

图 3–1–15　绘制注释引出线

【步骤 4】绘制其他文字注释引出线，效果如图 3-1-16 所示。

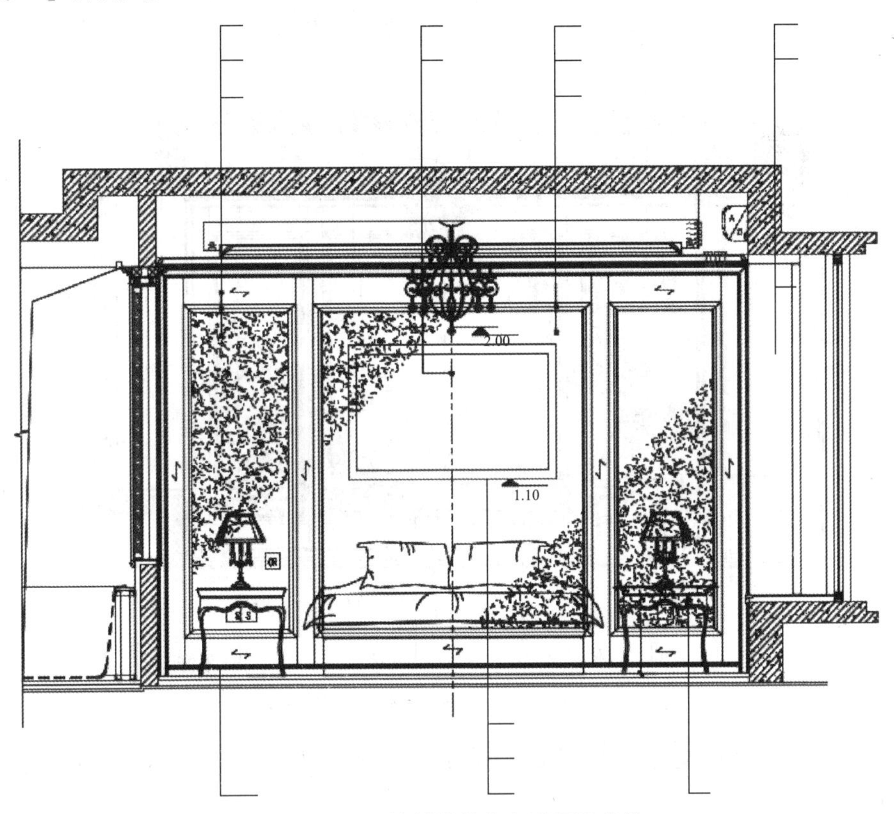

图 3-1-16　绘制其他文字注释引出线

【步骤 5】选择“注释”功能区中的“文字”→“单行文字”命令，在如图 3-1-17 所示的位置添加单行文字“木饰线”。

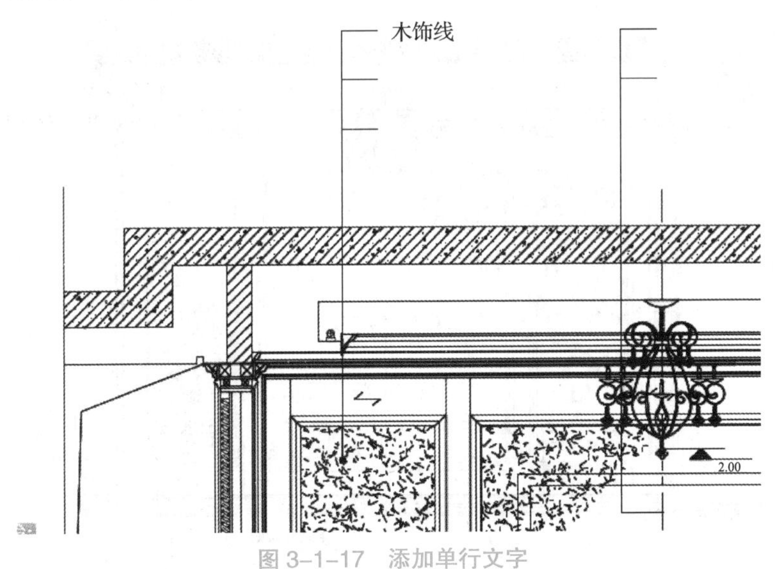

图 3-1-17　添加单行文字

【步骤 6】使用“复制”命令，将“木饰线”复制到其他文字注释引出线上，效果如图 3-1-18 所示。

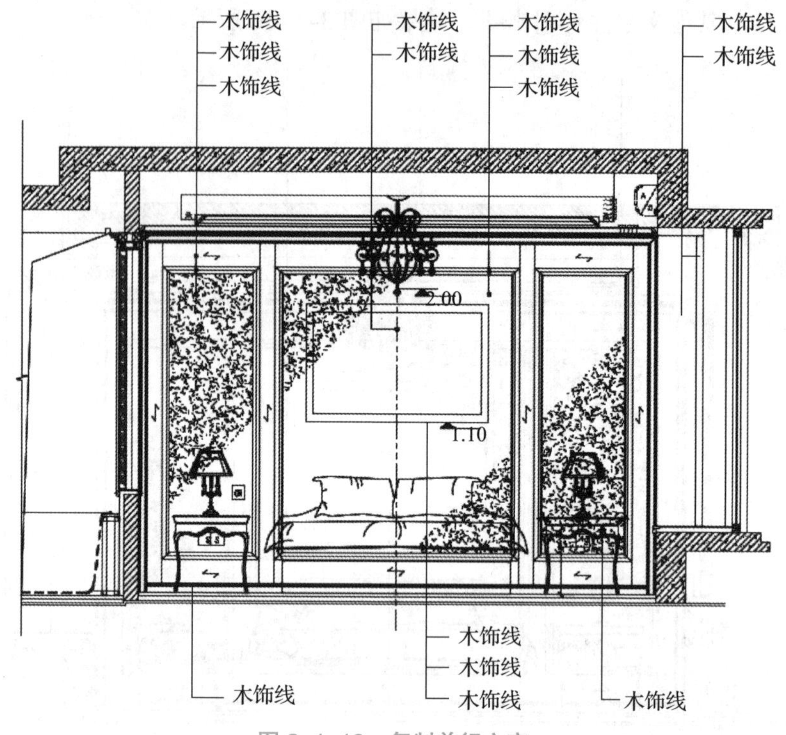

图 3–1–18　复制单行文字

【步骤 7】双击单行文字，修改每一个文字注释，并调整单行文字的位置，效果如图 3–1–19 所示。

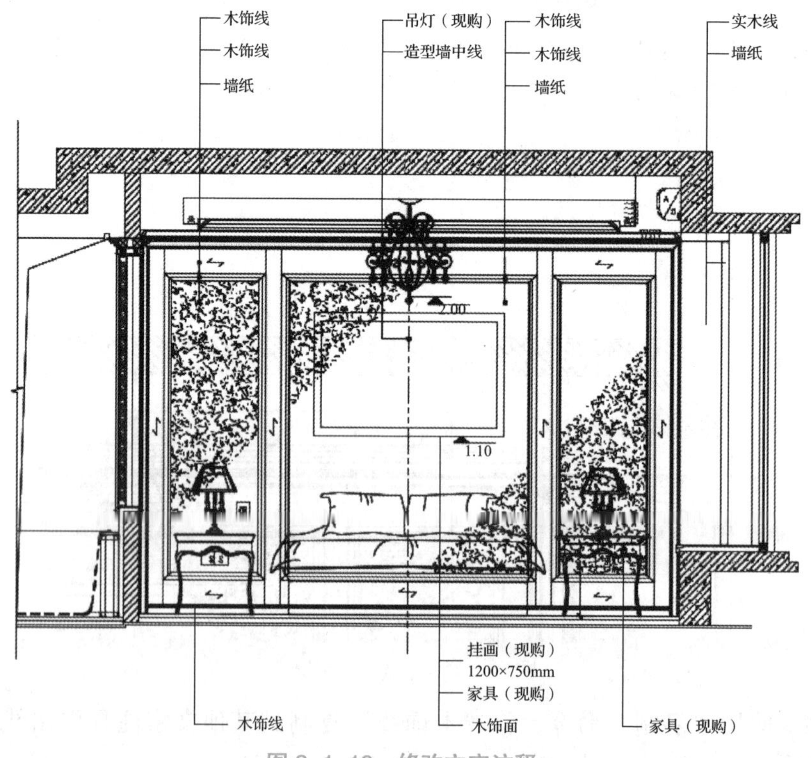

图 3–1–19　修改文字注释

【友情提示】在添加多处文字注释时，一般先添加一处，然后复制到其他需要注释的地方，再修改文字注释，这种方法是比较便捷的，能够提高绘图效率。

【步骤 8】选择“注释”功能区中的“文字”→“多行文字”命令，在如图 3-1-20 所示的位置添加多行文字段落。

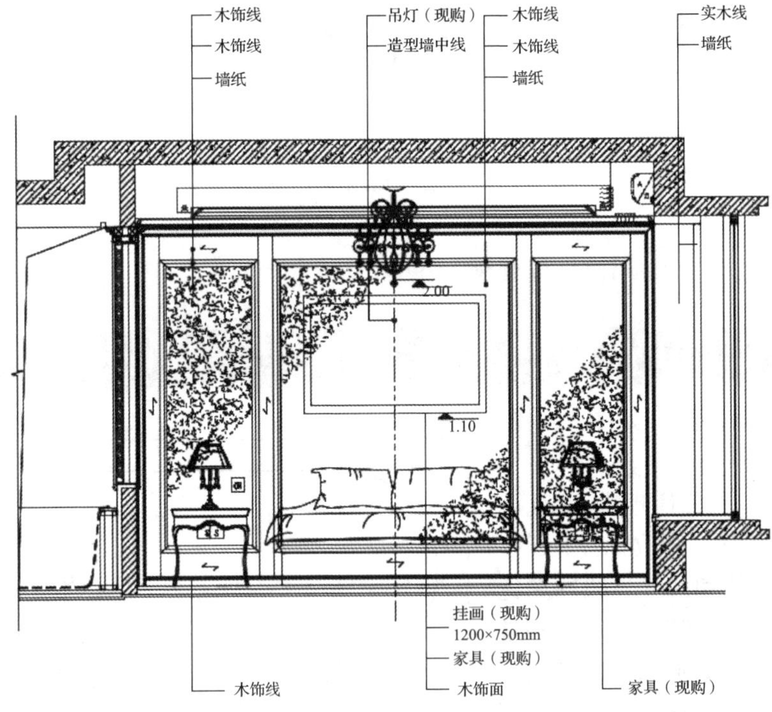

卧室：除了睡眠、休闲、学习功能，还肩负着储物和更衣等功用。卧室的结构规划需要满足这些需求。卧室休闲是多样性的，可以躺在贵妃椅上享受阳光，也可以坐在飘窗上品一壶好茶，还可以坐在飘窗上欣赏窗外的风景。

图 3-1-20　添加多行文字段落

任务3　标注浴盆图

学习目标 ⇨ 通过使用“线性标注”“直径标注”“半径标注”等标注功能，熟练掌握标注的方法。

一、明确任务

本任务的图例如图 3-1-21 所示。

二、分析任务

本图例为“浴盆标注效果图”，主要应用线性标注、直径标注、半径标注等工具完成图形的绘制。

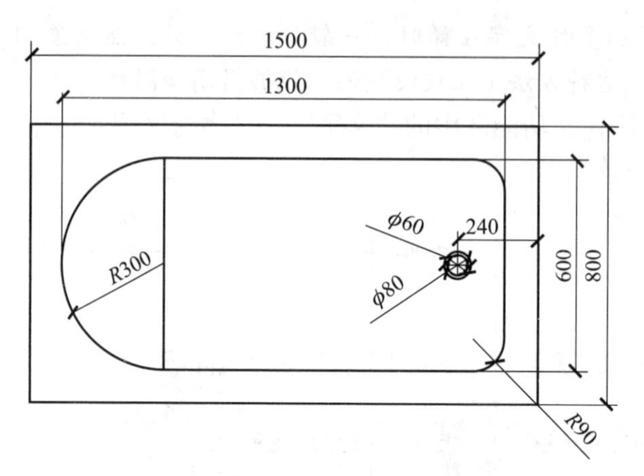

图 3–1–21　浴盆标注效果图

三、实施任务

【步骤 1】先打开一个浴盆图，如图 3–1–22 所示。

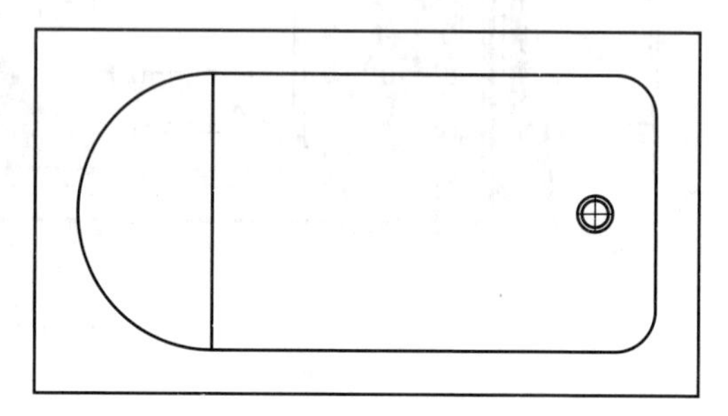

图 3–1–22　浴盆图

【步骤 2】打开“标注样式管理器”对话框，单击“修改”按钮，打开“修改标注样式：ISO–25”对话框，设置尺寸线和尺寸界线的颜色为“黑”，设置超出尺寸线为“18”，起点偏移量为“12”;选择“符号和箭头”选项卡，在“箭头”选项区域的第一个下拉列表中选择“建筑标记”选项，箭头大小设置为“60”；选择“文字”选项卡，设置“文字颜色”为“黑色”，“文字高度”为“45”，设置“从尺寸线偏移”为“18”，“文字对齐”为“与尺寸线对齐”。单击“确定”按钮，关闭“标注样式管理器”对话框。

【步骤 3】选择“注释”功能区中的“标注”→“线性”命令，标注所有的线性尺寸，如图 3–1–23 所示。

【步骤 4】选择“注释”功能区中的“标注”→“直径”命令，标注浴盆内部圆的直径，如图 3–1–24 所示。

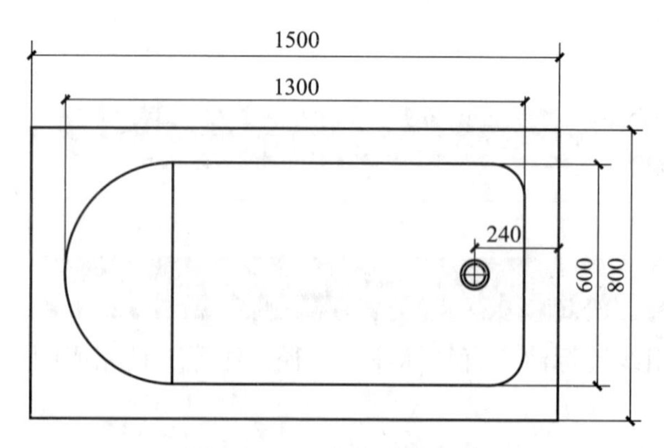

图 3–1–23　标注线性尺寸

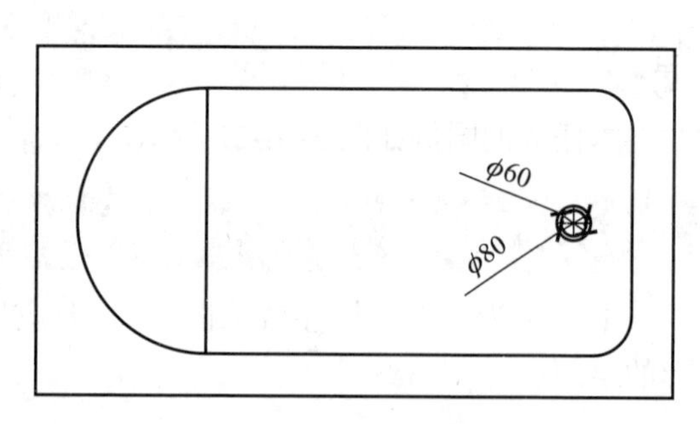

图 3–1–24　标注直径尺寸

【步骤 5】选择“注释”功能区“标注”→“半径”命令，标注浴盆内部圆角尺寸，如图 3-1-25 所示。

【步骤 6】完成浴盆整体标注效果，如图 3-1-26 所示。

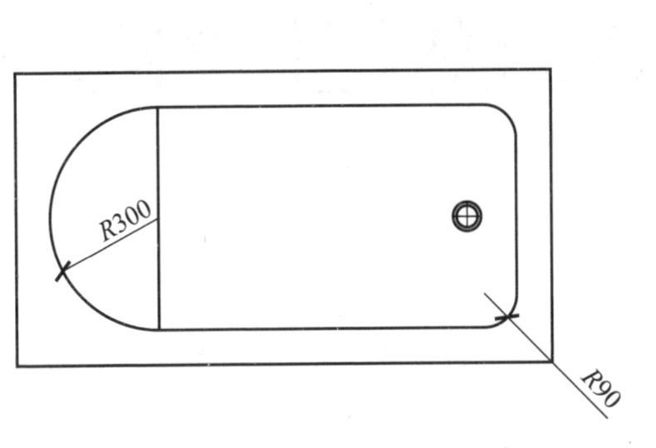

图 3-1-25　标注半径尺寸

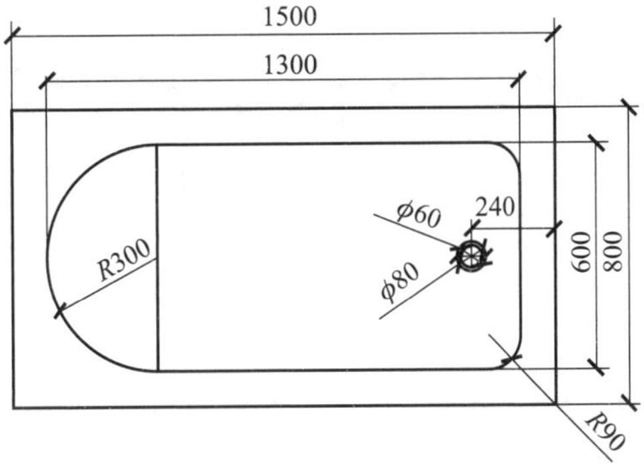

图 3-1-26　浴盆标注效果图

任务4　标注台灯图

学习目标 ⇨　了解并熟练掌握“线性标注”“对齐标注”“角度标注”“基线标注”等标注的使用。

一、明确任务

本任务的图例如图 3-1-27 所示。

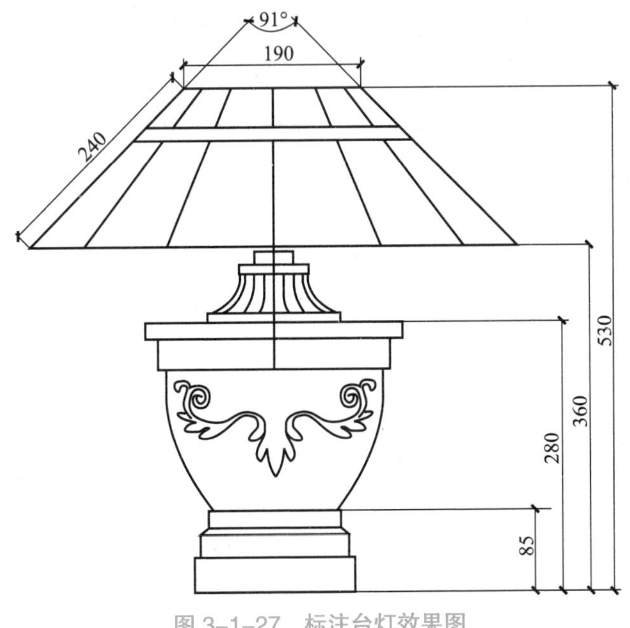

图 3-1-27　标注台灯效果图

二、分析任务

本图例为“标注台灯效果图”，主要应用标注样式、线性标注、对齐标注、基线标注、角度标注等工具完成图形的绘制。

三、知识储备

（1）线性标注：常用于标注两点之间的水平距离或垂直距离。通过指定两个点来完成标注，线性标注是极限标注和连续标注的基础之一。

（2）对齐标注：可以标注某一条倾斜线段的实际长度。对齐标注是线性标注的一种特殊形式。

（3）基线标注：自同一基线处测量的多个标注。在基线标注之前，必须创建线性、对齐或角度标注。

（4）角度标注：可以测量两条直线之间的角度、三点之间的角度，或者圆、圆弧的角度。

四、实施任务

【步骤 1】打开一个台灯图，如图 3–1–28 所示。

【步骤 2】打开“标注样式管理器”对话框，单击“修改”按钮，打开“修改标注样式”对话框，设置尺寸线和尺寸界线的颜色为“黑色”，超出尺寸线为“6”、起点偏移量为“3”；选择“符号和箭头”选项卡，在“箭头”选项区域中选择“建筑标记”选项；选择“文字”选项卡，设置“文字颜色”为“黑色”，“文字高度”为“8”，单击“确定”按钮，返回到“标注样式管理器”对话框，关闭该对话框。

【步骤 3】选择“注释”功能区中的“标注”→“线性”命令，标注台灯底座尺寸，如图 3–1–29 所示。

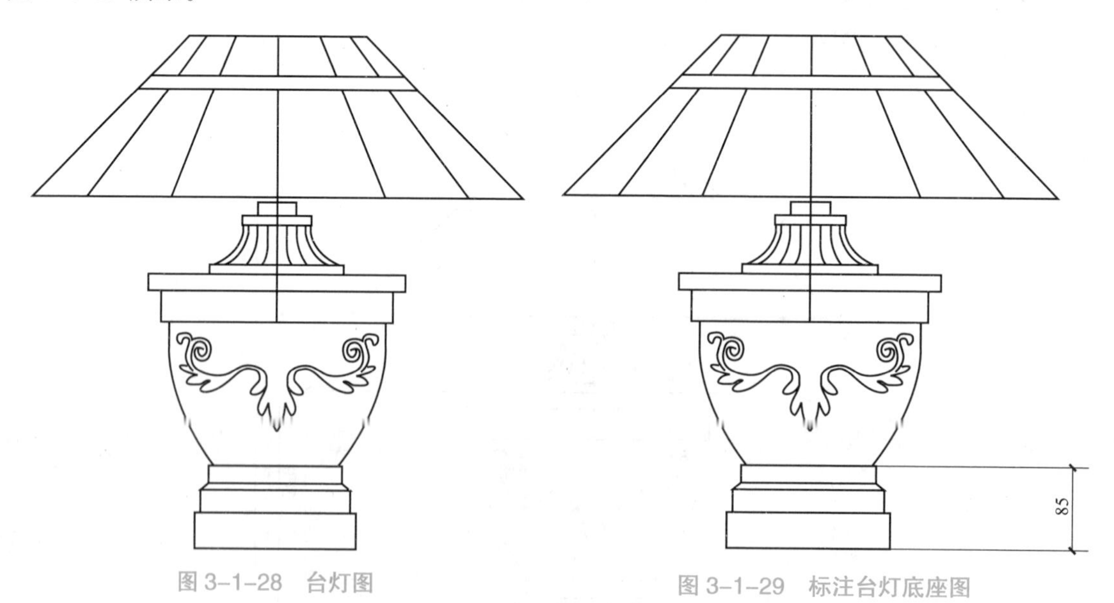

图 3–1–28　台灯图　　　图 3–1–29　标注台灯底座图

【步骤 4】选择“注释”功能区中的“标注”→“基线”命令，依次标注台灯各个高度尺寸，并利用延伸线段的端点调整所标注尺寸的位置，如图 3–1–30 所示。

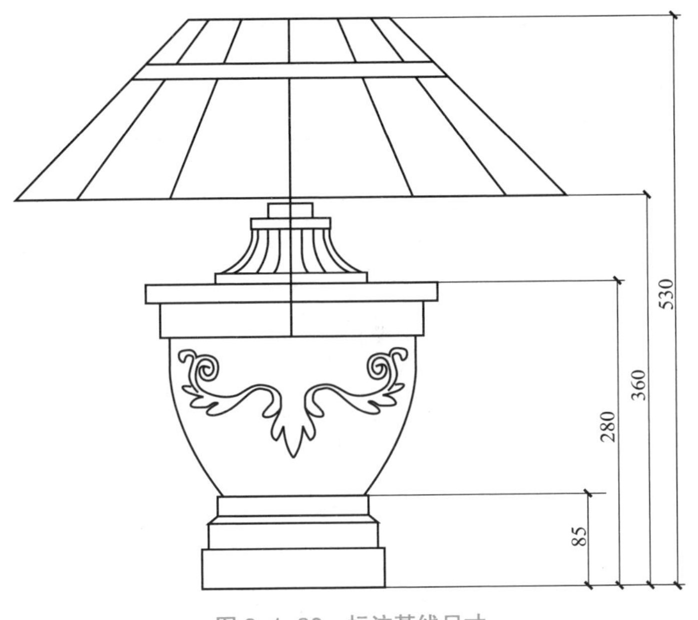

图 3–1–30　标注基线尺寸

【步骤 5】选择“注释”功能区中的“标注”→“线性”命令，标注台灯灯罩顶端直线长度，如图 3–1–31 所示。

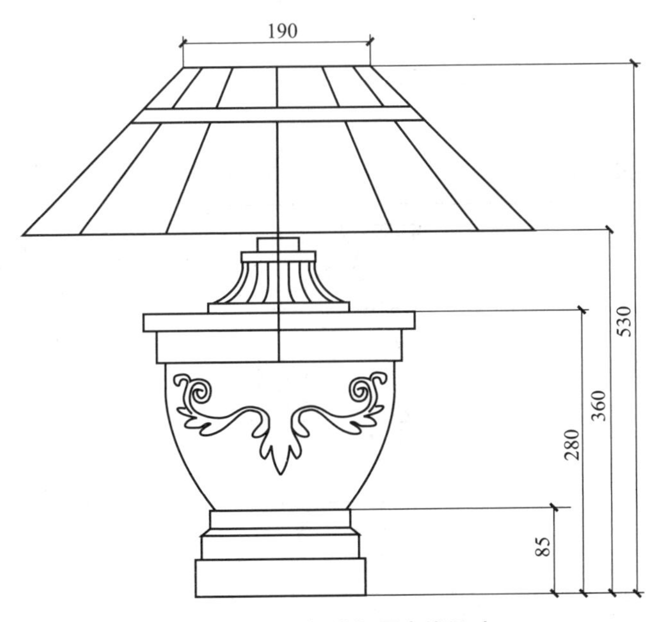

图 3–1–31　标注灯罩直线尺寸

【步骤 6】选择“注释”功能区中的“标注”→“对齐”命令，标注台灯灯罩倾斜直线的尺寸，如图 3–1–32 所示。

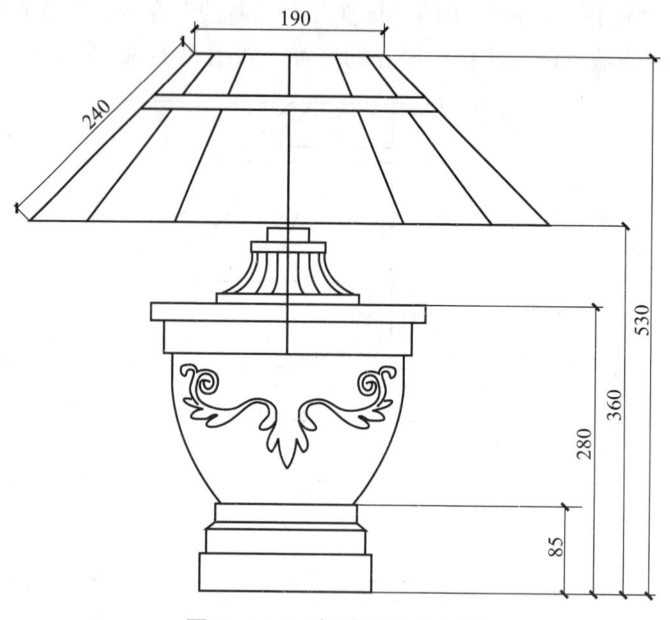

图 3-1-32　标注对齐尺寸图

【步骤 7】选择“标注”→“角度”命令，标注灯罩的倾斜角度，完成台灯整体标注，效果如图 3-1-33 所示。

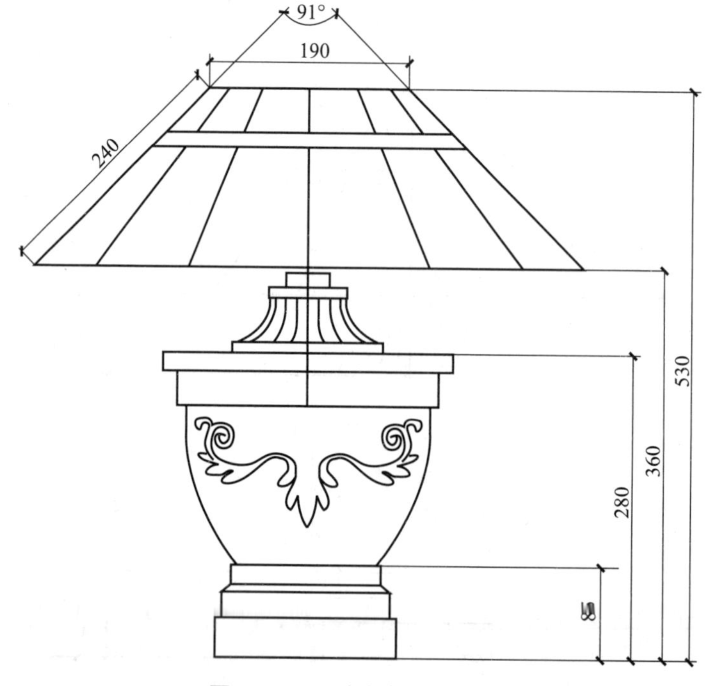

图 3-1-33　台灯标注效果图

任务5　标注房间平面图

学习目标 ⇨ 熟练掌握文字样式的设置，以及“线性标注”“连续标注”“基线标注”等的使用。

一、明确任务

本任务的图例如图 3-1-34 所示。

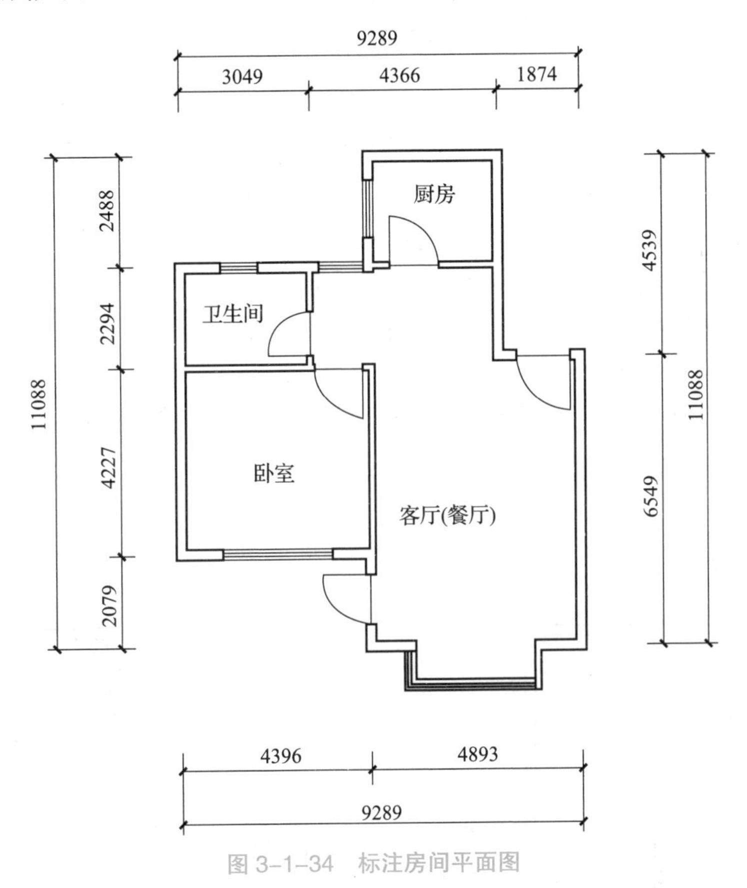

图 3-1-34　标注房间平面图

二、分析任务

本图例为“标注房间平面图”，主要应用“标注样式”“文字样式”“线性标注”“连续标注”等工具完成图形的绘制。

三、实施任务

【步骤 1】打开一个房间平面图，如图 3-1-35 所示。

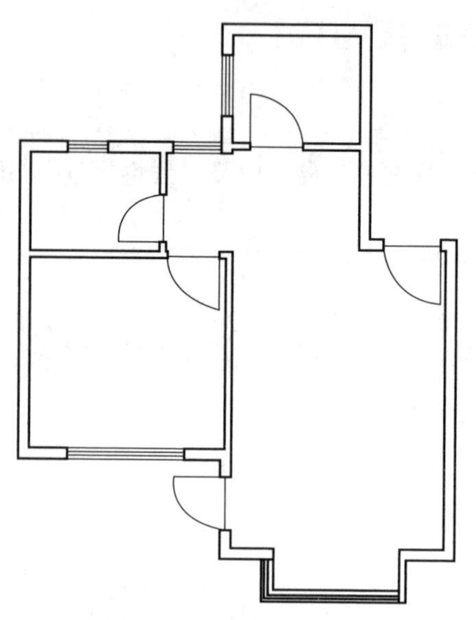

图 3–1–35　房间平面图

【步骤 2】打开“标注样式管理器”对话框，单击“修改”按钮，打开“修改标注样式”对话框，将各项内容修改为合适的样式，对房间平面图进行标注。

【步骤 3】选择“注释”功能区中的“标注”→“线性”命令，先标注房间平面图中的一段尺寸，如图 3–1–36 所示。

【步骤 4】再分别利用“连续标注”“基线标注”工具，标注同一面的同排尺寸，如图 3–1–37 所示。

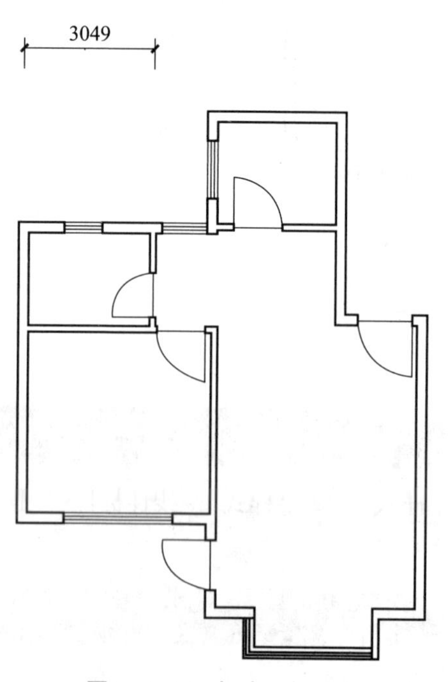

图 3–1–36　标注一段尺寸

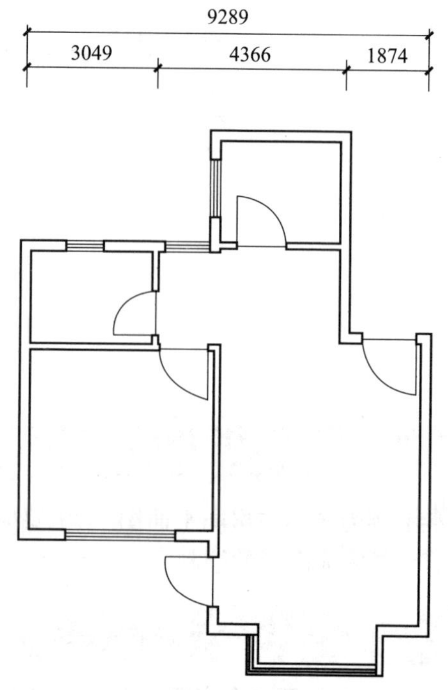

图 3–1–37　标注同一面的同排尺寸

【步骤 5】按照上述操作方法，标注房间平面图中另外 3 个面的尺寸，如图 3-1-38 所示。

【步骤 6】选择“注释”功能区中的“文字”→“管理文字样式”命令，弹出“文字样式”对话框，单击“新建”按钮，打开“新建文字样式”对话框，设置“字体”为“宋体”，文字高度为“300”。

【步骤 7】选择“注释”功能区中的“文字”→“多行文字（或单行文字）”命令，在“房间平面图”中标注相对应的房间名称，如图 3-1-39 所示。

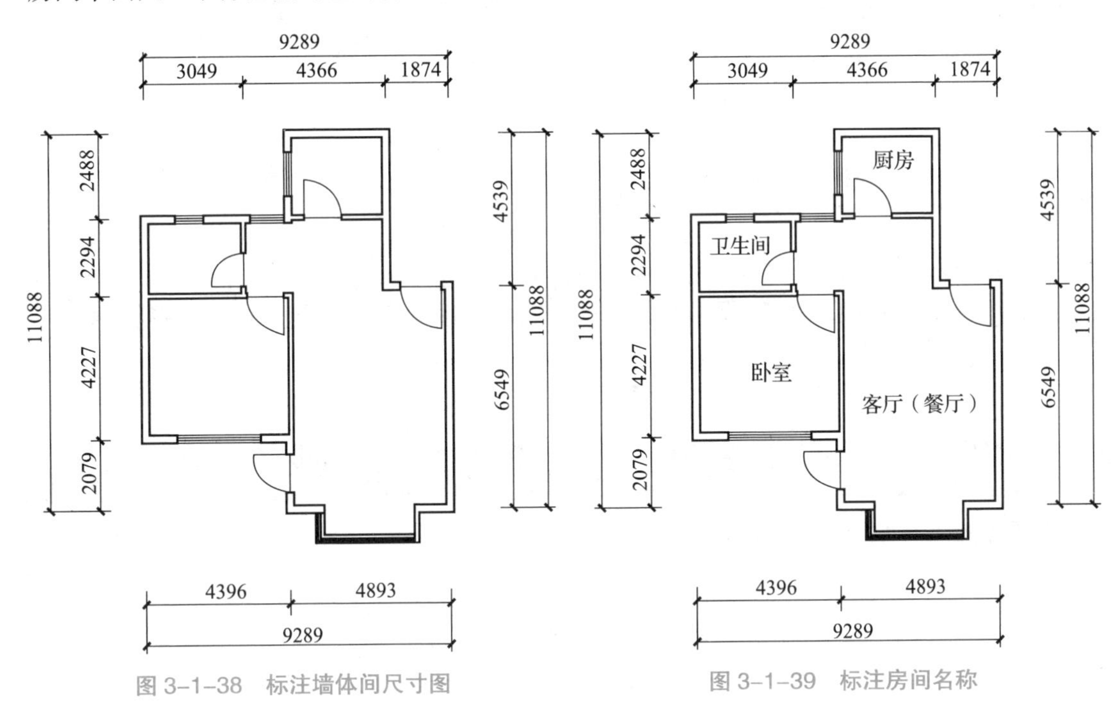

图 3-1-38　标注墙体间尺寸图

图 3-1-39　标注房间名称

项目 2　建筑平面图

本项目主要介绍建筑绘图中最基本的建筑平面图的绘制方法和技巧，使读者了解建筑平面图的设计规范和要求。

任务1　绘制厨房平面图

学习目标 ⇨ 通过绘制厨房平面图，掌握多线、偏移、修剪、圆、线性标注等功能的应用。

一、明确任务

本任务的图例如图 3-2-1 所示。

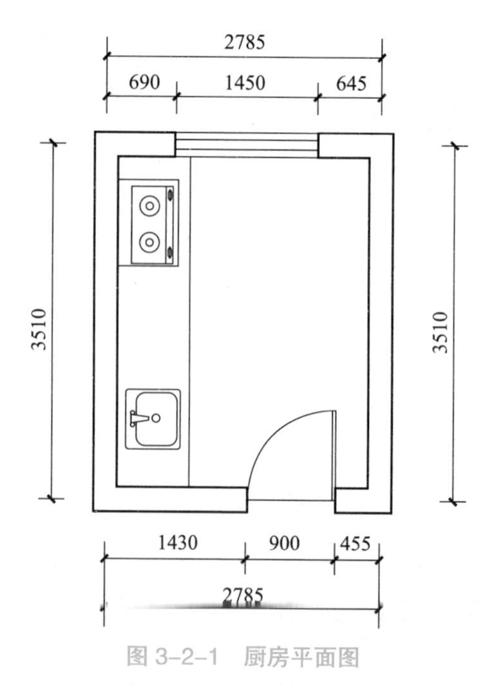

图 3-2-1　厨房平面图

二、分析任务

本图例利用直线、偏移、多线、圆、线性标注等工具完成图形的绘制。

三、知识储备

1. 设置图层

单击“默认”功能区“图层”选项板中的“图层特性”图标，打开“图层特性管理器”面板，添加图层，并对图层颜色、线型、线宽进行设置，如图 3–2–2 所示。

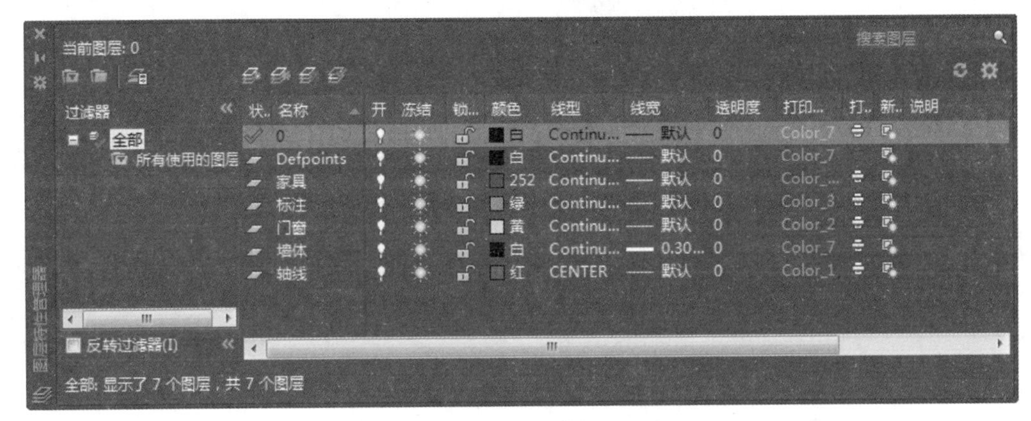

图 3–2–2 设置图层

【友情提示】如图 3–2–2 所示，图层“Defpoints”并不是用户创建的，大家不难注意到，自己画着图就多了一个 Defpoints 图层，很多用户不知道这个图层的作用是什么，而且如果将图形放到这个图层上，会给打印带来很多困扰。其实与 0 图层一样，Defpoints 是由 CAD 自动生成的一个图层，而且有比较特别的特性。只要创建过标注，CAD 就会自动创建 Defpoints 图层，此图层用于放置标注的定义点。那么什么是标注的定义点？实际上就是标注上的几个关键点，用于定义和调整标注，在对象捕捉时启用“节点”功能，捕捉到的标注的节点就是定义点。Defpoints 的特殊性并不在于它是 CAD 自动创建的，而是在于此图层默认被设置为“不打印”，而且在图层管理器中无法改变这个设置，这一点在浩辰 CAD 或 AutoCAD 都是一样的。如果将图形不慎放到这个图层上，打印时这些图形肯定会消失。如果只是简单将某些独立的图形放置到此图层上，直接选择这些图形后再选择一个新图层，把它们移动到其他图层就可以了。

2. 多线

AutoCAD 2016 中的多线由 1~16 条平行线组成，多线中的平行线被称为元素。在绘制多线时，用户可以使用包括两个元素的 STANDARD 样式，也可以指定一个之前创建的命名样式，创建的命名样式主要用来控制多线元素的数量和每个元素的特性。

（1）多线样式：在绘制多线之前，一般可以先根据设计要求在图形中创建和保存所需要的多线样式。多线样式的主要参数包括平行线的数量、平行线的颜色及其他特性、多线区域的填充颜色和末端封口等。在建筑平面图中，多线主要用于绘制墙体和窗户。

多线样式的设置：在命令行输入“MLSTYLE”（或 mlst），调出“多线样式”对话框，如图 3–2–3 所示，单击“新建”按钮，打开“创建新的多线样式”对话框，新样式名设置为“墙体”，如图 3–2–4 所示，单击“继续”按钮，系统弹出“新建多线样式：墙体”对话框，如图 3–2–5 所示。

同样的方式设置多线样式“窗户”，如图 3–2–6 所示，单击两次“添加”按钮，将偏移值分别改为“0.15”和“–0.15”，单击“确定”按钮。

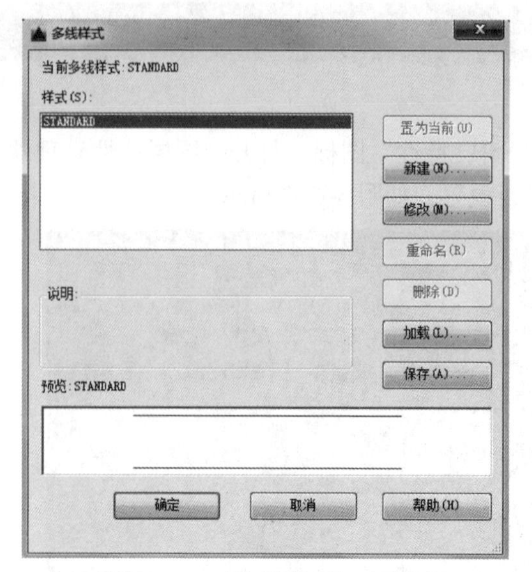

图 3–2–3　“多线样式”对话框

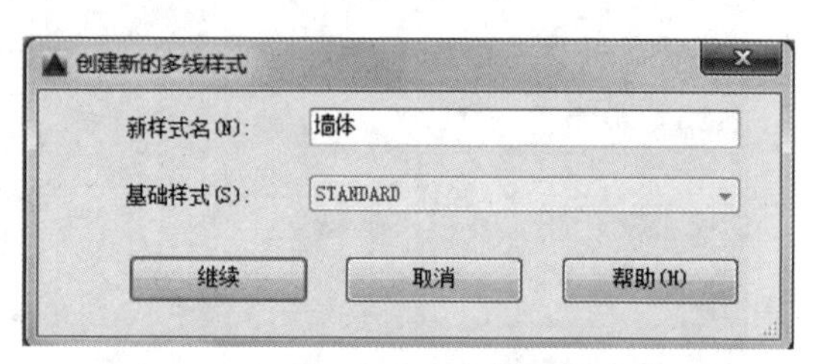

图 3–2–4　“创建新的多线样式”对话框

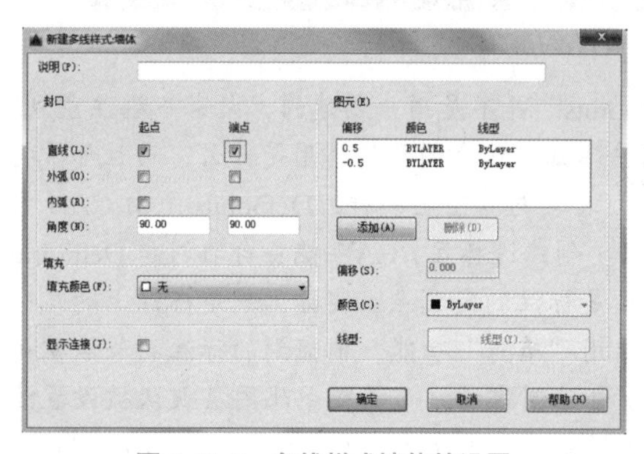

图 3–2–5　多线样式墙体的设置

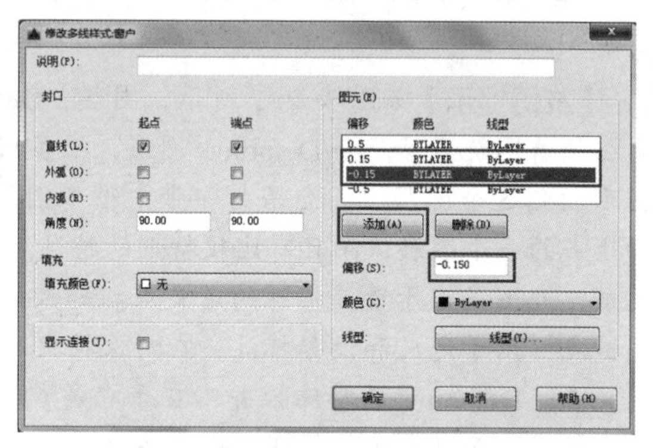

图 3–2–6　多线样式窗户的设置

（2）多线绘制：在命令行中输入“MLINE”（或 ml），按 Enter 键启动命令，命令行显示如下：

```
MLINE
当前设置：对正 = 上，比例 = 20.00，样式 = STANDARD
指定起点或 [对正（J）/ 比例（S）/ 样式（ST）]:
```

输入或用鼠标选定多线的起点，或者设置多线参数。

①设置对正方式，如图 3–2–7 所示。

启动绘制多线命令后，输入“j”，按 Enter 键，可以设置多线的对齐方式。

上（T）：该选项表示从左向右绘制多线时，多线上顶端的线将随着鼠标指针进行移动；从右向左绘制时则相反。执行该选项后，返回上一级命令行，需要继续指定起点或下一点，如图 3–2–7（a）所示。

无（Z）：选择该选项时，鼠标指针将随着多线的中间线移动（前提是多线样式设置时上下偏移数值相等），如图 3–2–7（c）所示。

下（B）：该选项与“上”选项的含义相反，如图 3–2–7（b）所示。

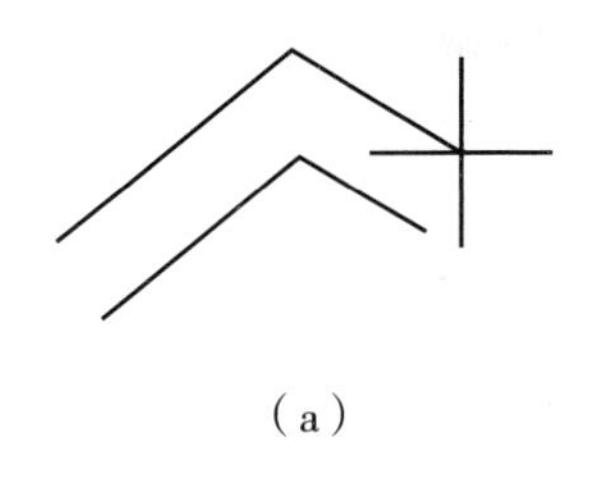

（a）

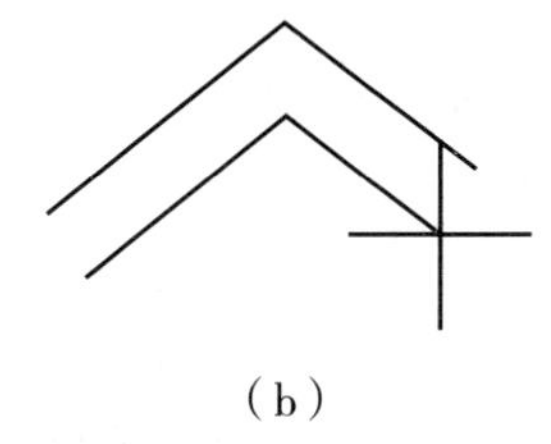

（b）

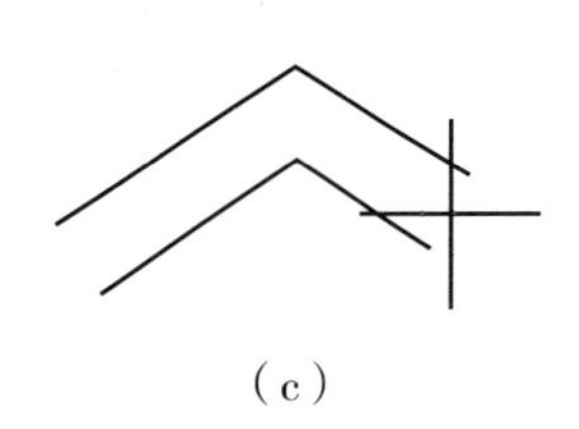

（c）

图 3–2–7　多线对正方式

②设置比例，如图 3–2–8 所示。

启动绘制多线命令后，输入“s”，按 Enter 键，可以设置多线的比例。根据样式中赋予的值来绘制多线时，比例决定了多线的“宽度”。例如，在一般情况下，多线样式中“图元”的最大偏移量保持默认（即 +0.5 和 –0.5），比例设置为“10”时，则两平行线之间的宽度即为 10mm。

（a）比例为 10　　（b）比例为 20　　（c）比例为 30

图 3–2–8　设置比例

③设置样式。启动绘制多线命令后，输入“st”，按 Enter 键，可以设置当前多线样式。输入多线样式的名称即可，此时如果输入“？”，系统则将显示出当前已加载的所有多线样式。

【友情提示】在 AutoCAD 新版本中，“草图与注释”工作空间下，“多线样式”和“多线”这两个命令在默认的“常用”选项卡的“绘图”面板中是找不到的。AutoCAD 并没有把所有命令都放到选项卡的相关面板中，但对于特殊需要，可以随时对面板中的工具内容进行调整，包括删除和添加。“多线”命令的快捷键是 ml；“多线样式”的快捷键是 mlst。

（3）多线编辑：绘制完多线以后，多线交会的地方需要对其进行“修整”，常见的样式一般有 3 种：“T”形、“十”字形、“L”形，如图 3–2–9 所示。这时，双击任意多线，就会弹出“多线编辑工具”对话框（MLEDIT），经常用到的样式如图 3–2–10 所示，选择相应的样式，对多线进行编辑。

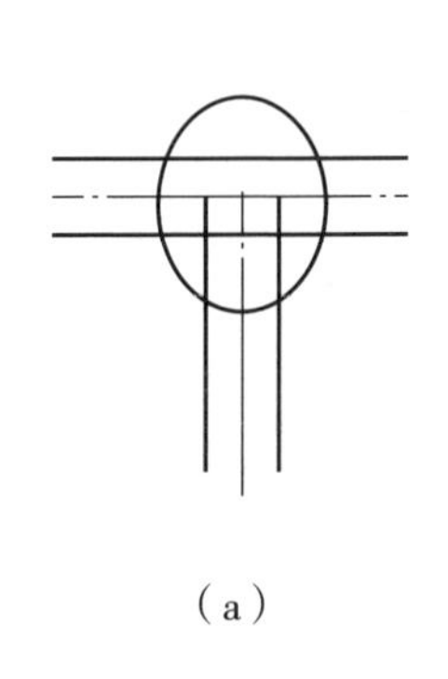

（a）

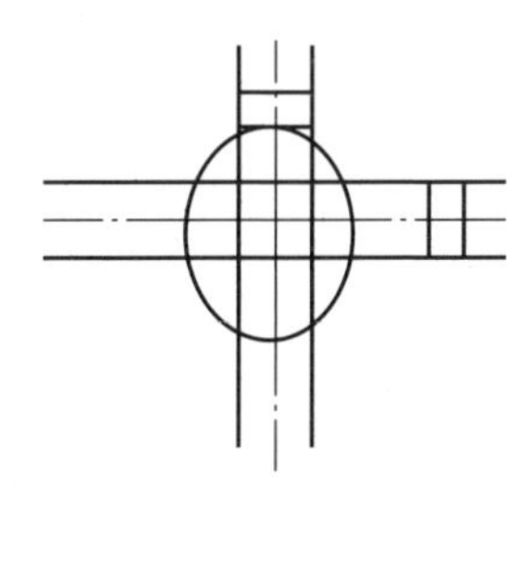

（b）

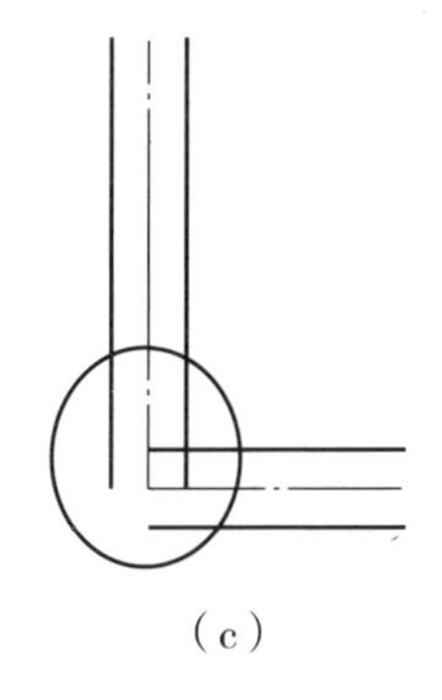

（c）

图 3–2–9　常见多线交会样式

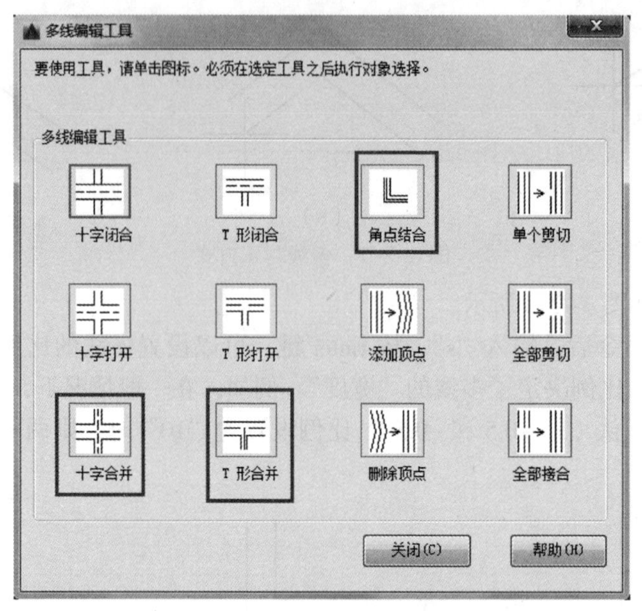

图 3-2-10　多线编辑工具对话框

【友情提示】对于“T”形这种情况，选择多线的顺序不能颠倒，如图 3-2-11 所示。

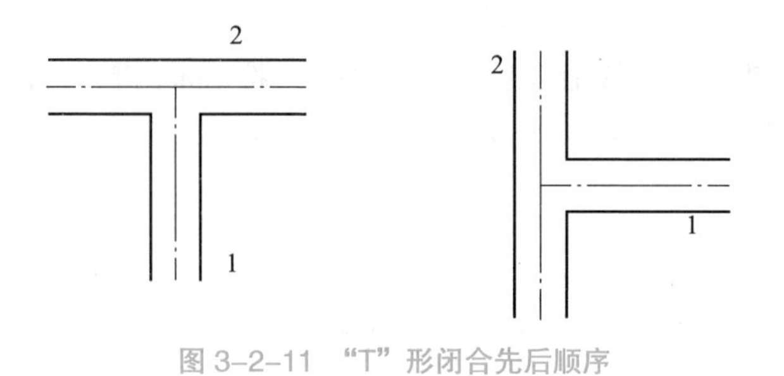

图 3-2-11　“T”形闭合先后顺序

四、实施任务

【步骤 1】将“轴线”图层置为当前层，绘制轴线，水平长度为 2785mm，垂直长度为 3510mm，如图 3-2-12 所示。

图 3-2-12　绘制轴线

【步骤 2】用“修剪”工具修剪出门洞、窗洞；然后选择“墙体”图层，利用“多线”命令绘制墙体，比例设置为“240”，如图 3–2–13 所示。

【步骤 3】将“门窗”图层作为当前图层，在命令行输入“MLS”，打开“多线样式”对话框，新建多线样式“窗户”，使用“多线”命令（ML）绘制“窗户”，如图 3–2–14 所示。

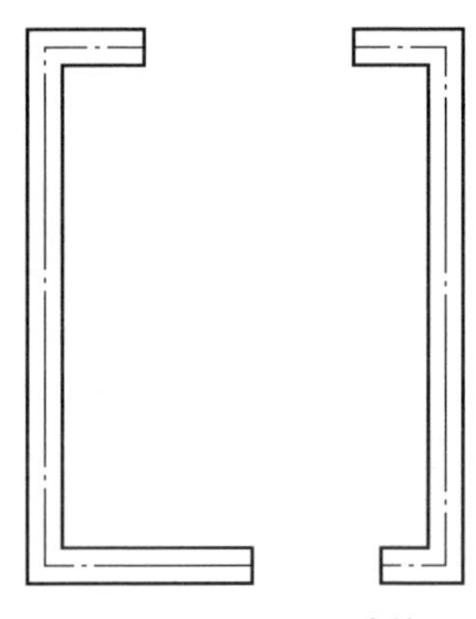

图 3–2–13　绘制墙体

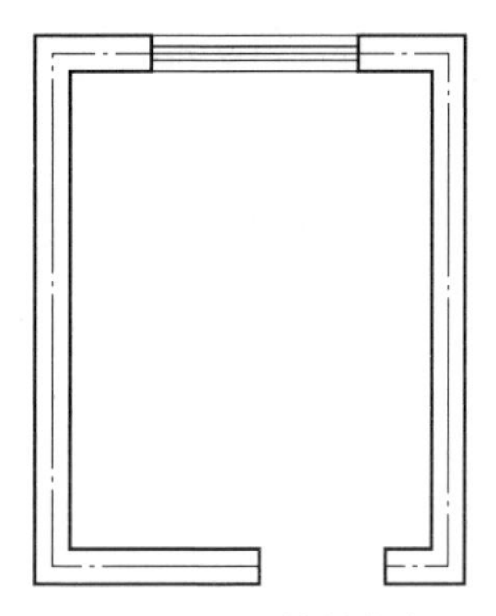

图 3–2–14　绘制窗户

【步骤 4】在门的位置插入图块“门”，并调整门的大小和方向，如图 3–2–15 所示。

【友情提示】可以提前将“门”绘制出来，并将其创建成“块”，然后通过“插入块”的方式，将门插入进来。在插入的时候，要注意门的大小和开启方向。

【步骤 5】选择“默认”功能区“修改”→“偏移”命令，将最左边的轴线向右偏移 840mm，并将其改为“家具”图层，将“家具”图层置为当前图层，绘制出厨房台面，然后分别选择“默认”功能区“绘图”选项板中的“直线”“矩形”“圆”命令，绘制出水槽和炉灶，并将图形调整到合适位置，如图 3–2–16 所示。

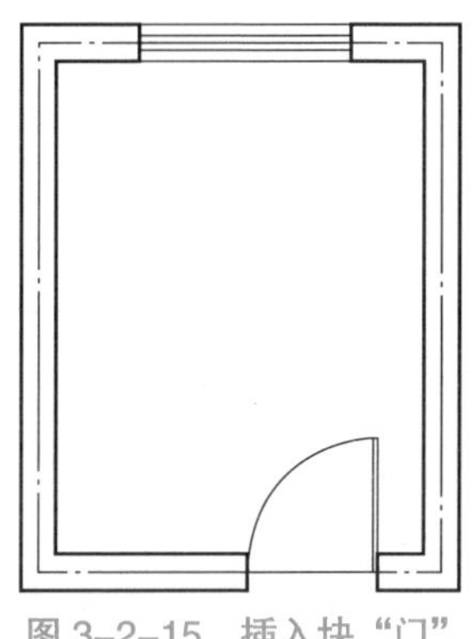

图 3–2–15　插入块“门”

【步骤 6】分别选择“注释”功能区“标注”下的“线性标注”“连续标注”“基线标注”命令标注出尺寸，完成“厨房平面图”的绘制，如图 3–2–17 所示（可以将“轴线”图层关闭）。

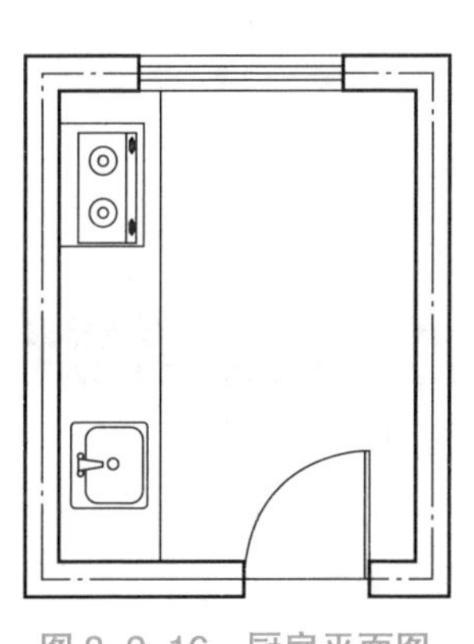

图 3–2–16　厨房平面图

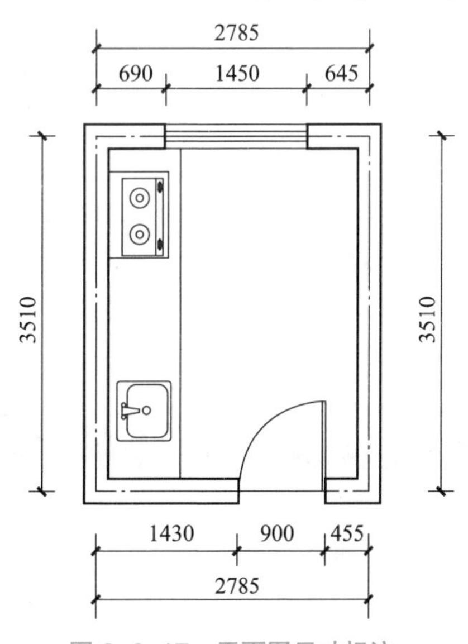

图 3–2–17　平面图尺寸标注

任务2　绘制居家平面图

学习目标 ⇨ 通过绘制居家平面图，熟练掌握多线、偏移、修剪、圆、线性标注、连续标注等功能。

一、明确任务

本任务的图例如图 3–2–18 所示。

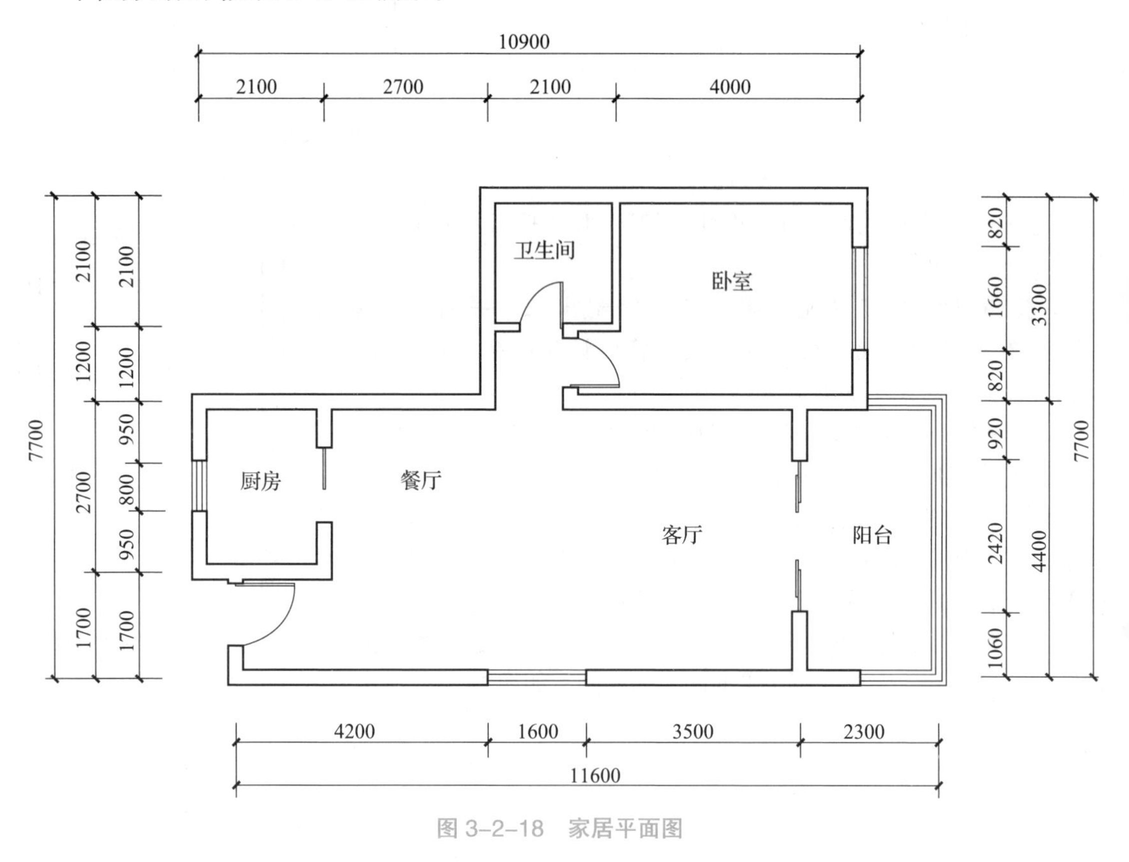

图 3–2–18　家居平面图

二、分析任务

本图例利用直线、偏移、多线、线性标注、连续标注、基线标注等工具，完成图形的绘制。

三、知识储备

（1）绘制图形界限，在绘制平面户型图时，首先要绘制图形界限。

（2）设置轴线比例。

四、实施任务

【步骤 1】打开“建筑平面图”样板文件。将“轴线”图层置为当前图层，绘制轴线，水平长度为 11600mm，垂直长度为 7700mm，选择“默认”功能区“修改”→“偏移”命令，偏移出每条轴线的位置，如图 3–2–19 所示。

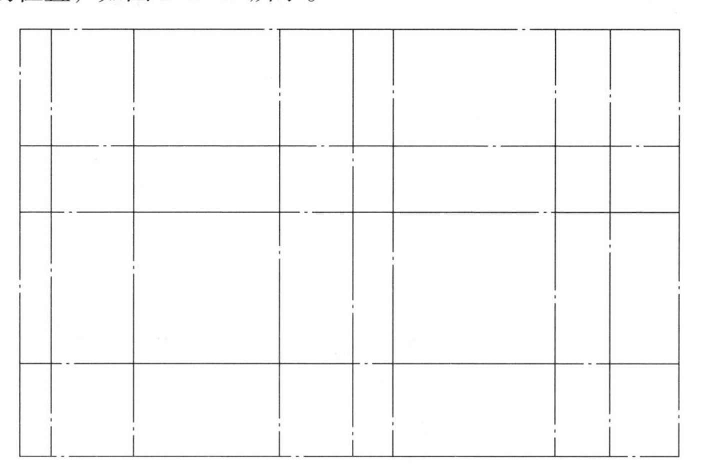

图 3–2–19　绘制轴线

【友情提示】将图层设置、文字样式设置、标注样式设置等保存为“建筑平面图”样板文件（格式为 ⋆.dwt），然后每次工作的时候，新建文件选定自己的样板，这样就可以快速投入工作，不需要每次设置。

【步骤 2】选择“默认”功能区“修改”→“修剪”命令，修剪不必要的轴线，如图 3–2–20 所示。

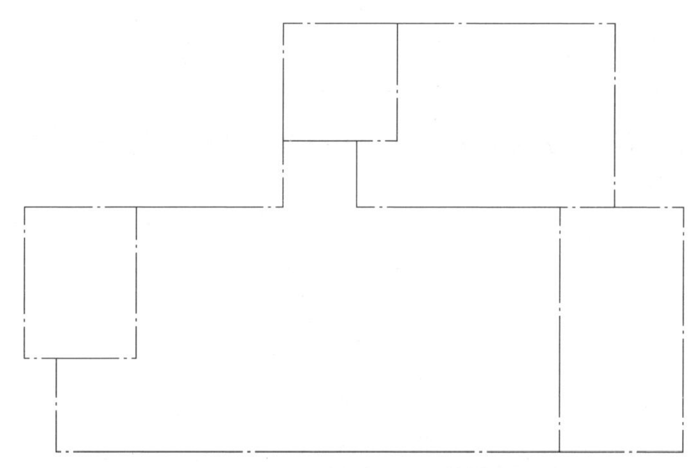

图 3–2–20　修剪不必要的轴线

【步骤 3】根据图 3–2–18 家居平面图的标注尺寸，开好“门洞”和“窗洞”，如图 3–2–21 所示。

【步骤 4】绘制“墙体”。将“墙体”图层置为当前图层，利用“多线”命令绘制墙体，外墙比例设置为“240”，卫生间墙体比例设置为“120”，对齐方式设置为“无”，如图 3–2–22 所示。

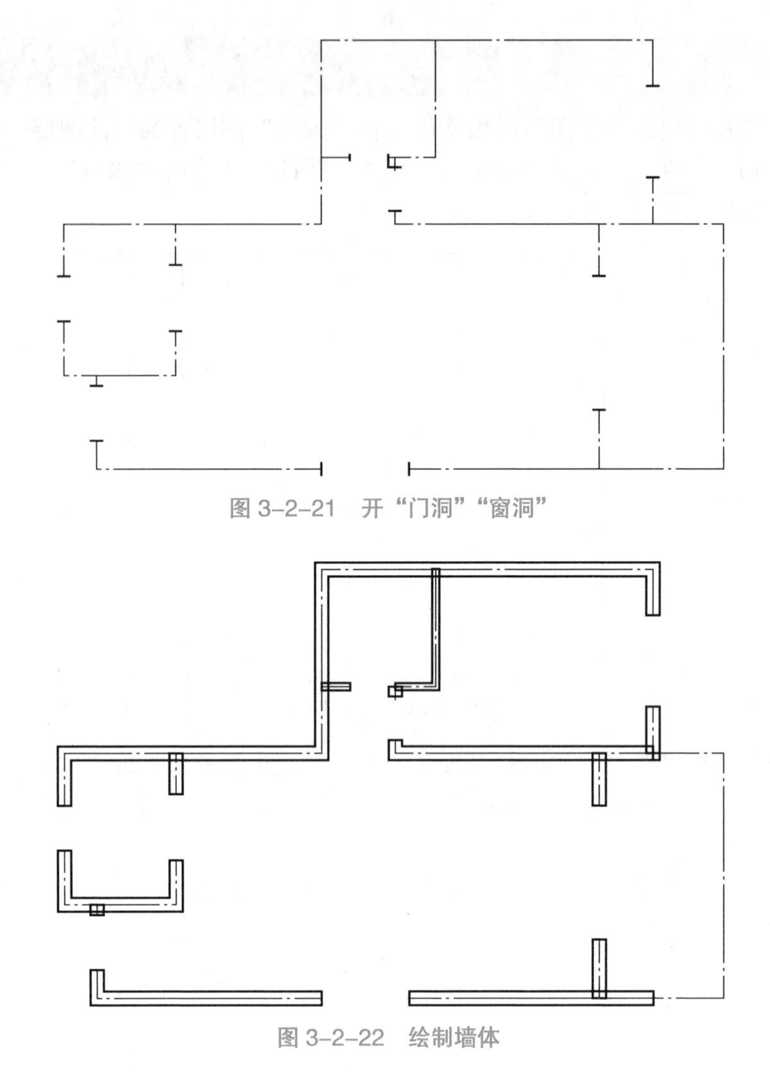

图 3-2-21　开“门洞”“窗洞”

图 3-2-22　绘制墙体

【友情提示】为了便于“多线编辑”，在绘制墙体的时候，在多线的交会处尽可能绘制成“T”字形、“十”字形或“L”形。

【步骤 5】编辑多线。将多线的交会处进行修改、编辑，如图 3-2-23 所示。

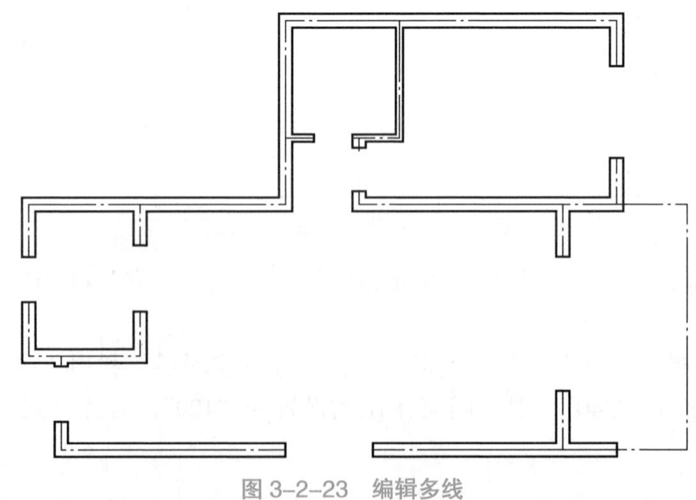

图 3-2-23　编辑多线

【步骤 6】将“门窗”图层作为当前图层，使用“多线”命令绘制“窗户”；通过插入图块“门”，将门插入到合适的位置，注意门的大小和开启方向，如图 3-2-24 所示。

【步骤 7】为家居平面图添加尺寸标注和文字。将尺寸“标注”图层置为当前图层，选择“注释”功能区“标注”选项板中的“线性标注”“连续标注”和“基线标注”为家居平面图添加尺寸标注。通过“注释”功能区“文字”选项板为家居平面图添加文字，如图 3-2-25 所示。

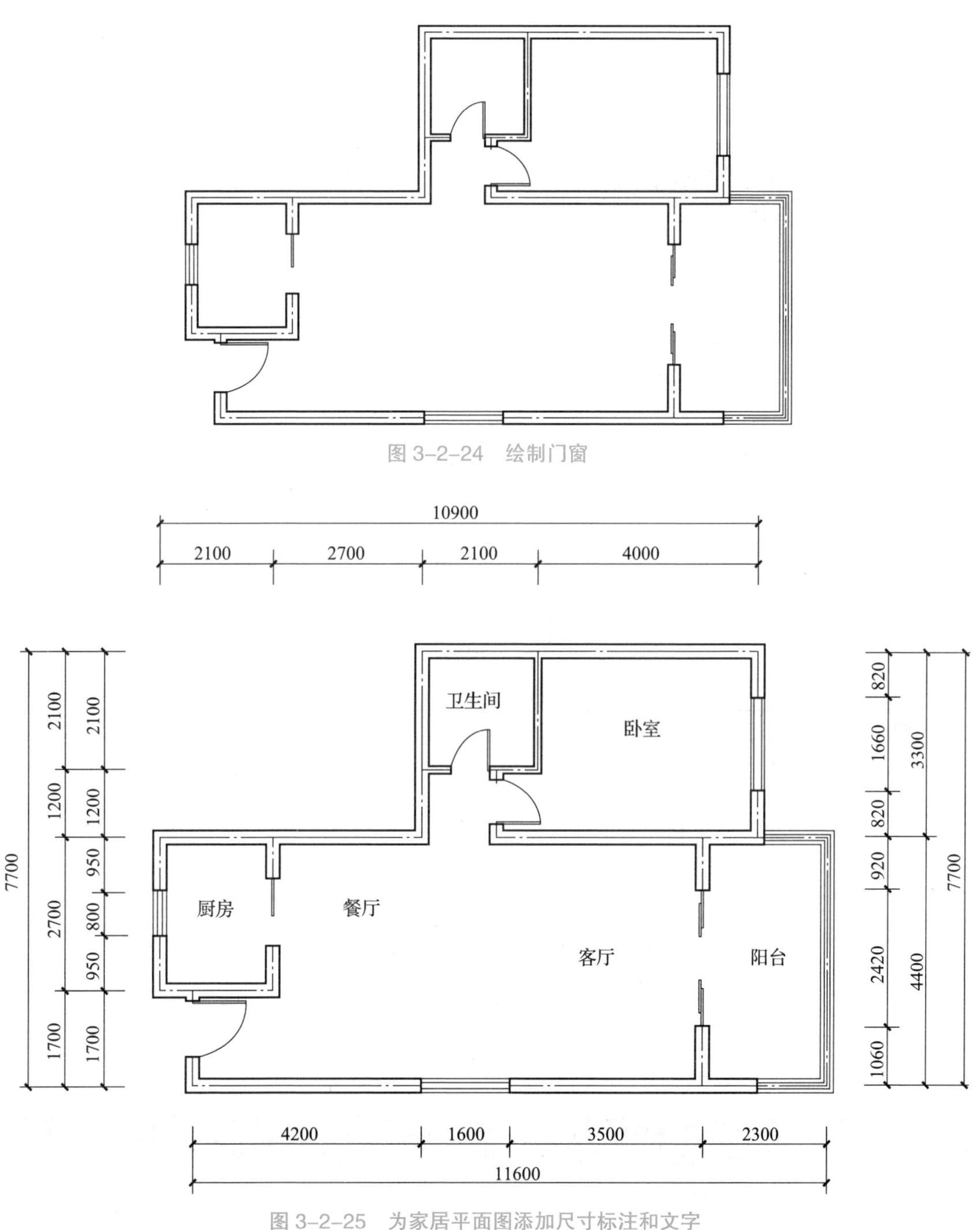

图 3-2-24　绘制门窗

图 3-2-25　为家居平面图添加尺寸标注和文字

【友情提示】建筑平面图的外部尺寸俗称“外三道”，即在标注建筑平面图的外部尺寸时，一般要标注三道。最外一道尺寸标注房屋水平方向的总长、总宽，称为总尺寸。中间一道尺寸标注房屋的开间、进深，称为轴线尺寸（一般情况下两横墙之间的距离称为“开间”；两纵墙之间的距离称为“进深”）。里边一道尺寸以轴线定位的标注房屋外墙的墙段及门窗洞口尺寸，称为细部尺寸。

任务3　绘制家居布局图

学习目标 ⇨　通过绘制家居布局图，学会打开文件、插入块、移动、复制等功能的应用。

一、明确任务

本任务的图例如图 3-2-26 所示。

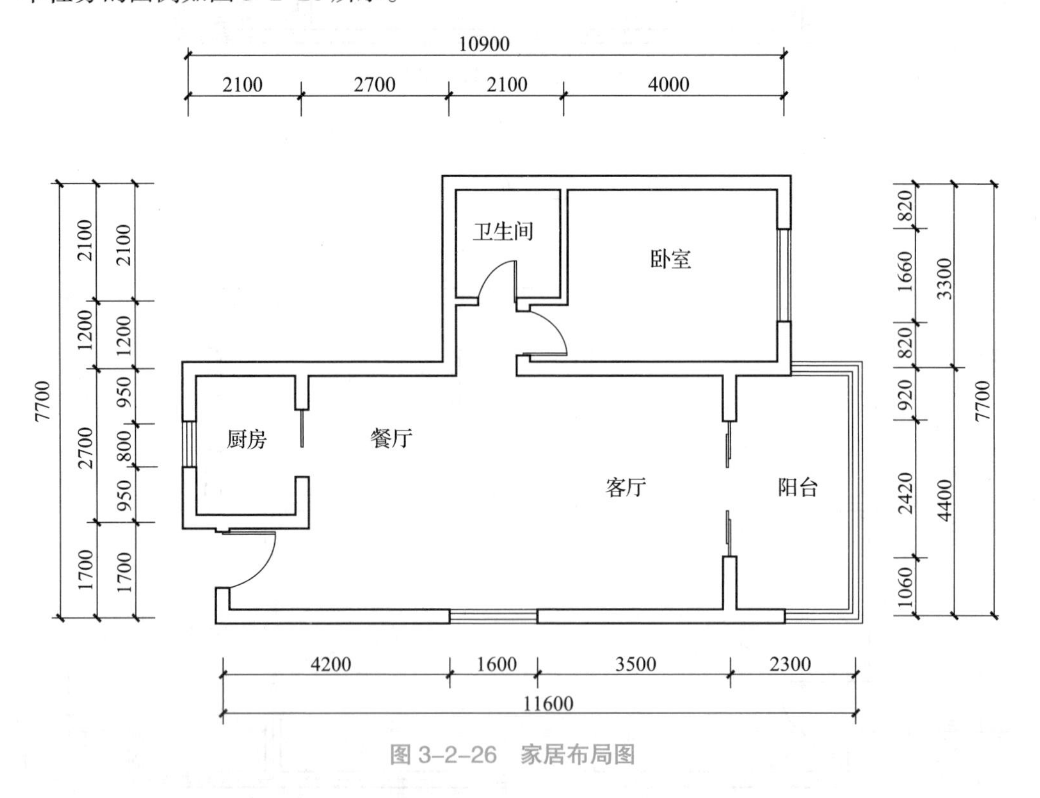

图 3-2-26　家居布局图

二、分析任务

家是一个充满亲情的地方，是人们生活的乐园，是人们避风的港湾。它是人们经历了一天的疲惫，回到家里给人们一种安全、轻松、愉悦、温馨的地方。因此，现代人越来越重视对“家”的设计，不仅要美观，更重要的是要舒适和便捷。家居布置图属于设计构思阶段，是一个关于功能分区、装饰风格、装饰内容和造价预算等内容的计划书。本图例属于典型的一室一厅，它的缺点是功能分区不够明确；过分公开，没有私密性（进门就看到客厅和阳台）。

三、知识储备

1. 优秀的室内布局应具备的条件

（1）房型好的住宅设计应体现舒适性、功能性、合理性、私密性、美观性和经济性。

（2）好的住宅布局在社交、功能、私人空间上应该有效分隔。

（3）一般来说，客厅、餐厅、厨房是住宅中的动区，应靠近入户门设置；卧室是静区，应比较深入；卫生间设在动区与静区之间，以方便使用。

2. 区分住宅的基本功能

一套住宅应具备六大基本功能，即起居、饮食、洗浴、就寝、储藏、工作学习，这些功能根据其开放程度可以大体分为公、私两区；根据其活动特点可以分为动、静两区。

（1）公共区：供起居、会客使用，如客厅、厨房、餐厅、门厅等。

（2）私密区：供处理私人事务、睡眠、休息用，如卧室、卫生间、书房等。

（3）动区：活动比较频繁，可以有较多的干扰源，如走廊、客厅、厨房等。

（4）静区：要求安静，活动相对比较少，如卧室、书房。

这些分区，各有明确的专门使用功能。在平面设计上，应明确处理这些功能区的关系，使之使用合理而不相互干扰。

3. 室内家具布置的注意事项

（1）家具布置，以“有效利用”空间为原则，缩短室内的交通路线，同时让室内通行顺畅。交通路线的布置不能过于靠近床位，避免对床位造成干扰。

（2）室内的活动空间宜在靠窗的一面，将沙发、桌椅等家具布置在这一可活动区域内，能营造一个阳光充足、通风顺畅的休闲阅读空间。

（3）室内家具的摆放效果要匀称，不同大小的家具分区摆放，营造整齐、均衡的层次感，给人舒适的视觉感受。同时要注意室内的大镜子不能正对着窗户，否则容易影响映像效果。

（4）家具与室内插座要相互联系，避免某些需要用电的电器电线过短而无法使用。

因此，室内家具摆放也是需要谨慎讲究的，无论是风水讲究还是视觉讲究，既美观又实用才是其最大的原则讲究。

四、实施任务

【步骤 1】从文件中打开一个家居平面图，如图 3–2–27 所示。

【步骤 2】将“家具”层置为当前层，使用“矩形”“直线”工具绘制“鞋柜”和“玄关隔断”，如图 3–2–28 所示。

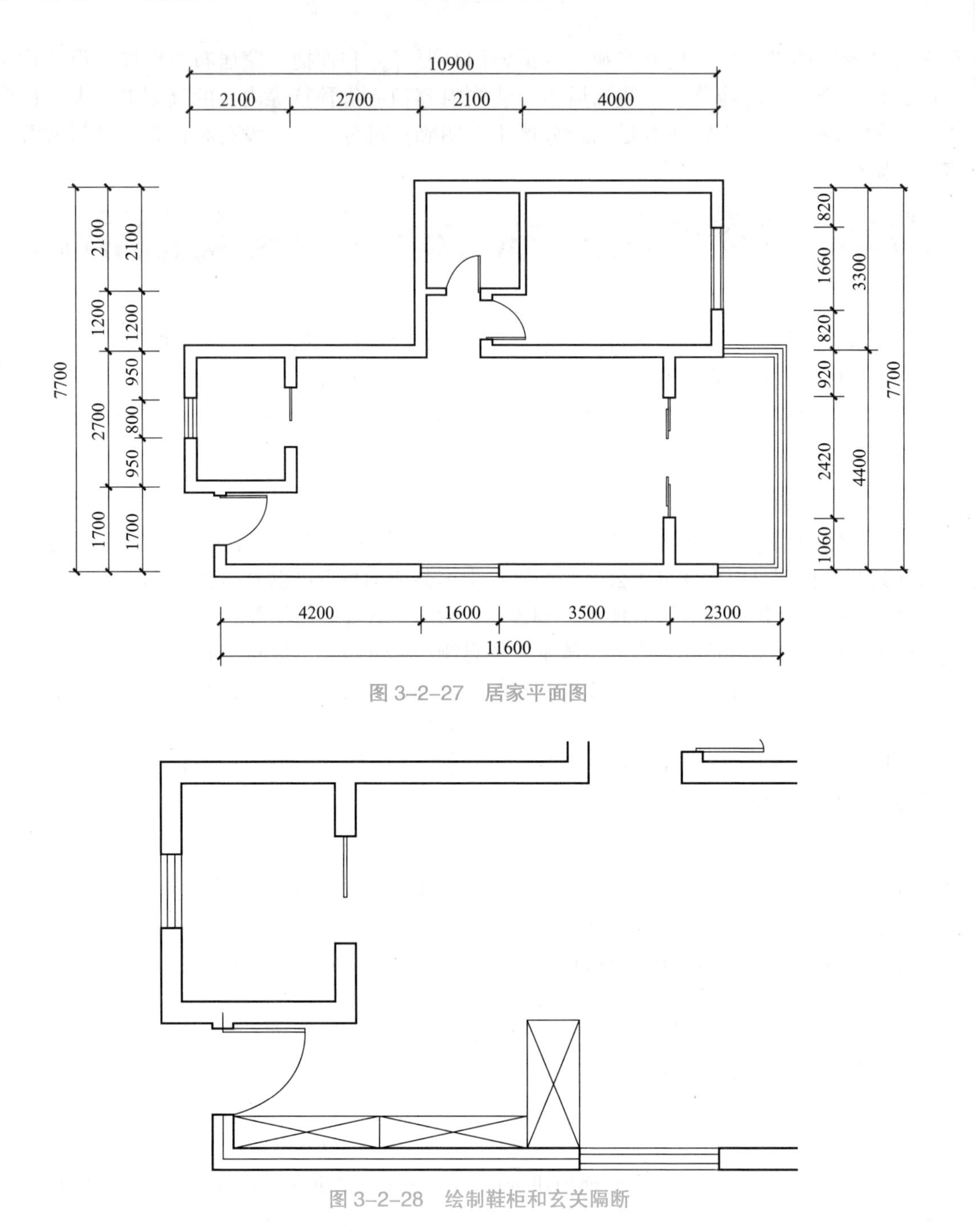

图 3–2–27　居家平面图

图 3–2–28　绘制鞋柜和玄关隔断

【友情提示】根据分析，可知厅比较大，且功能分区不够明确；进门可以看见客厅和阳台。因此，通过制作鞋柜和隔断，可以将大厅分隔成玄关、餐厅和客厅（后面通过布置餐厅、客厅，增强功能分区），既增加了储物空间，又有利于明确功能分区和对客厅的遮挡作用。

【步骤 3】使用“矩形”“直线”工具绘制餐厅“酒柜”；通过“插入”功能区中的“块”→“插入”命令将“餐桌”块插入到餐厅，如图 3–2–29 所示。

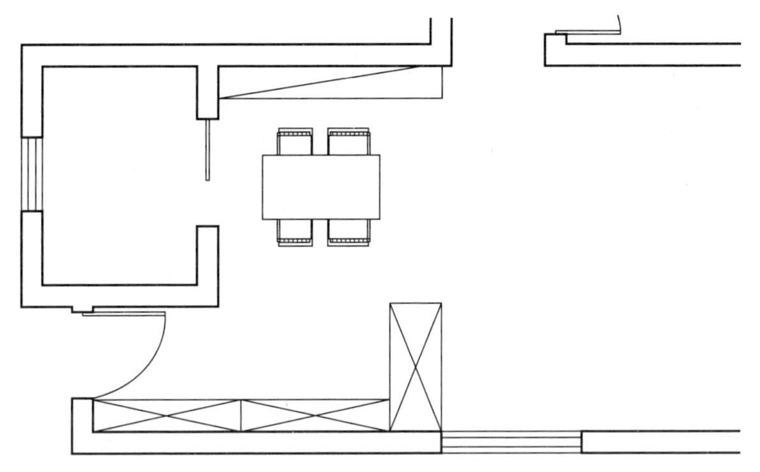

图 3-2-29　绘制酒柜和插入“餐桌”块

【友情提示】酒柜起到装饰和储物的作用；餐厅应尽可能靠近厨房，以免走位廊过长不方便。

【步骤 4】通过“插入”功能区中的“块”→“插入”命令将“电视柜”“沙发”等块插入到客厅，并调整好位置，如图 3-2-30 所示。

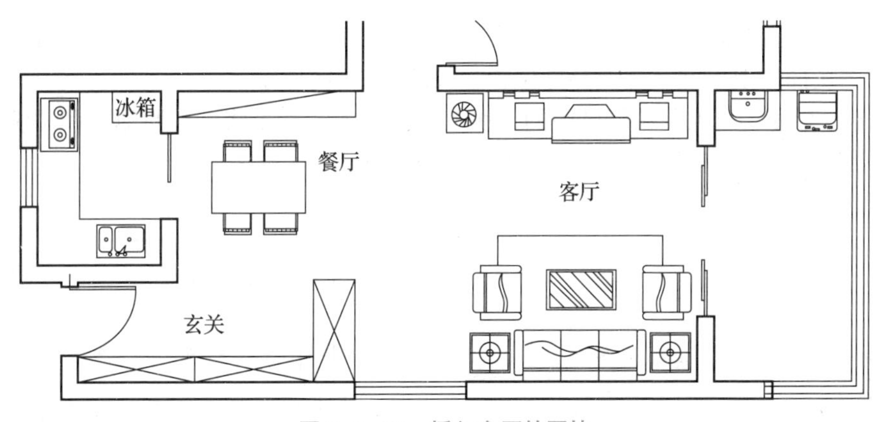

图 3-2-30　插入客厅的图块

【步骤 5】在厨房绘制“厨房台面”，通过“插入”功能区中的“块”→“插入”命令将“厨房水槽”“厨房灶台”和“冰箱”3 个图块插入到厨房，并调整好位置，如图 3-2-31 所示。

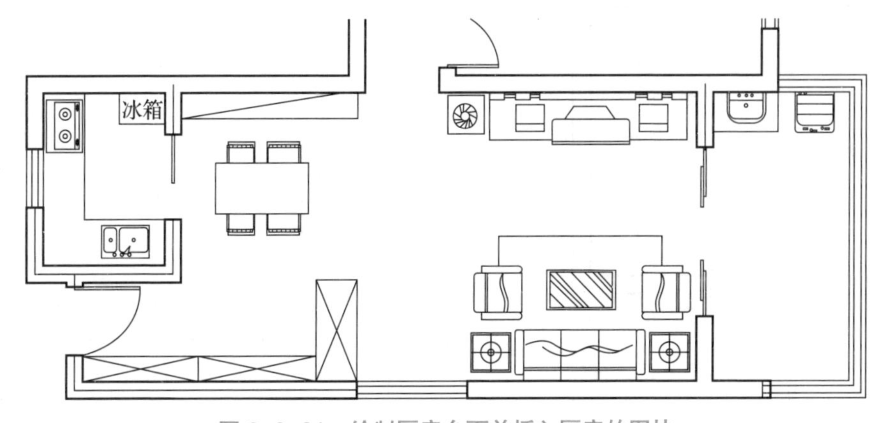

图 3-2-31　绘制厨房台面并插入厨房的图块

【步骤 6】通过"插入"功能区中的"块"→"插入"命令将"床""衣柜"和"座椅"3个图块插入卧室，调整好位置，并绘制书桌，如图 3-2-32 所示。

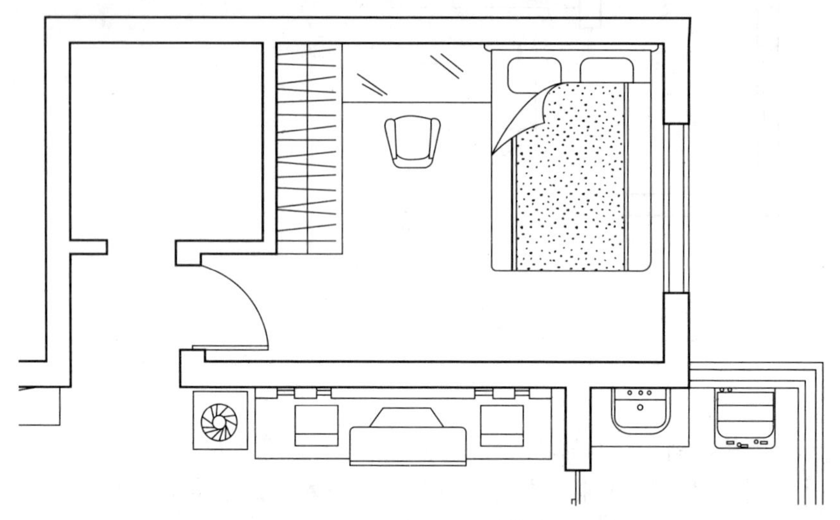

图 3-2-32 插入卧室的图块并绘制书桌

【步骤 7】通过"插入"功能区中的"块"→"插入"命令将"马桶""洗浴间"和"洗脸池"3 个图块插入卫生间，并调整好位置，如图 3-2-33 所示。

【步骤 8】通过"插入"功能区中的"块"→"插入"命令将"洗脸池"和"洗衣机"两个图块插入到阳台，并调整好位置，如图 3-2-34 所示。

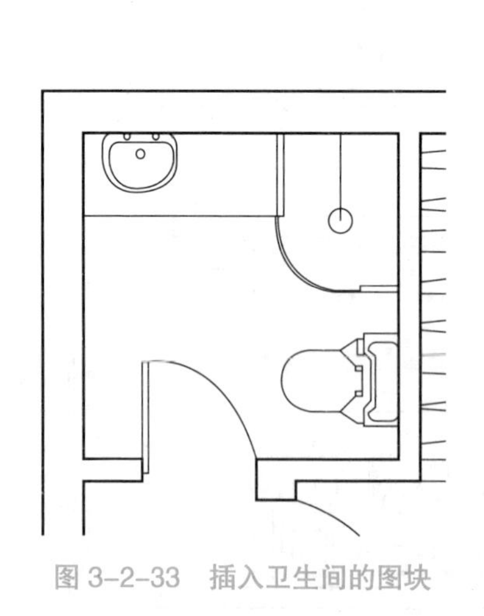

图 3-2-33 插入卫生间的图块

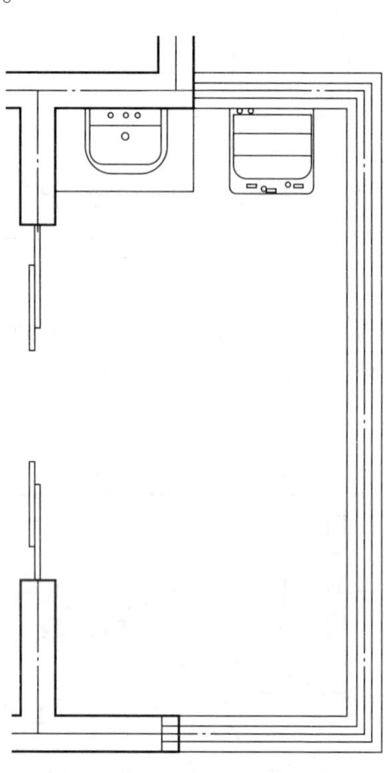

图 3-2-34 插入阳台图块

【友情提示】由于卫生间的空间有限，为了便于清洗衣物和晾晒，将洗衣机设置在阳台。

【步骤 9】为家居布置图添加文字说明，整体效果如图 3-2-35 所示。

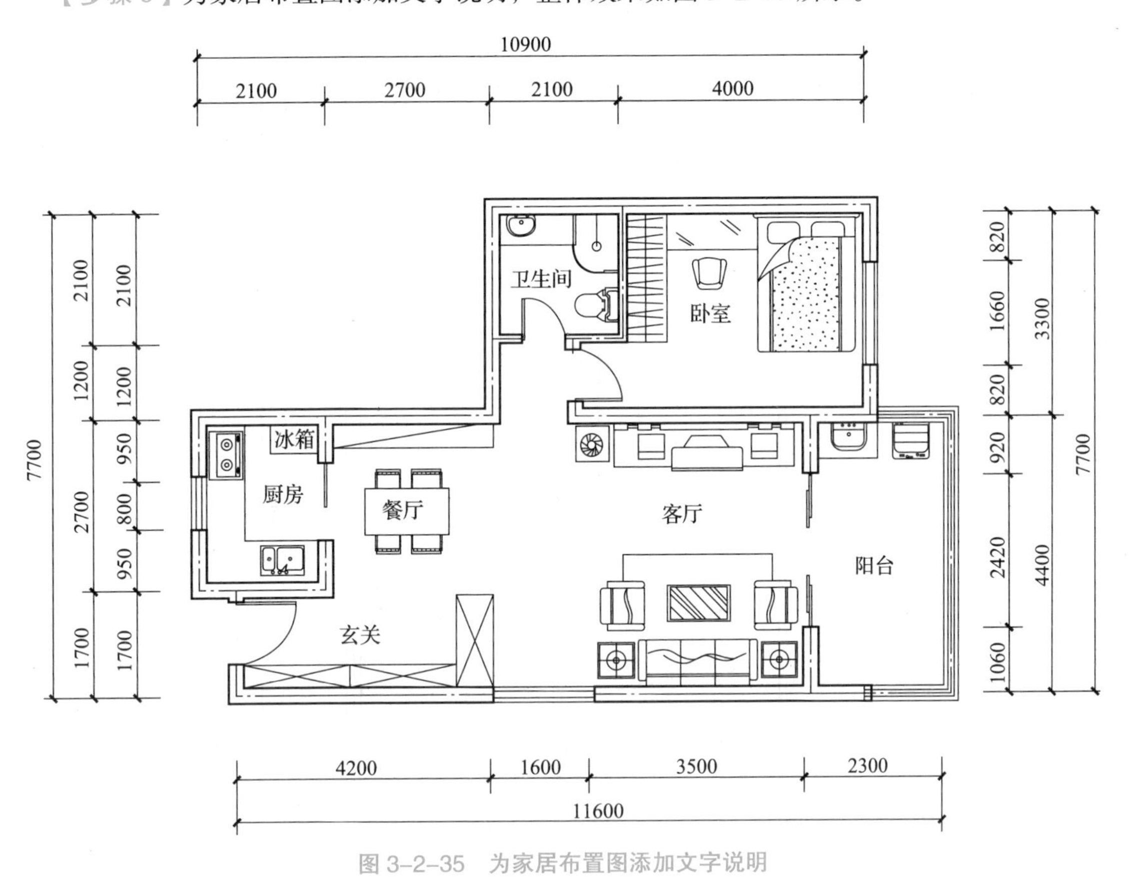

图 3-2-35　为家居布置图添加文字说明

任务4　绘制会议室平面图

学习目标 ⇨ 通过绘制会议室平面图，熟练掌握多线、偏移、镜像、修剪、圆、线性标注、连续标注等功能。

一、明确任务

本任务的图例如图 3-2-36 所示。

二、分析任务

本图例利用多线、偏移、修剪、圆角、镜像等工具完成图形的绘制。

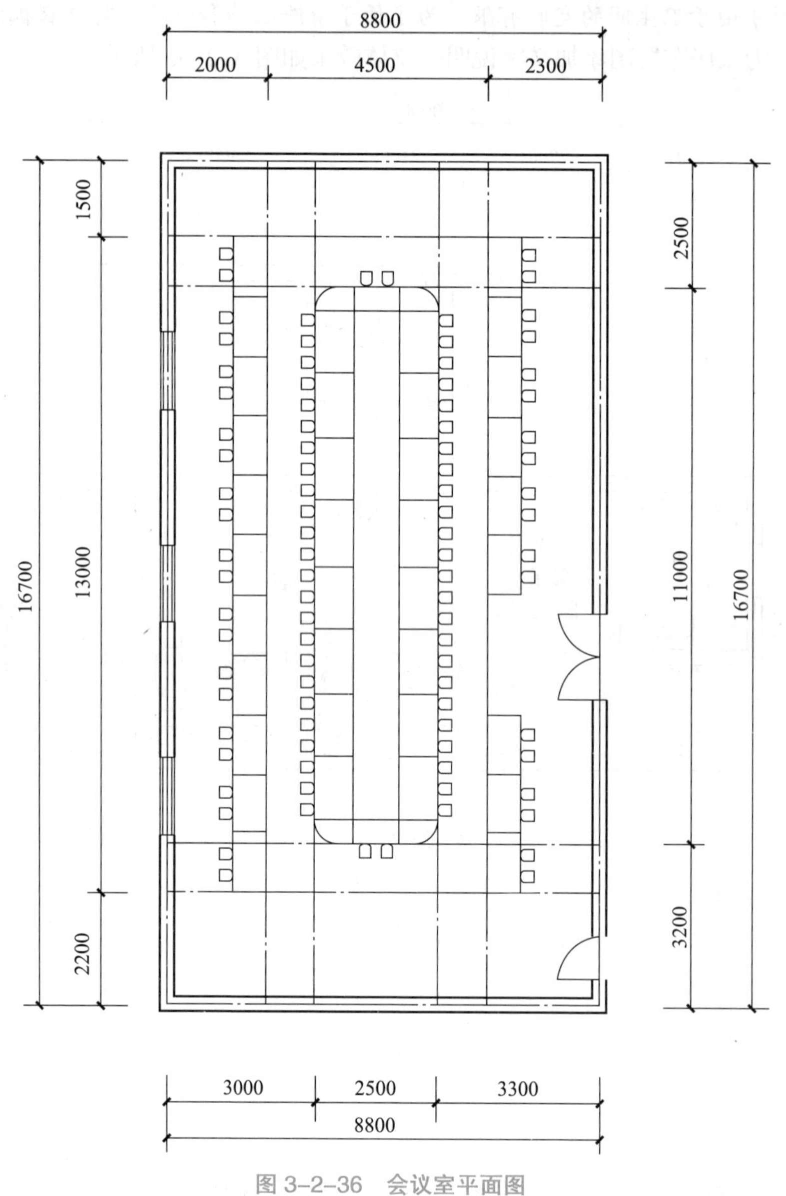

图 3-2-36 会议室平面图

三、实施任务

【步骤 1】打开“图层特性管理器”面板，设置墙体、轴线、门窗、标注 4 个图层，并将轴线图层置为当前图层。

【步骤 2】选择“直线”命令，绘制长度为 8800mm、16700mm 的两条直线，利用“偏移”命令，偏移出桌椅位置，完成轴线绘制，如图 3-2-37 所示。

【步骤 3】选择“墙体”图层，利用“多线”命令，设置多线比例为“240”，绘制墙体，如图 3-2-38 所示。

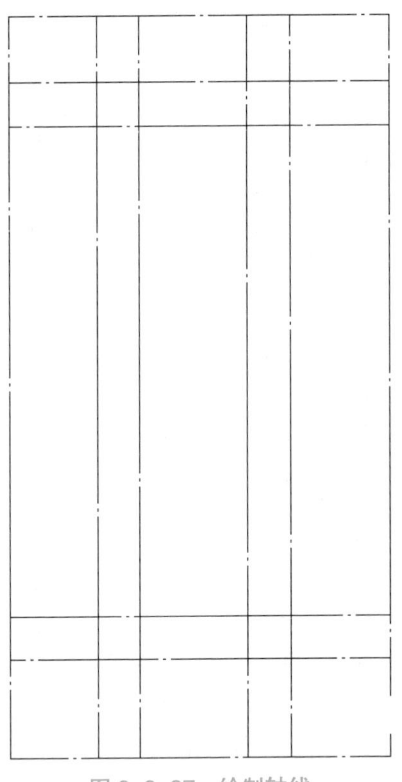

图 3-2-37 绘制轴线

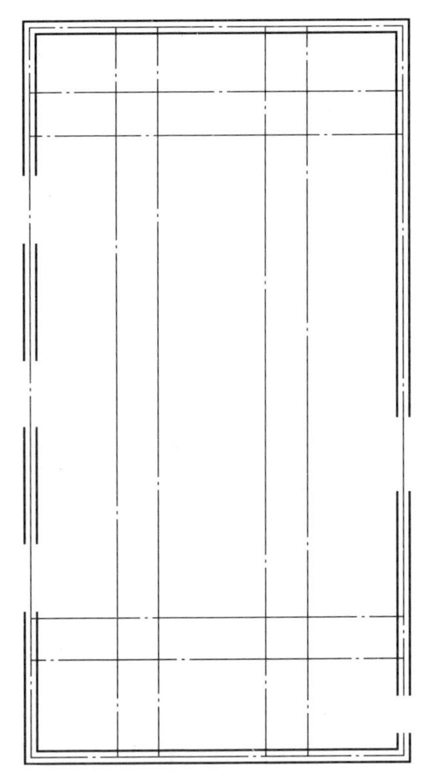

图 3-2-38 绘制墙体

【步骤 4】利用“多线样式”命令打开“多线样式”对话框，新建“窗户”样式，如图 3-2-39 所示。

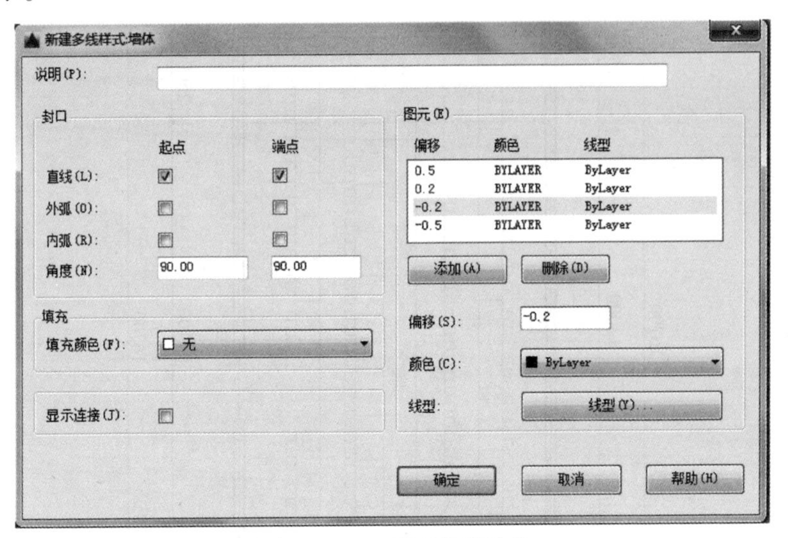

图 3-2-39 新建多线样式

【步骤 5】选择“门窗”图层，利用“圆”命令绘制门，选择多线样式“窗户”，完成门窗的绘制，如图 3-2-40 所示。

【步骤 6】插入“块”命令，插入桌椅的图块并调整其位置，利用“阵列”命令，完成会议室桌椅的绘制，如图 3-2-41 所示。

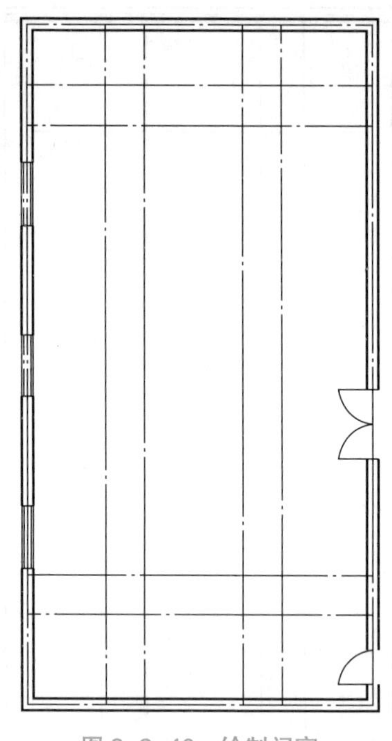

图 3-2-40　绘制门窗

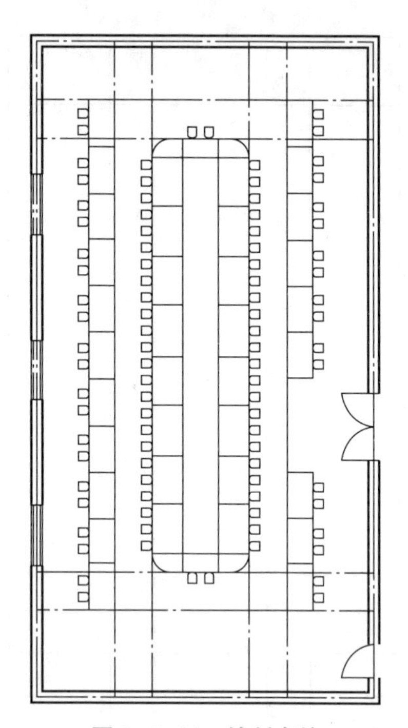

图 3-2-41　绘制桌椅

【步骤 7】利用“线性标注”和“连续标注”命令，标注图形，完成会议室平面图的绘制，如图 3-2-42 所示。

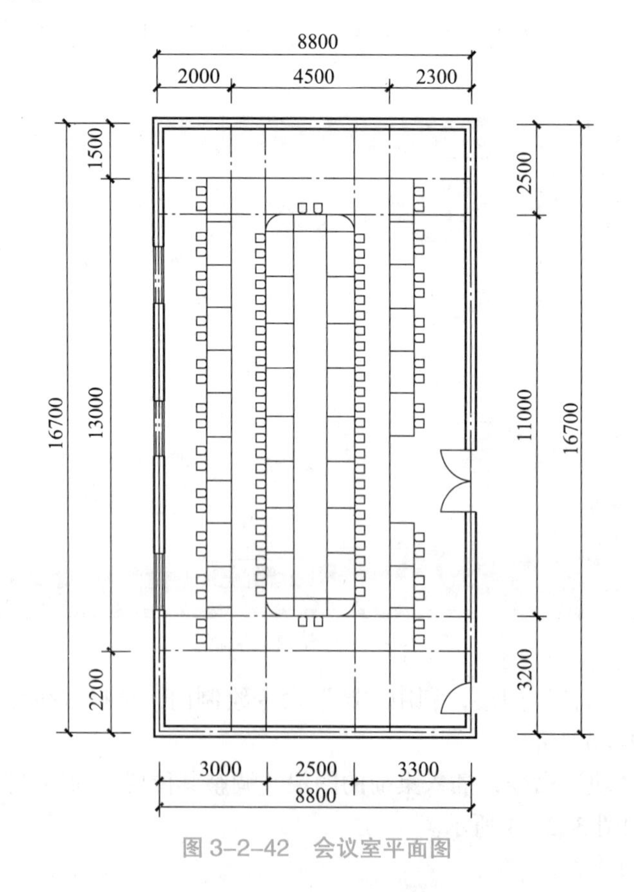

图 3-2-42　会议室平面图

任务5　绘制住宅平面图（楼梯的绘制）

学习目标 ⇨　通过绘制住宅平面图，学会直线、多线、阵列、镜像、引线等命令的使用。

一、明确任务

本任务的图例如图 3-2-43 所示。

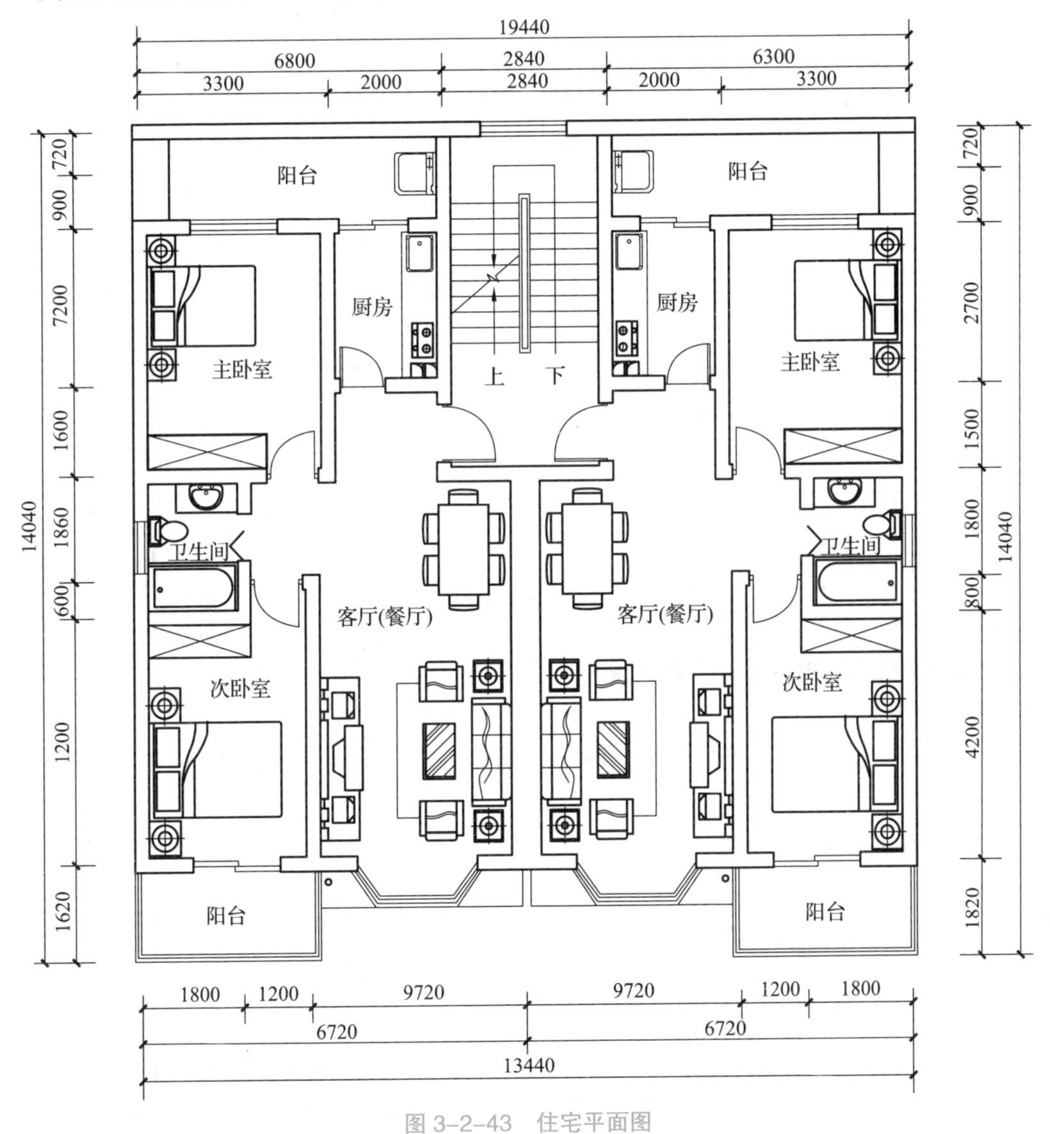

图 3-2-43　住宅平面图

二、分析任务

住宅平面图的绘制方法和户型平面图的绘制方法相同，就是在多个户型平面图的基础上添加了楼梯平面图，因此本任务主要讲解楼梯平面图的绘制。楼梯平面图由底层平面图、标准层平面图、顶层平面图构成，本图例利用多线、阵列、镜像、引线等工具完成图形绘制。

三、实施任务

【步骤 1】绘制楼梯标准层平面图，打开“图层特性管理器”面板，设置图层，并将轴线图层设置为当前图层。

【步骤 2】利用“直线”命令绘制两条长度为 2840mm、4640mm 的直线，利用“偏移”命令完成轴线的绘制，如图 3-2-44 所示。

【步骤 3】选择“墙体”图层，利用“多线”命令绘制墙体，比例设置为“240”；选择“门窗”图层，利用“多线”命令绘制窗户，比例设置为“240”，如图 3-2-45 所示。

【步骤 4】利用“直线”命令绘制楼梯，利用“阵列”工具，选择“矩形阵列”，行偏移为 280mm，完成所有楼梯台阶的绘制，如图 3-2-46 所示。

图 3-2-44　绘制轴线

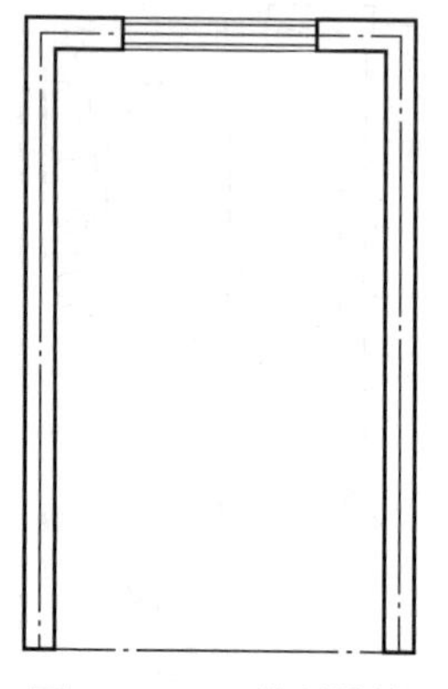

图 3-2-45　绘制墙体

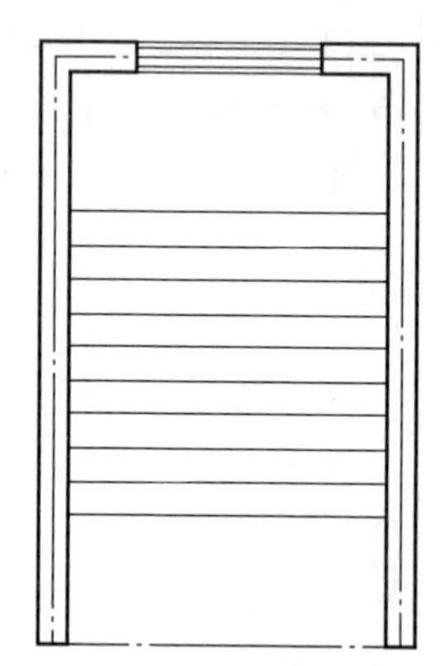

图 3-2-46　绘制台阶

【步骤 5】利用“矩形”命令和“偏移”命令绘制楼梯扶手，并使用“修剪”命令将楼梯扶手内侧的直线修剪掉，如图 3-2-47 所示。

【步骤 6】利用“直线”命令绘制折断线，使用“引线”命令绘制楼梯走向，如图 3-2-48 所示。

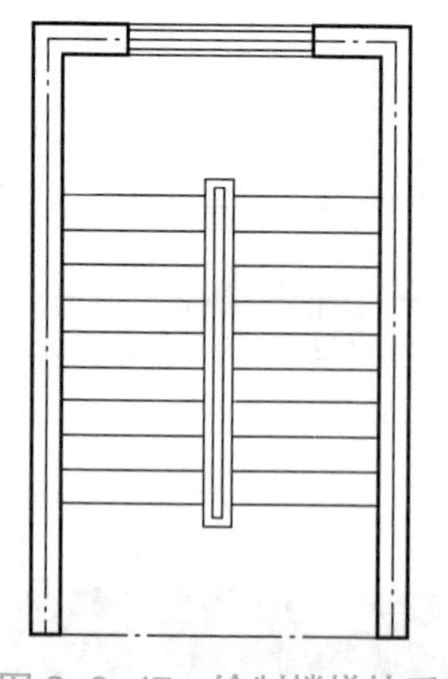

图 3-2-47　绘制楼梯扶手

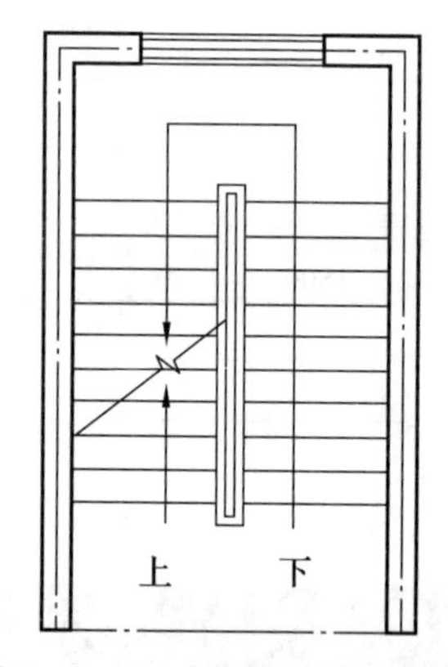

图 3-2-48　楼梯标准层平面图

【友情提示】标准层楼梯平面图是中间层楼梯平面图，既有上又有下，上下梯段都要画成完整的，折断线两侧的上下指引箭头是相对的；底层平面图中由于第一跑的中间剖后往下投影，所以楼梯只画到折线处；顶层平面图的剖断位置在楼梯之上，因此踏面是完整的，只有下行，故楼梯上没有折断线，注意画上楼面临空一侧的水平栏杆，如图 3-2-49 所示。

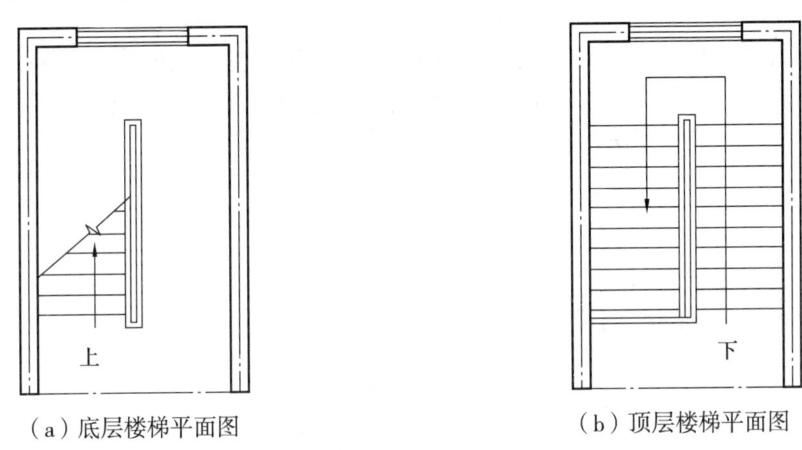

（a）底层楼梯平面图　　（b）顶层楼梯平面图

图 3-2-49　底层、顶层楼梯平面图

【步骤 7】本图例由“两户一梯”构成，户型平面图的绘制步骤前面已经介绍过，这里不再赘述，最后效果如图 3-2-50 所示。

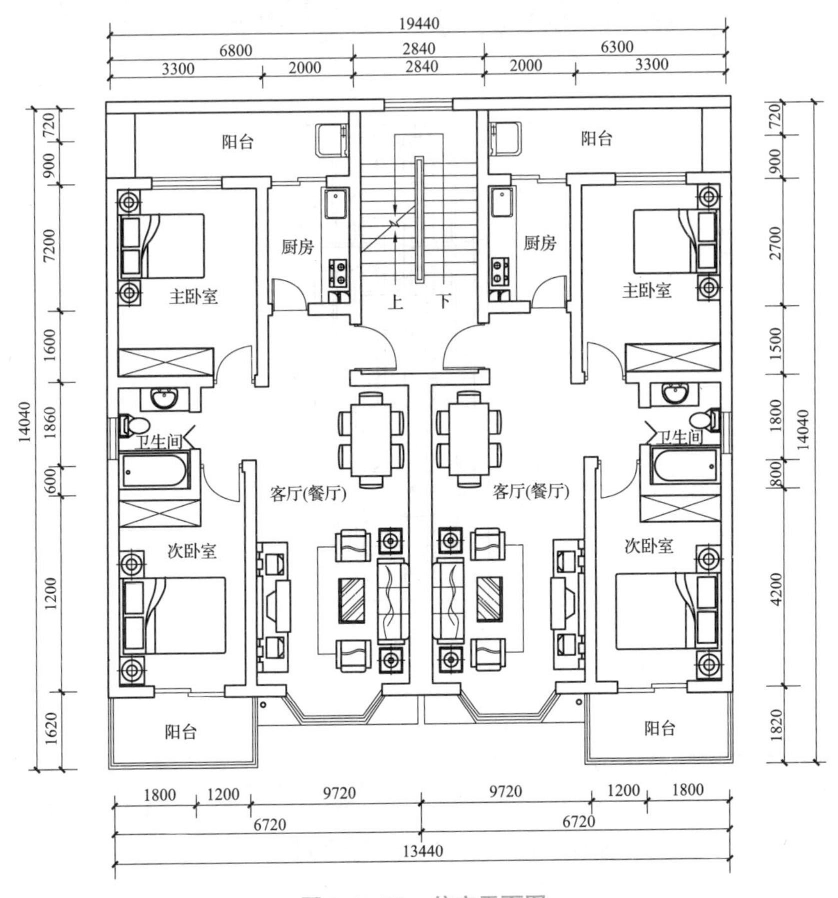

图 3-2-50　住宅平面图

项目 3　建筑立面图

建筑立面图是建筑物的正投影图，是展示建筑物外貌特征及外墙面装饰的工程图样，是建筑施工中进行高度控制与外墙装修的技术依据。本项目通过实例讲解，使读者了解建筑立面图的识读方法，掌握立面图的形成和命名方法等。

任务1　绘制中式窗户

学习目标 ➪　通过绘制中式窗户，学会使用多线、直线、偏移、修剪、阵列、标注等命令。

一、明确任务

本任务的图例如图 3–3–1 所示。

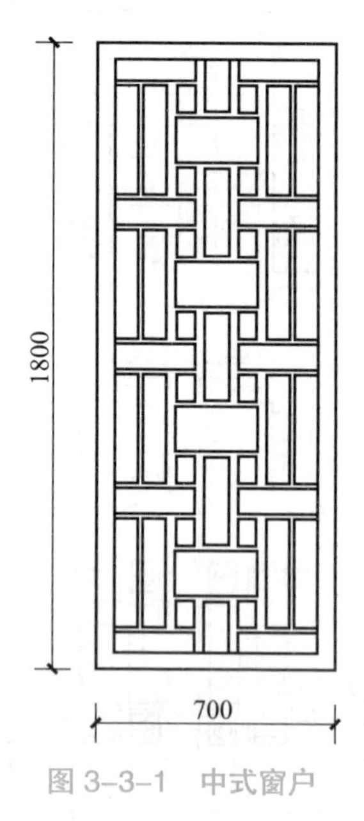

图 3–3–1　中式窗户

二、分析任务

本图例利用直线、多线、偏移、阵列等命令进行绘制。

三、实施任务

【步骤 1】利用“直线”命令分别绘制长度为 700mm、1800mm 的两条直线，如图 3-3-2 所示。

【步骤 2】选择“修改”→“偏移”命令，将绘制的直线向内偏移 50mm，利用“修改”命令进行修剪，完成窗户外边框的绘制，效果如图 3-3-3 所示。

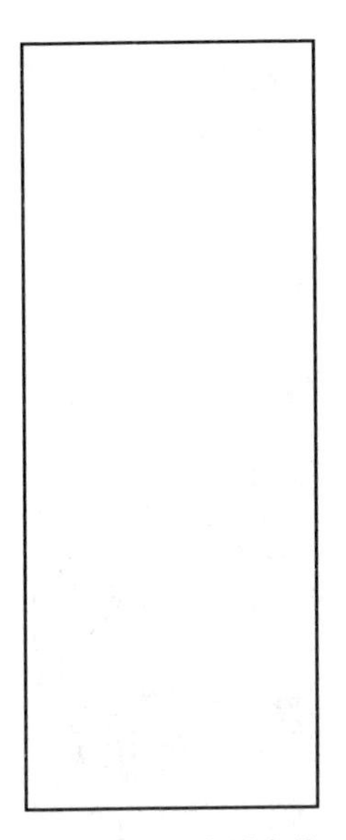

图 3-3-2　绘制直线

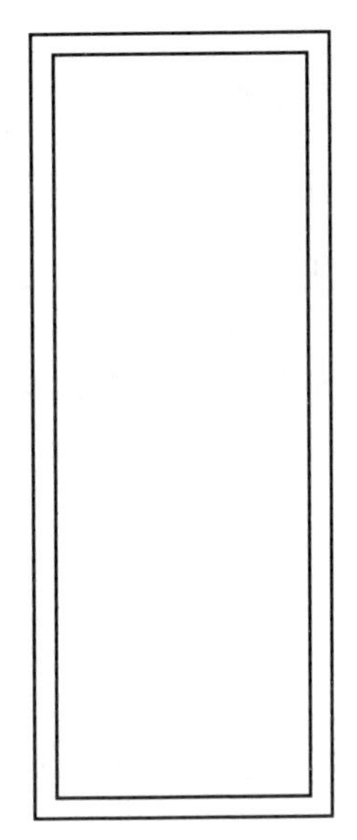

图 3-3-3　绘制窗户外边框

【步骤 3】利用“直线”“修剪”和“偏移”命令，绘制内部窗格，效果如图 3-3-4 所示。

【步骤 4】使用“阵列”→“矩形阵列”命令，完成中式窗户的绘制，效果如图 3-3-5 所示。

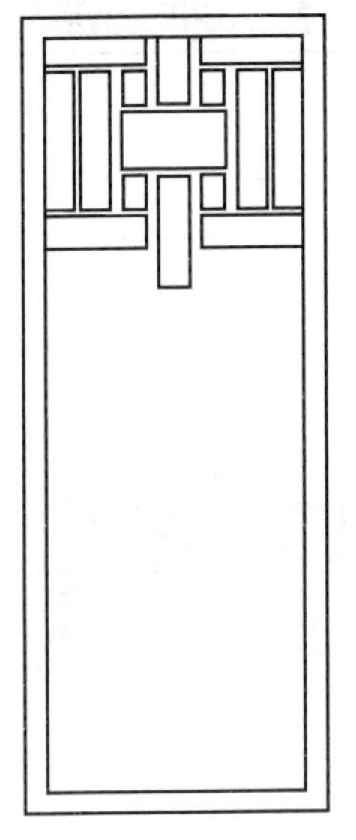

图 3-3-4　绘制内部窗格

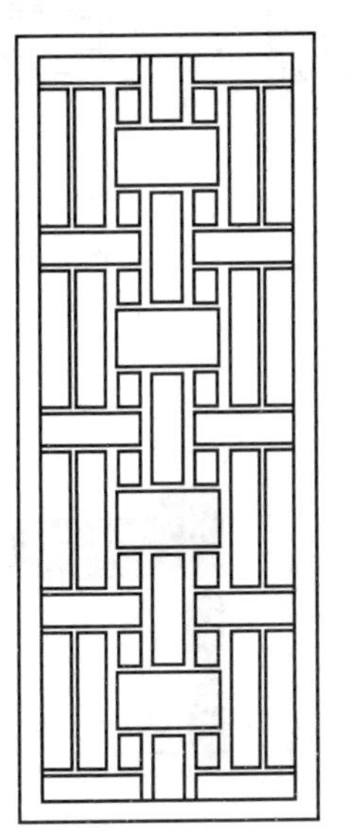

图 3-3-5　中式窗户

任务2　绘制卫生间立面图

学习目标 ⇨　通过绘制卫生间立面图，学会使用直线、偏移、修剪、图案填充、插入块等命令。

一、明确任务

本任务的图例如图 3-3-6 所示。

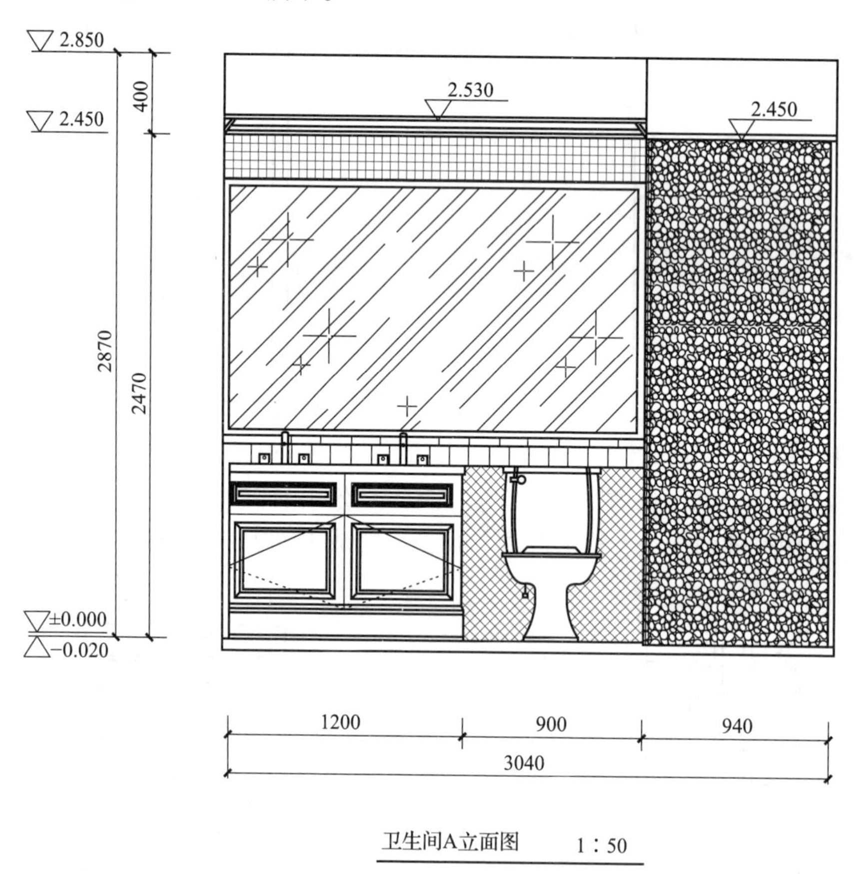

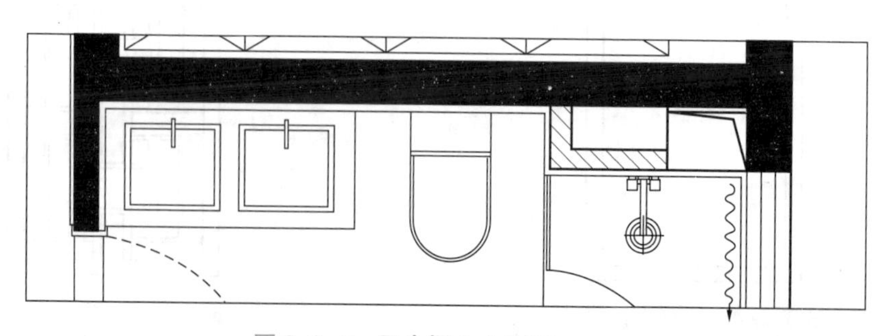

图 3-3-6　卫生间 A 立面图

二、分析任务

室内立面图也称为剖立面图，它的准确定义是，在室内设计中平行于某空间立面方向，假设有一个竖直平面从顶至地将该空间剖切后所得到的正投影图。立面图是表现室内墙面装饰及墙面布置的图样，除了画出固定的墙面装饰外，还可以画出墙面上可以灵活移动的装饰品，以及墙面上的陈设家具等。室内立面图的实质是某一方向墙面的正视图，是与平面图相对应的，一般应结合平面图绘制和观察。

三、知识储备

1. 装修立面图图纸内容

（1）表达出被剖切后的建筑及装修的断面形式（墙体、门洞、窗洞、抬高地坪、装修的内含空间、吊顶背后的内含空间等）。

（2）表达出在投视方向未被剖切到的可见装修内容和固定家具、灯具造型及其他。

（3）表达出施工尺寸及标高。

（4）表达出节点剖切索引号、大样索引号。

（5）表达出装修材料的编号及说明。

（6）表达该立面的轴号、轴线尺寸。

（7）反映室内需要表达的装饰构件的形状及位置关系。

（8）若没有单独的陈设立面图，则在本图上表达出活动家具、灯具等立面造型，如有需要可以表达出这些内容的索引编号。

2. 室内立面图常用比例

室内立面图常用的比例是 1∶50、1∶30，在这个比例范围内，基本可以清晰地表达出室内立面上的造型结构。

3. 室内立面图的画图步骤

（1）选定图幅，确定比例。

（2）画出立面轮廓线及主要分隔线。

（3）画出门窗、家具及立面造型投影。

（4）画出各细部构件图。

（5）检查后，擦去多余图线并按线型、线宽加深图线。

（6）标注有关尺寸，添加文字说明。

四、实施任务

【步骤 1】选择“默认”功能区中的“绘图”→“矩形”命令，在绘图工作区域内绘制一个长 3100mm、宽 2920mm 的矩形，如图 3-3-7 所示。

【步骤 2】选择“默认”功能区中的“修改”→“分解”命令，将矩形分解；选择“默认”功能区中的“修改”→“偏移”命令，将矩形外框边线偏移，绘制主要分隔线，如图 3-3-8 所示。

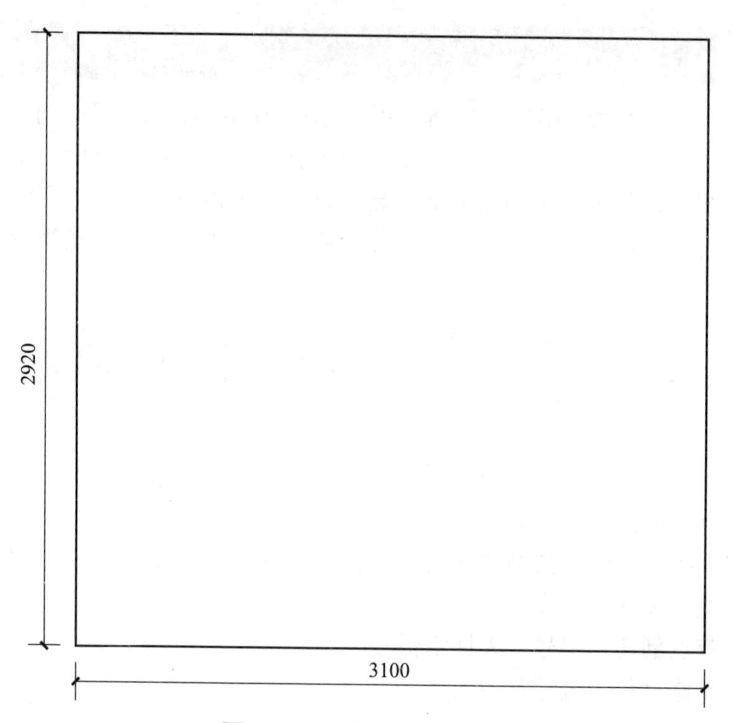

图 3-3-7　绘制外边框矩形

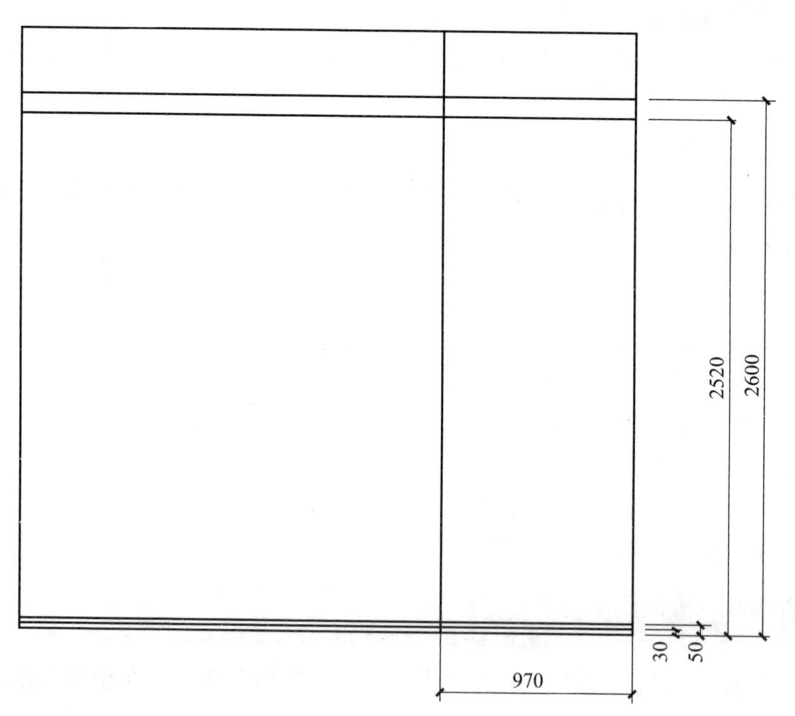

图 3-3-8　偏移直线绘制分隔线

【步骤 3】选择“默认”功能区中的“修改”→“修剪”命令，将多余的直线修剪掉，效果如图 3-3-9 所示。

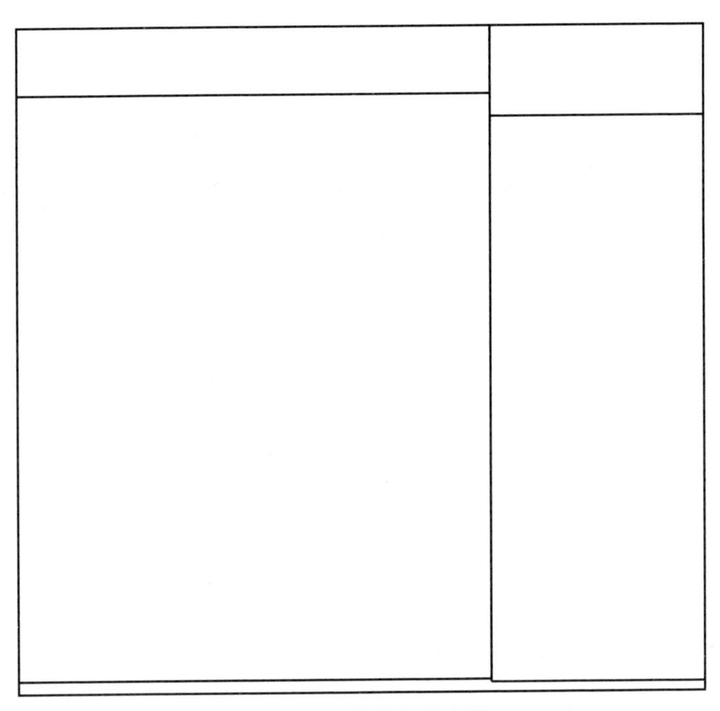

图 3-3-9　修剪多余直线

【步骤 4】使用直线、矩形、多段线、偏移、移动、修剪等命令绘制“吊顶”“浴室玻璃隔板”等各个细节部分，效果如图 3-3-10 所示。

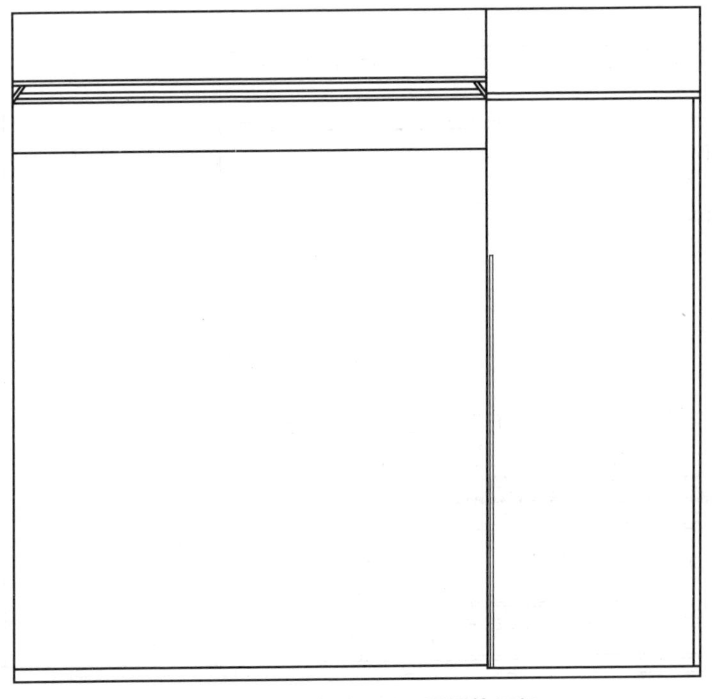

图 3-3-10　绘制吊顶、隔板等细部

【步骤 5】使用矩形、偏移、移动等命令，绘制“镜面”，其大小和位置如图 3-3-11 所示。

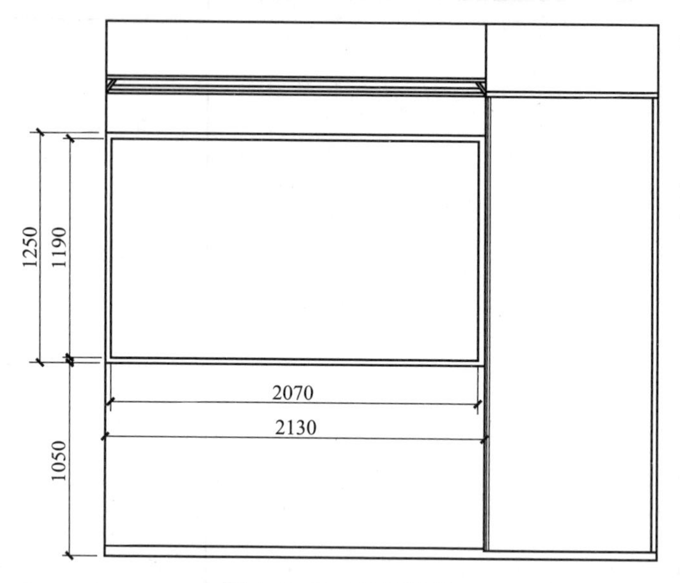

图 3-3-11　绘制镜面

【步骤 6】选择“插入”功能区中的“块”→“插入”命令，将图块“马桶”“洗浴盆”插入到合适的位置，并调整好图块的大小和位置，效果如图 3-3-12 所示。

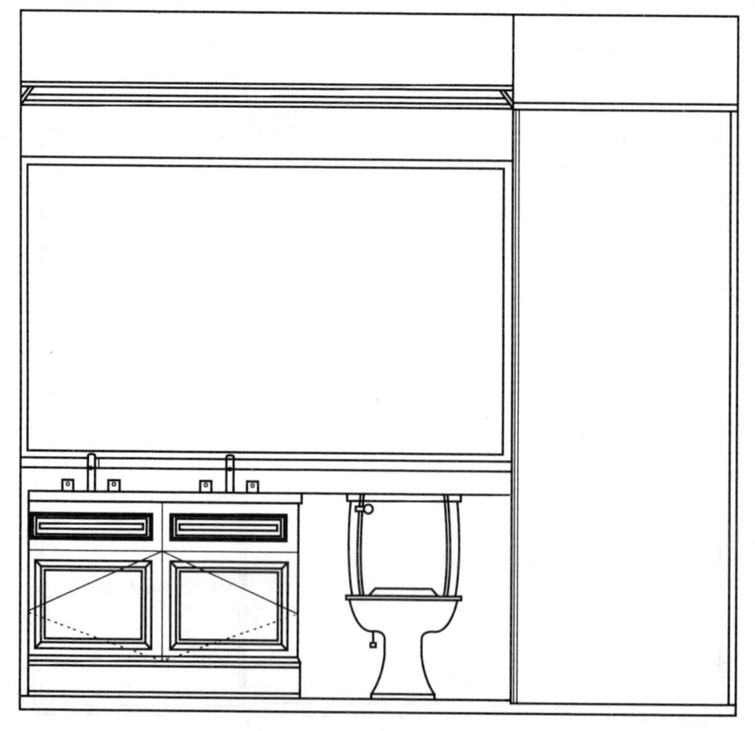

图 3-3-12　插入图块

【步骤 7】选择“默认”功能区中的“绘图”→“图案填充”命令，分别为镜面、墙面填充合适的图案，并调整好填充图案的比例和方向，效果如图 3-3-13 所示。

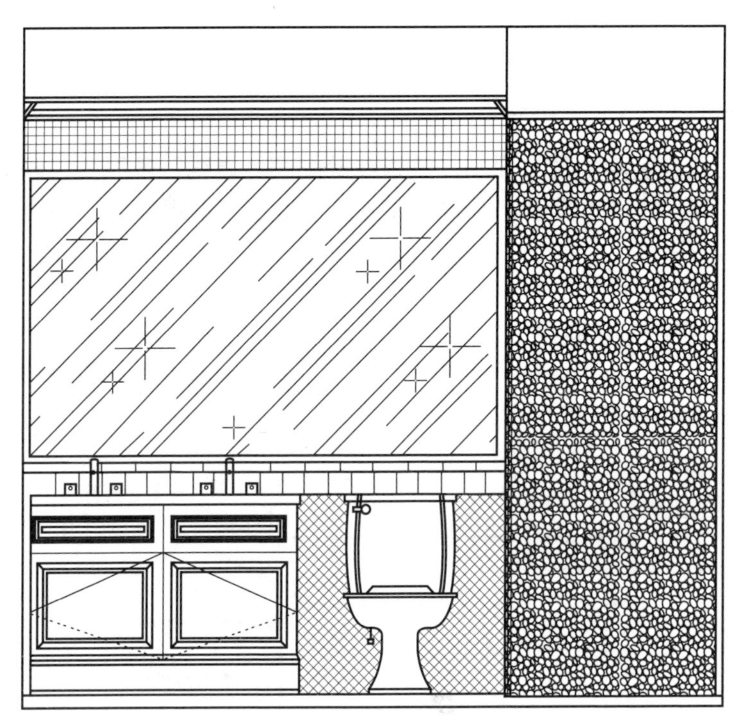

图 3-3-13　填充图案

【步骤 8】为图形添加尺寸标注、标高、文字注释等，效果如图 3-3-14 所示。

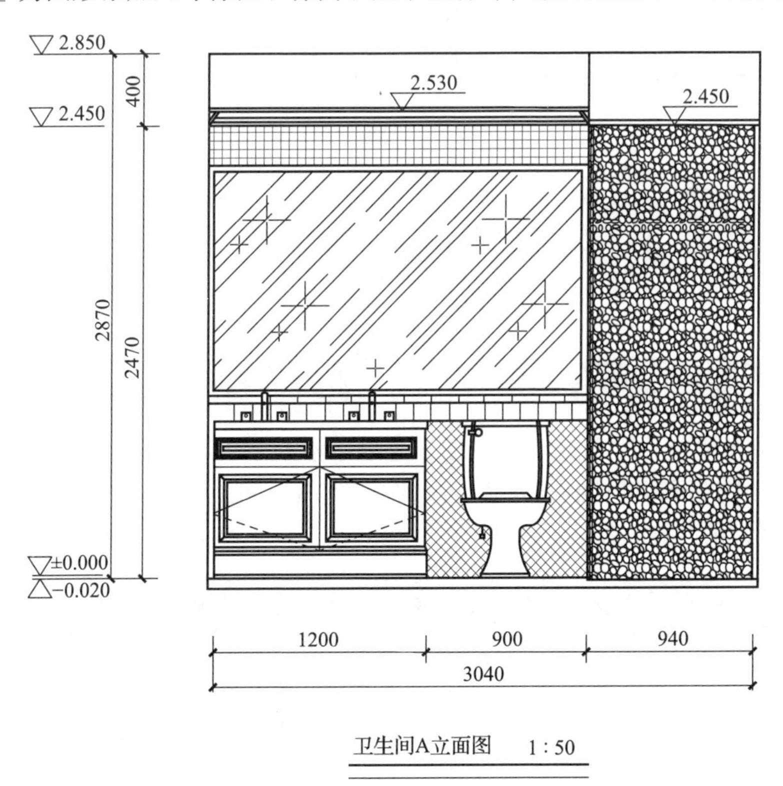

图 3-3-14　添加尺寸标注、标高、文字注释

任务3 绘制别墅立面图

学习目标 ⇨ 通过绘制别墅立面图，熟练掌握图层、直线、多段线、偏移、移动、延伸、修剪、复制、图案填充、线性标注、连续标注、基线标注等命令的应用。

一、明确任务

本任务的图例如图 3-3-15 所示。

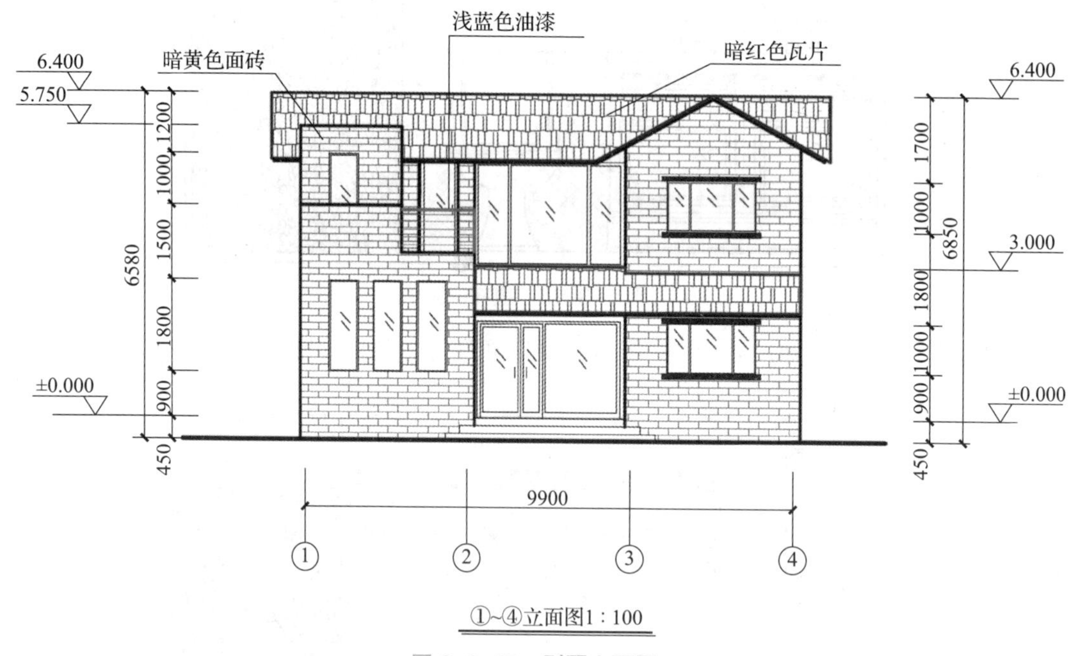

图 3-3-15 别墅立面图

二、分析任务

建筑立面图是建筑物立面的正投影图，是展示建筑物外貌特征及外墙面装饰的工程图样，是建筑施工中进行高度控制与外墙装修的技术依据。在完成建筑平面图的绘制之后，即可进行建筑立面图的绘制工作。

三、知识储备

1. 绘制建筑立面图的步骤

（1）绘制地坪线、定位轴线、各层的楼面线、楼面或女儿墙（建筑专用术语）的轮廓、建筑外墙轮廓等。

（2）绘制立面门窗洞口、楼梯间、阳台、墙身、台阶及在外墙外面的柱子等可见的轮廓。

（3）绘制门窗、雨水管、外墙分隔线等立面细部构件。

（4）为屋顶、外墙面添加图案填充，以表现其材质。

（5）标注尺寸及标高，添加索引符号及必需的文字说明。

2. 建筑立面图的绘图比例

在绘图时，建筑立面图的绘图比例与平面图一致，最常用的比例有 1 : 50、1 : 100、1 : 200、1 : 500。

3. 绘制外墙立面时的注意事项

（1）以平面图为基础，依据建筑外墙尺寸和层高，生成外墙立面图（一般外墙轮廓线为粗实线，各层连接处不能断开），接着以平面图为基础绘制平面图中有起伏转折的部分墙体。

（2）依据屋顶形式和女儿墙的高度（一般女儿墙的高度为 900~1200mm，非上人屋面女儿墙高度为 500~600mm，平屋顶和坡屋顶没有女儿墙）绘制屋顶立面图。

（3）绘制墙体可以以轴线和平面墙体轮廓作为参考，使用“直线”“多段线”及“偏移”等命令绘制。

四、实施任务

【步骤 1】单击“默认”功能区中的“图层”→“图层特性”按钮，打开“图层特性管理器”面板，设置图层特性，如图 3–3–16 所示。

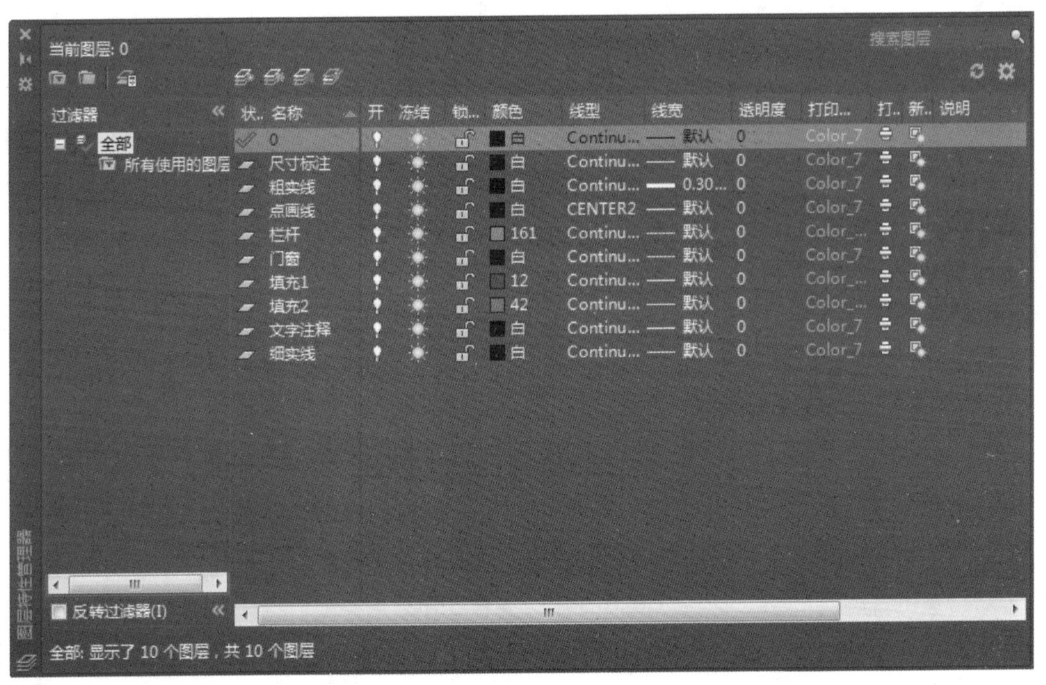

图 3–3–16　“图层特性管理器”面板

【步骤 2】将“点画线”图层置为当前图层，选择“默认”功能区中的“绘图”→“直线”命令，绘制两条垂直点画线，并将点画线的比例调整好，效果如图 3–3–17 所示。

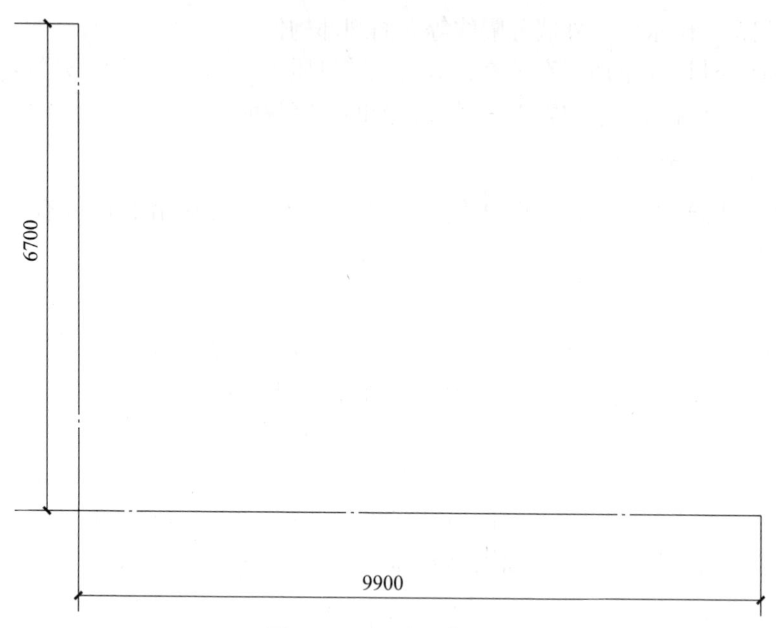

图 3-3-17　绘制点画线

【步骤 3】选择“默认”功能区中的“修改”→“偏移”命令，将点画线进行偏移操作，偏移数据如图 3-3-18 所示。

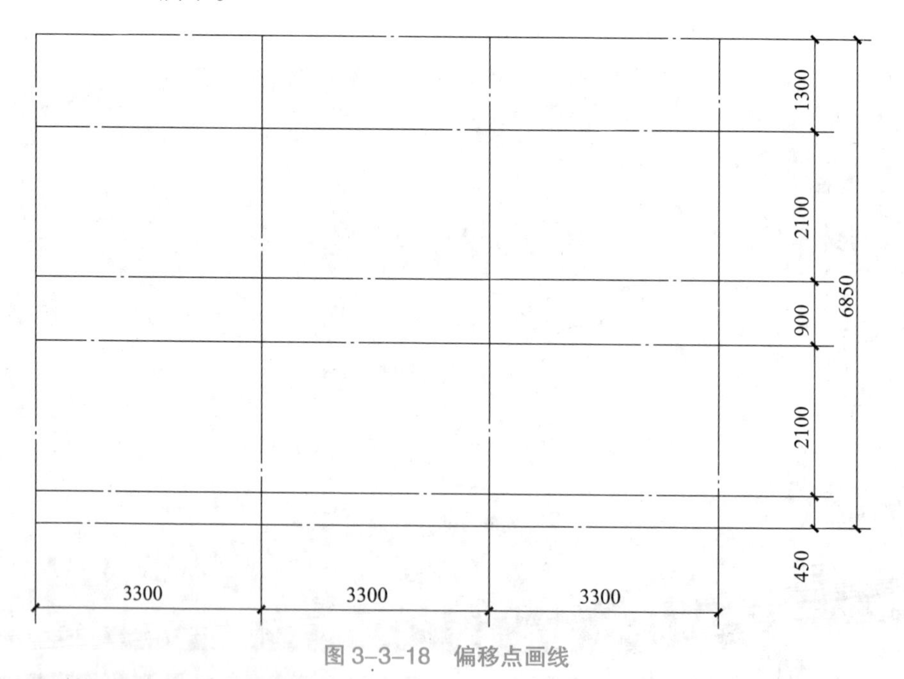

图 3-3-18　偏移点画线

【步骤 4】偏移 4 条竖直“点画线”各 120mm（假设墙厚 240mm），如图 3-3-19 所示，并将相关直线转换到“粗实线”图层，作为建筑外墙的轮廓线。将最下面的直线两边拉长，修改线宽为 0.4mm 作为“地坪线”。

图 3-3-19　绘制建筑外墙轮廓线

【步骤 5】如图 3-3-20 所示，偏移直线，继续丰富建筑外墙轮廓线。

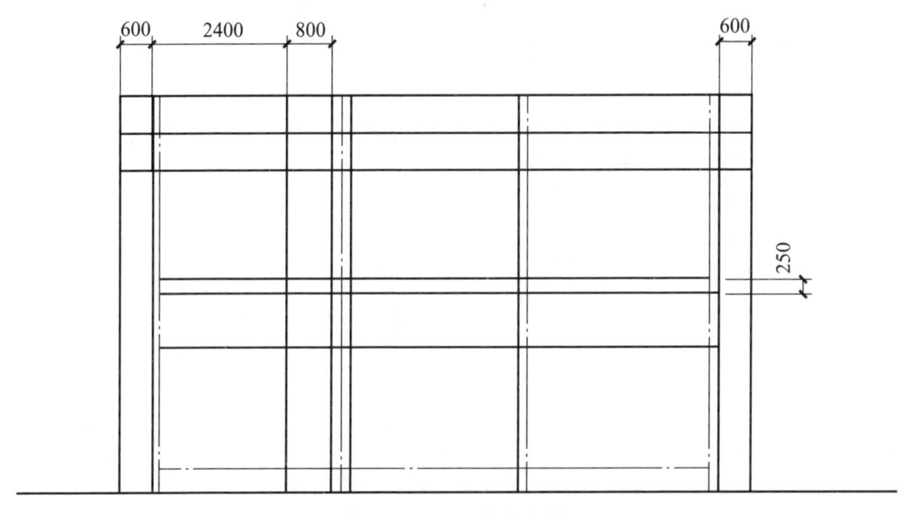

图 3-3-20　偏移直线

【步骤 6】通过绘制直线和修剪直线，使建筑外墙轮廓更加清晰，效果如图 3-3-21 所示。

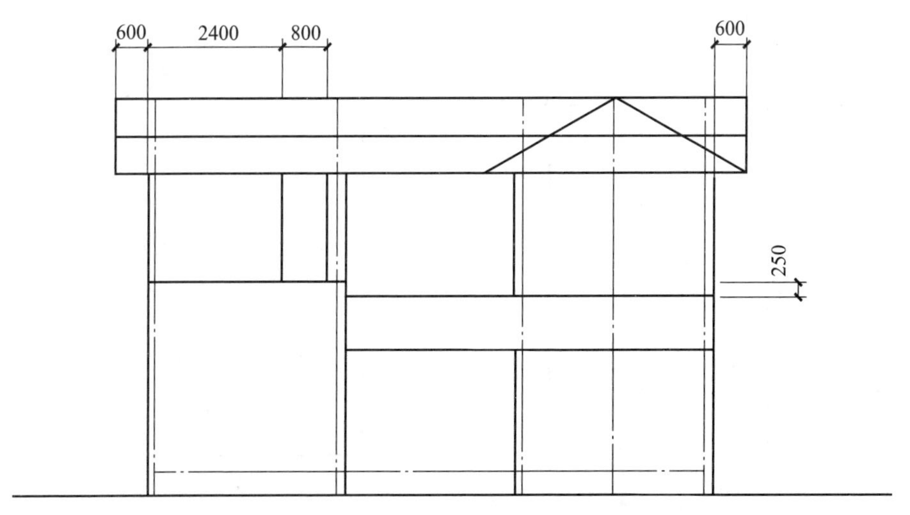

图 3-3-21　绘制并修剪出建筑外墙轮廓

【步骤 7】继续丰富建筑外墙轮廓细节，如图 3–3–22 所示。

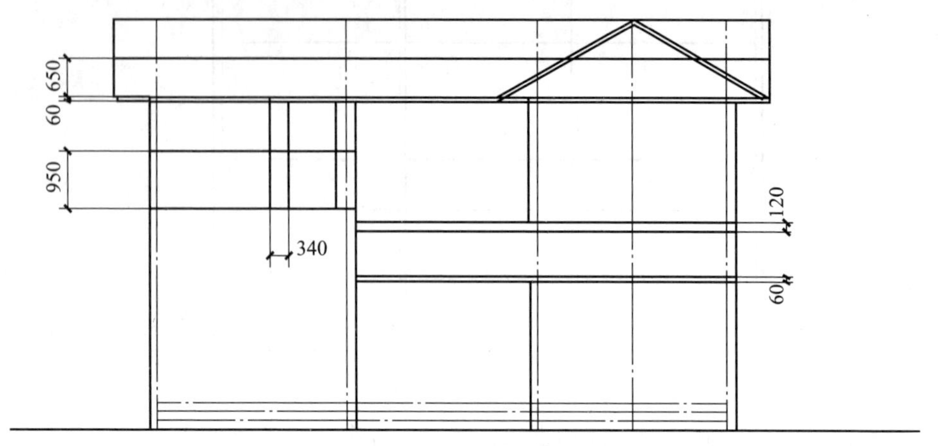

图 3–3–22　丰富外墙轮廓细节

【步骤 8】修剪多余的线段，并在“细实线”图层绘制台阶，如图 3–3–23 所示。

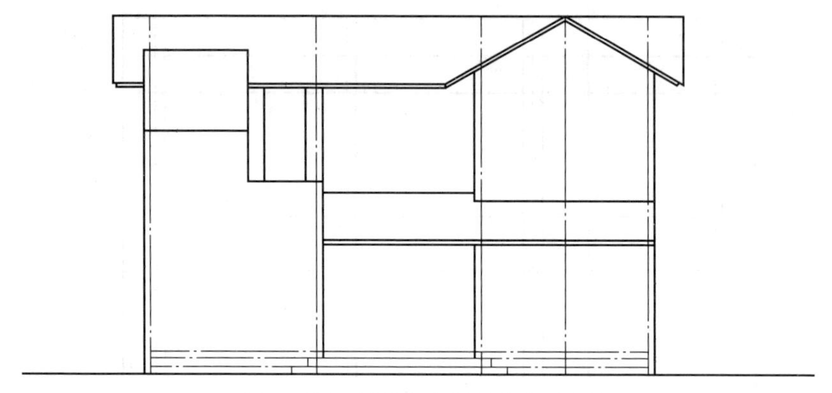

图 3–3–23　修剪多余线段并绘制台阶

【步骤 9】将“点画线”图层关闭，新建“辅助线”图层，并将其置为当前图层，绘制辅助线，用于确定门窗的位置，效果如图 3–3–24 所示。

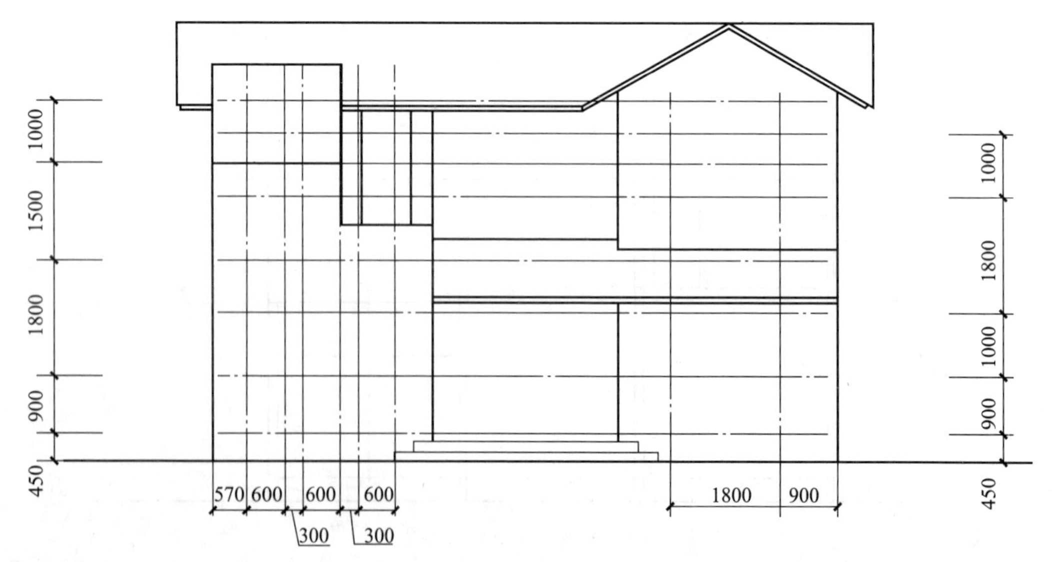

图 3–3–24　绘制辅助线确定门窗位置

【步骤 10】根据门窗的尺寸，绘制各个门窗，如图 3-3-25 所示。选择“插入”功能区中的“块定义”→“创建块”命令，将各个门窗创建成块。

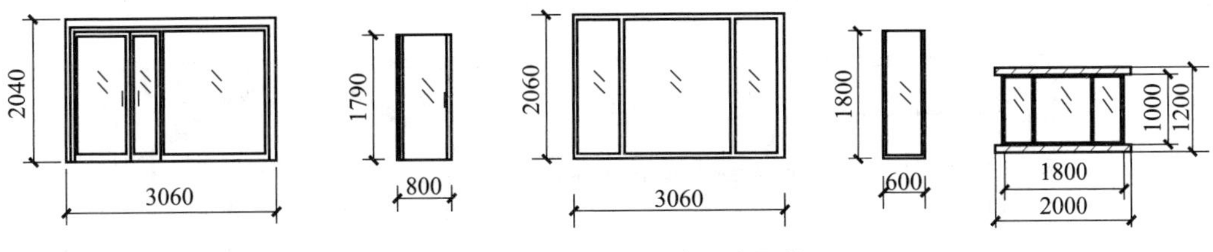

图 3-3-25　绘制并创建门窗图块

【步骤 11】将“细实线”图层置为当前图层，选择“插入”功能区中的“块”→“插入”命令，选择刚创建的门窗图块，将其插入确定好位置的建筑立面图中，效果如图 3-3-26 所示。

图 3-3-26　插入门窗图块

【步骤 12】将“辅助线”图层关闭，将别墅二层的小窗户分解，使用“修剪”命令，将被阳台遮住的部分修剪掉，效果如图 3-3-27 所示。

图 3-3-27　修剪别墅二层窗户

【步骤 13】选择“默认”功能区中的“绘图”→“图案填充”命令，将图层“填充 1”置为当前图层，填充图案“AR-RSHKE”，将图层“填充 2”置为当前图层，填充图案“AR-BRSTD”，效果如图 3-3-28 所示。

图 3-3-28　填充图案

【步骤 14】将“尺寸标注”图层置为当前图层，为建筑立面图添加尺寸标注、标高、索引符号；将“文字注释”图层置为当前图层，添加必要的文字说明，效果如图 3-3-29 所示。

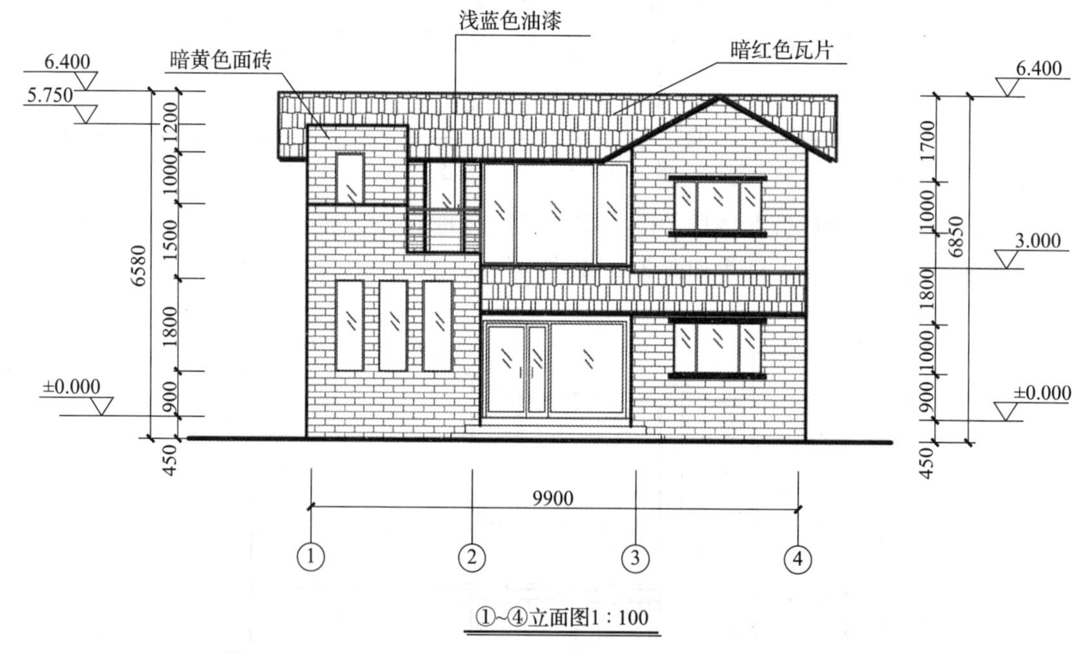

图 3-3-29　添加尺寸标注、标高、索引符号及必要的文字说明

任务4　绘制住宅立面图

学习目标 ⇨ 通过绘制住宅立面图，熟练掌握图层、直线、多段线、偏移、移动、延伸、修剪、复制、镜像、图案填充、线性标注、连续标注、基线标注等命令。

一、明确任务

本任务的图例如图 3-3-30 所示。

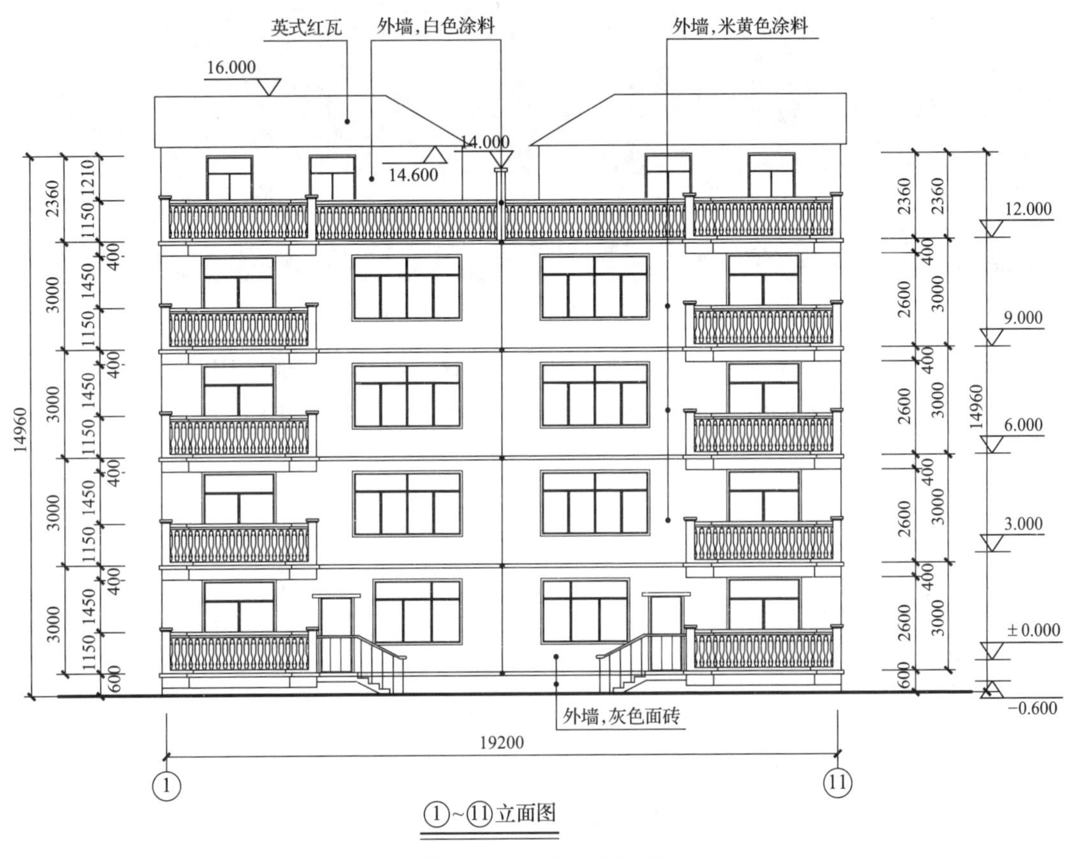

图 3-3-30　住宅立面图

二、分析任务

住宅立面图多为对称图形，并且各楼层阳台、门、窗等造型都相同或相似。因此，多采用“镜像”“复制”或“矩形阵列”等命令，可以提高绘图效率。

三、实施任务

【步骤 1】单击“默认”功能区中的“图层”→“图层特性”按钮，打开“图层特性管理器”面板，设置图层特性，如图 3-3-31 所示。

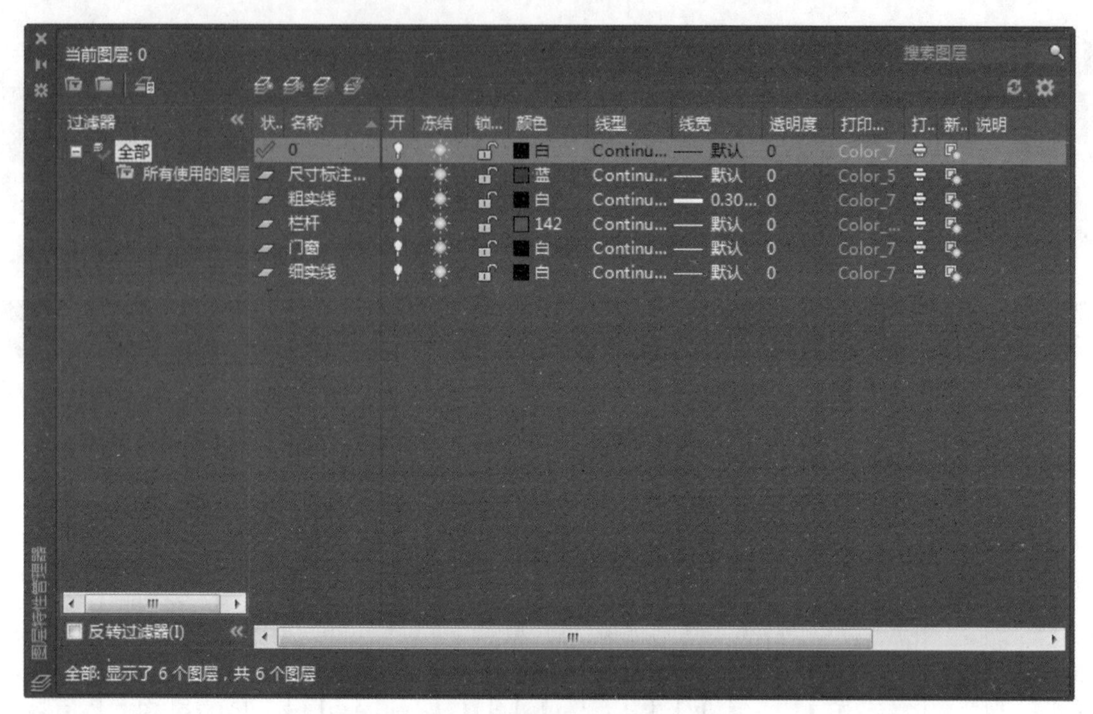

图 3-3-31 “图层特性管理器”面板

【步骤 2】将“细实线”图层置为当前图层，选择“默认”功能区中的“绘图”→“矩形”命令，绘制长 19440mm、宽 16600mm 的矩形，如图 3-3-32 所示。

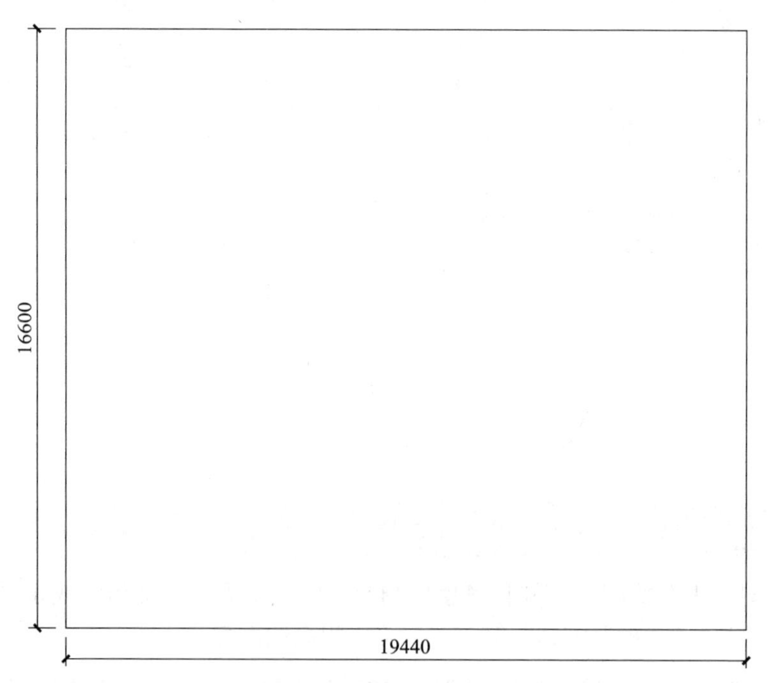

图 3-3-32 绘制矩形

【步骤 3】将矩形“分解”，选择“默认”功能区中的“修改”→“偏移”命令，将水平直线进行偏移操作，偏移数据如图 3-3-33 所示。

图 3-3-33　偏移水平直线

【步骤 4】使用“直线”命令绘制楼顶造型，如图 3-3-34 所示。

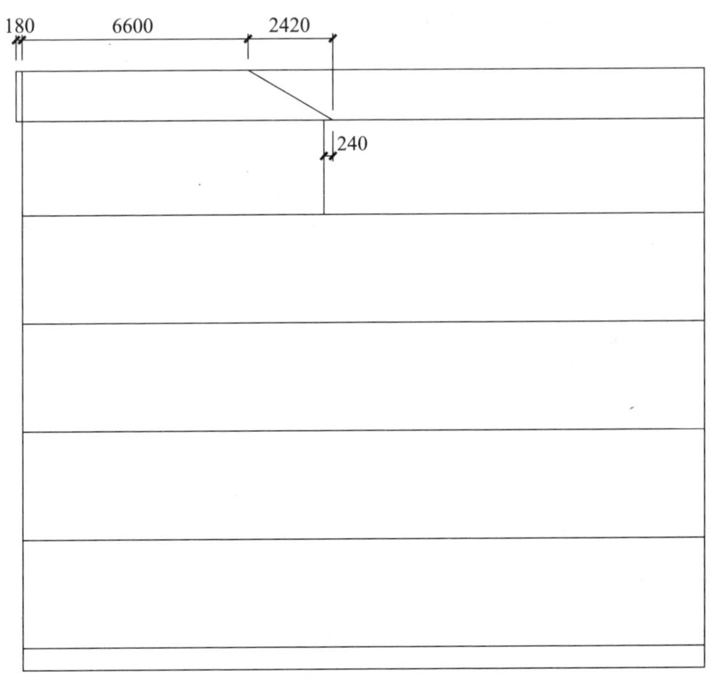

图 3-3-34　绘制楼顶造型

【步骤 5】选择“默认”功能区中的“修改”→“修剪”命令，将不需要的线段修剪掉，效果如图 3-3-35 所示。

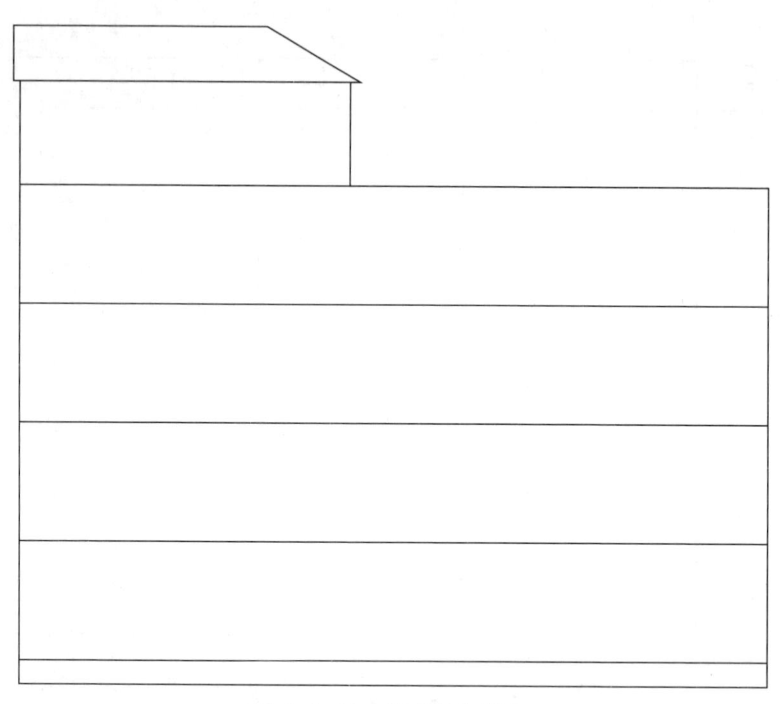

图 3–3–35　修剪多余线段

【步骤 6】选择“默认”功能区中的“修改”→“偏移”命令，如图 3–3–36 所示，将 5 条水平直线分别向下偏移 100mm，做出楼身造型。

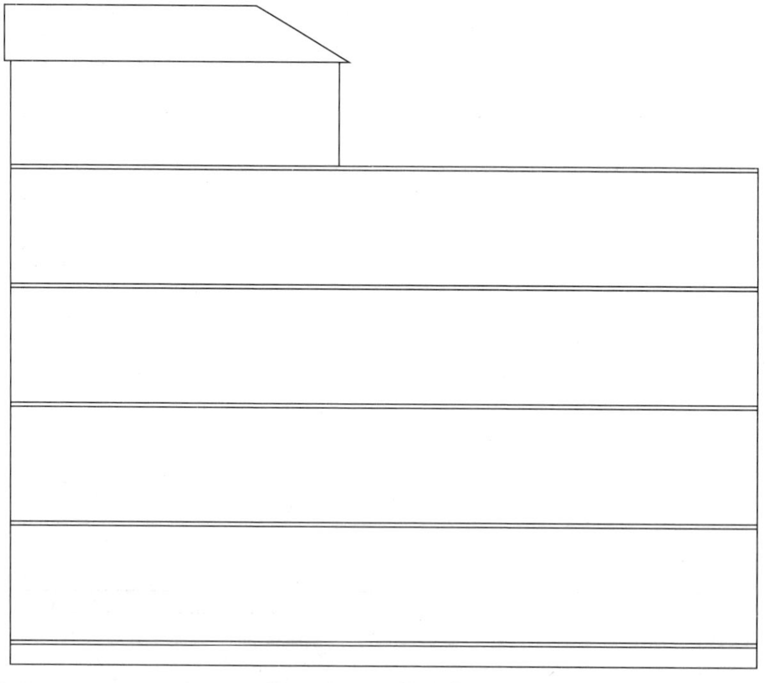

图 3–3–36　偏移直线

【步骤 7】将“栏杆”图层置为当前图层，绘制阳台栏杆，效果如图 3-3-37 所示，绘制完成后，将其创建成“块”，便于复制和编辑。

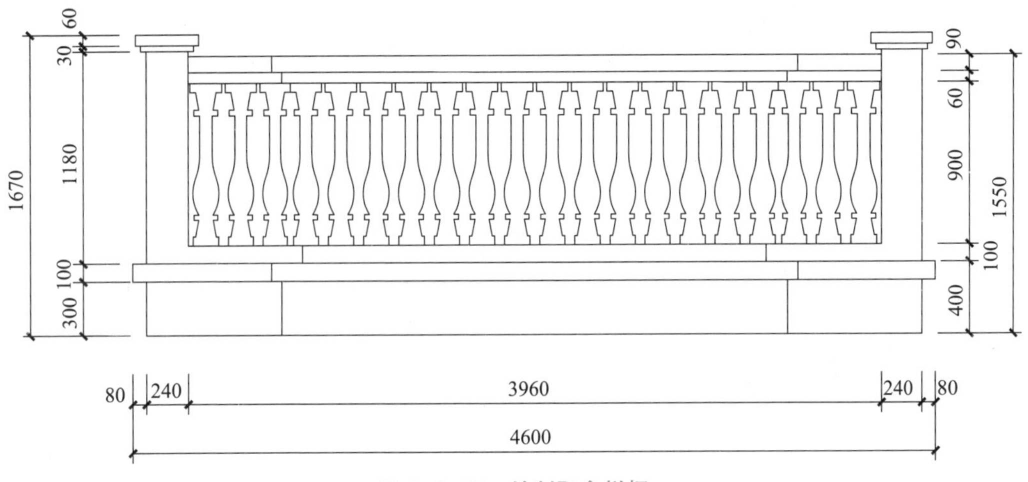

图 3-3-37　绘制阳台栏杆

【步骤 8】将栏杆复制到如图 3-3-38 所示的位置。

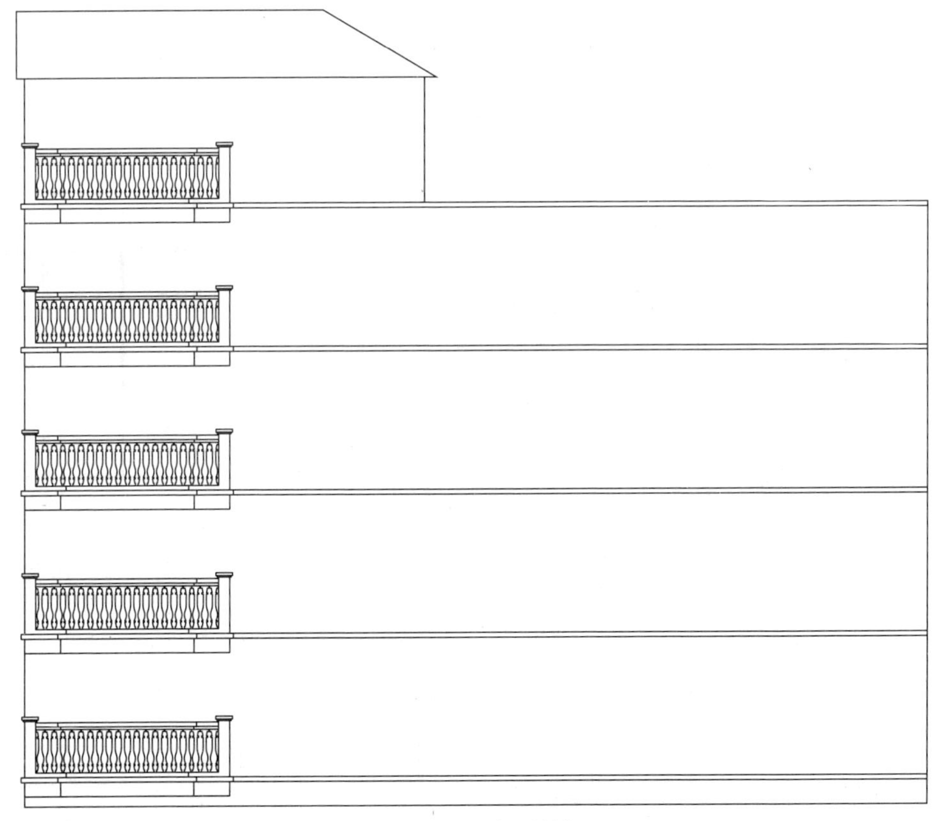

图 3-3-38　复制栏杆

【步骤 9】将“细实线”图层置为当前图层，选择“默认”功能区中的“绘图”→“矩形”命令，根据门、窗的不同形状和尺寸，在楼体上开门洞、窗洞，如图 3-3-39 所示。

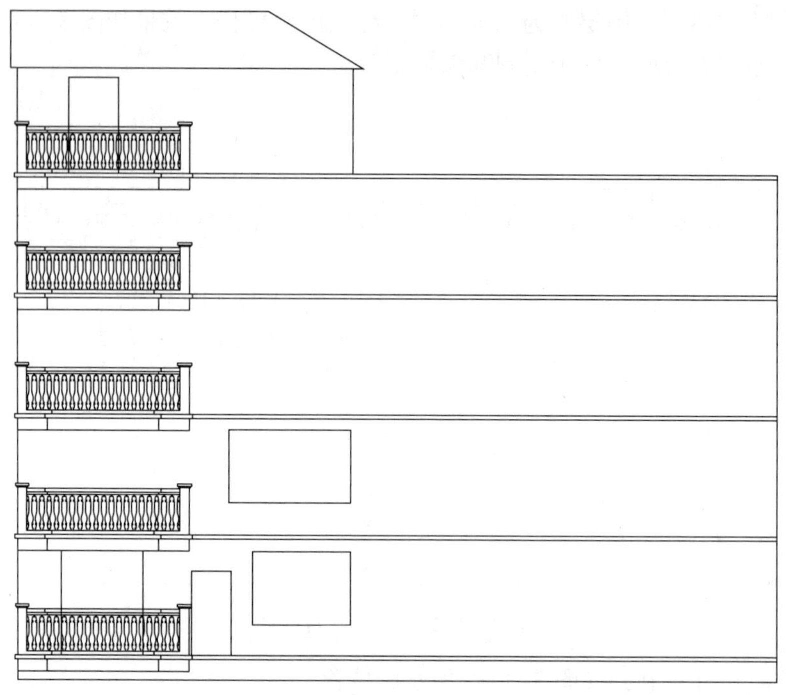

图 3-3-39　绘制门洞、窗洞

【步骤 10】根据不同的尺寸，绘制不同的门、窗，如图 3-3-40 所示，并将其创建成“块”，以便复制和编辑。

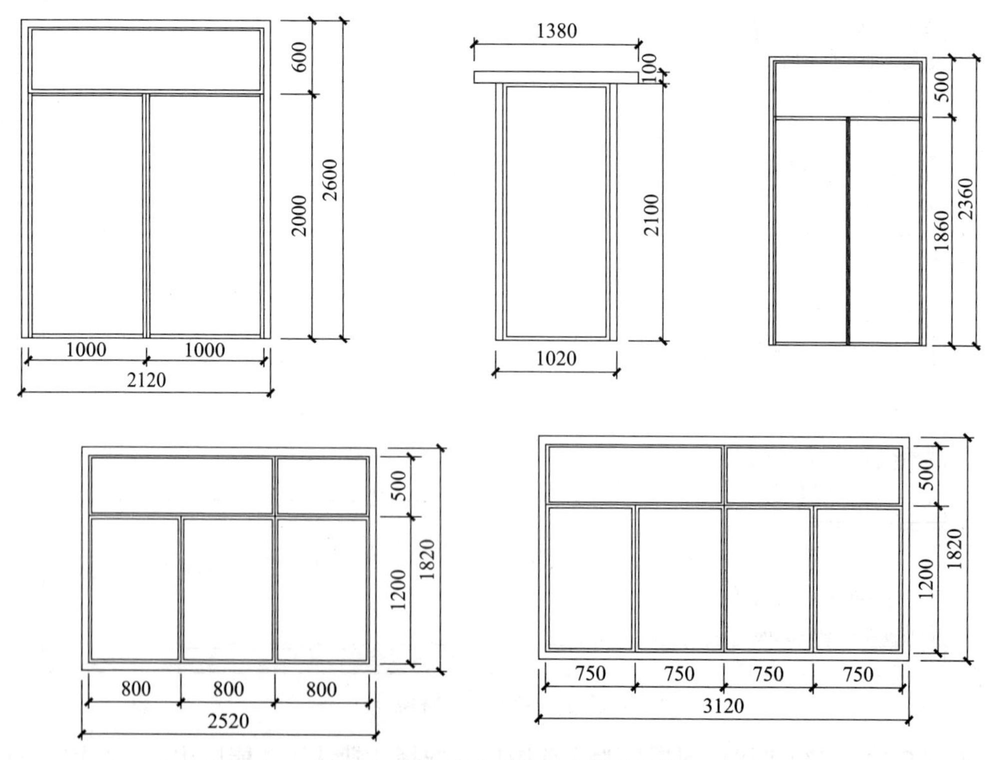

图 3-3-40　绘制不同尺寸的门和窗

【步骤 11】将创建的门块、窗块复制到画好的门洞、窗洞上，效果如图 3-3-41 所示。

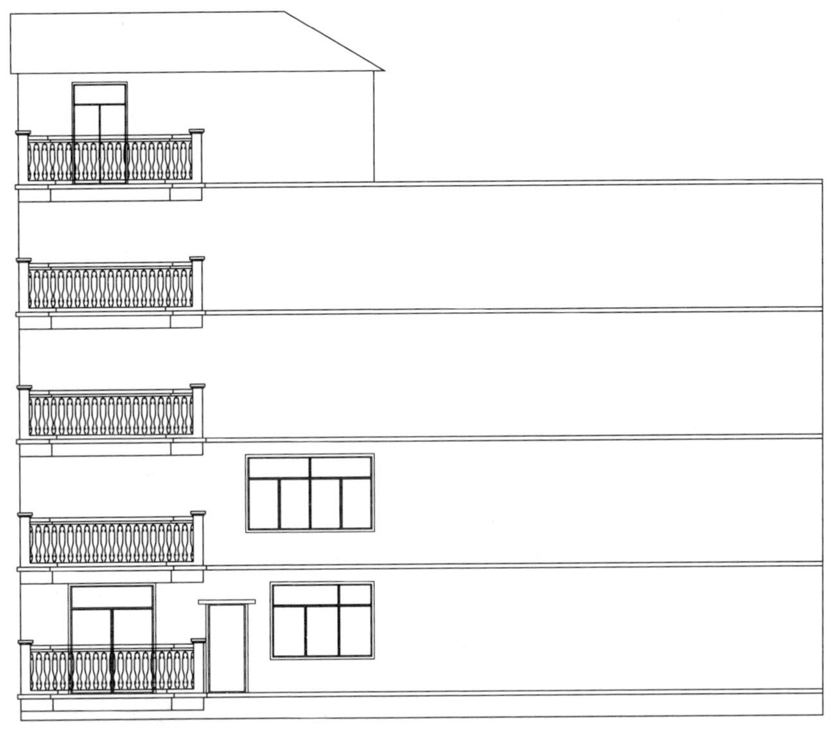

图 3-3-41　复制门块和窗块

【步骤 12】将被栏杆遮挡的门块“分解”，使用“修剪”命令，将被栏杆遮挡的部分修剪掉，效果如图 3-3-42 所示。

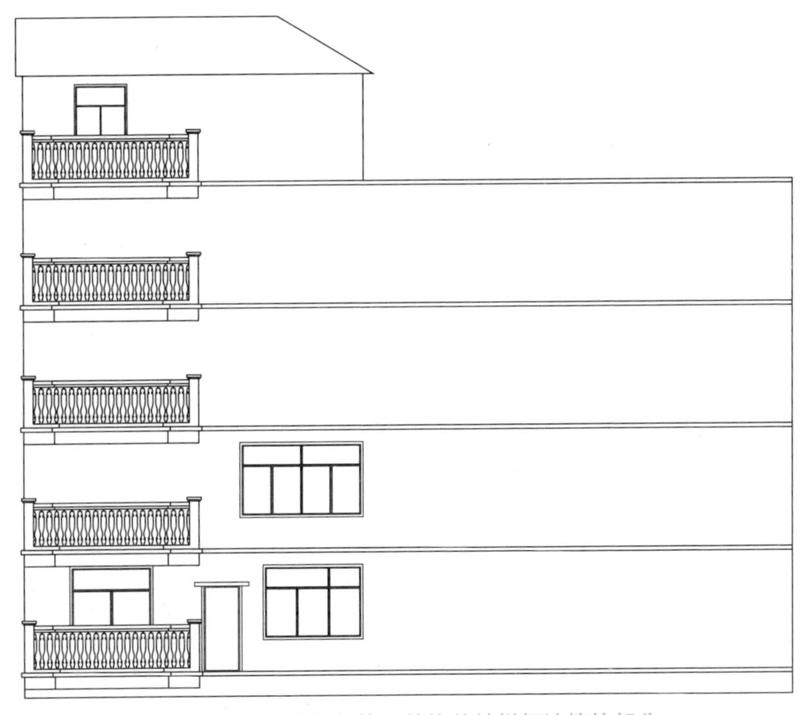

图 3-3-42　分解门块，并修剪被栏杆遮挡的部分

【步骤 13】选择“默认”功能区中的“修改”→“复制”命令，选择合适的基点，将门和窗分别复制到适当的位置，效果如图 3-3-43 所示。

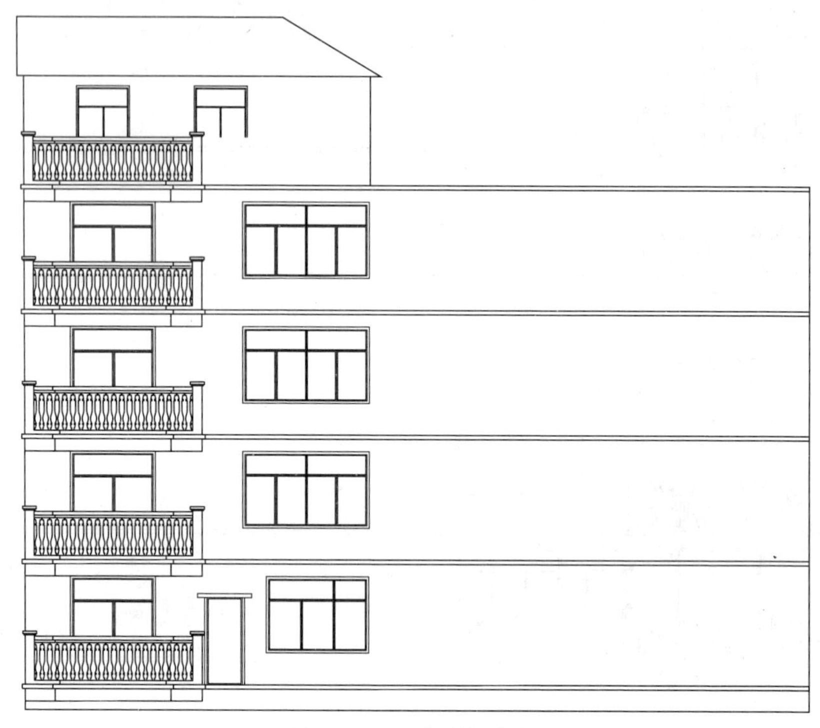

图 3-3-43　复制门和窗

【步骤 14】绘制“阳台栏杆”和“一楼楼梯”，效果如图 3-3-44 所示。

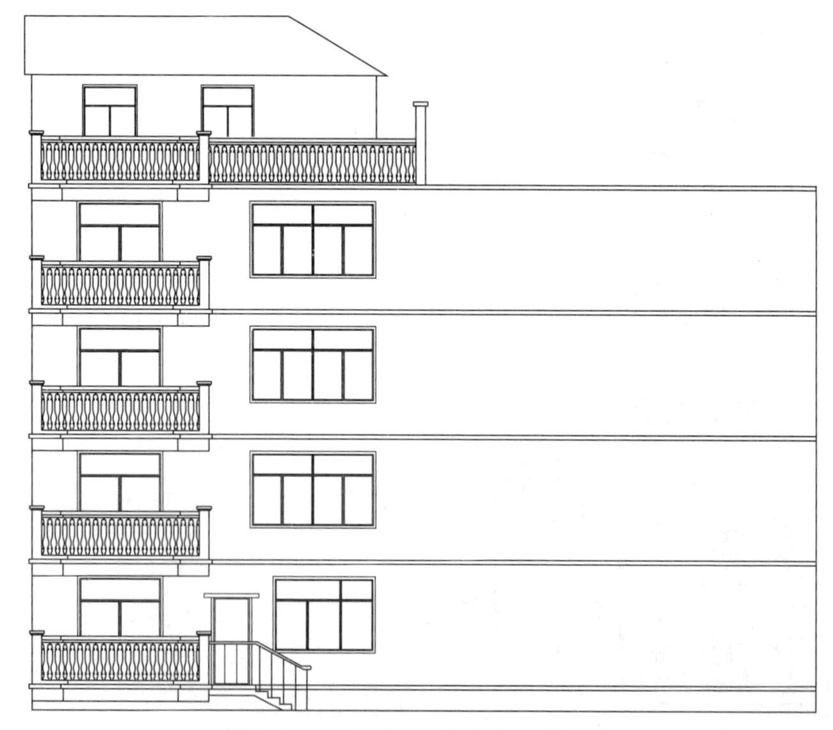

图 3-3-44　绘制阳台栏杆和一楼楼梯

【步骤 15】选择“默认”功能区中的“修改”→“镜像”命令，将左边的图形镜像到右侧，效果如图 3-3-45 所示。

图 3-3-45　镜像左侧图形

【步骤 16】将“粗实线”图层置为当前图层，选择“默认”功能区中的“绘图”→“多段线”命令，将轮廓线加粗。选择“轮廓线”和“地坪线”，并将其拉长、加粗，效果如图 3-3-46 所示。

图 3-3-46　加粗轮廓线和地坪线

【步骤 17】将“尺寸标注”图层置为当前图层，为建筑立面图添加尺寸标注、标高、索引符号及必要的文字说明，如图 3-3-47 所示。

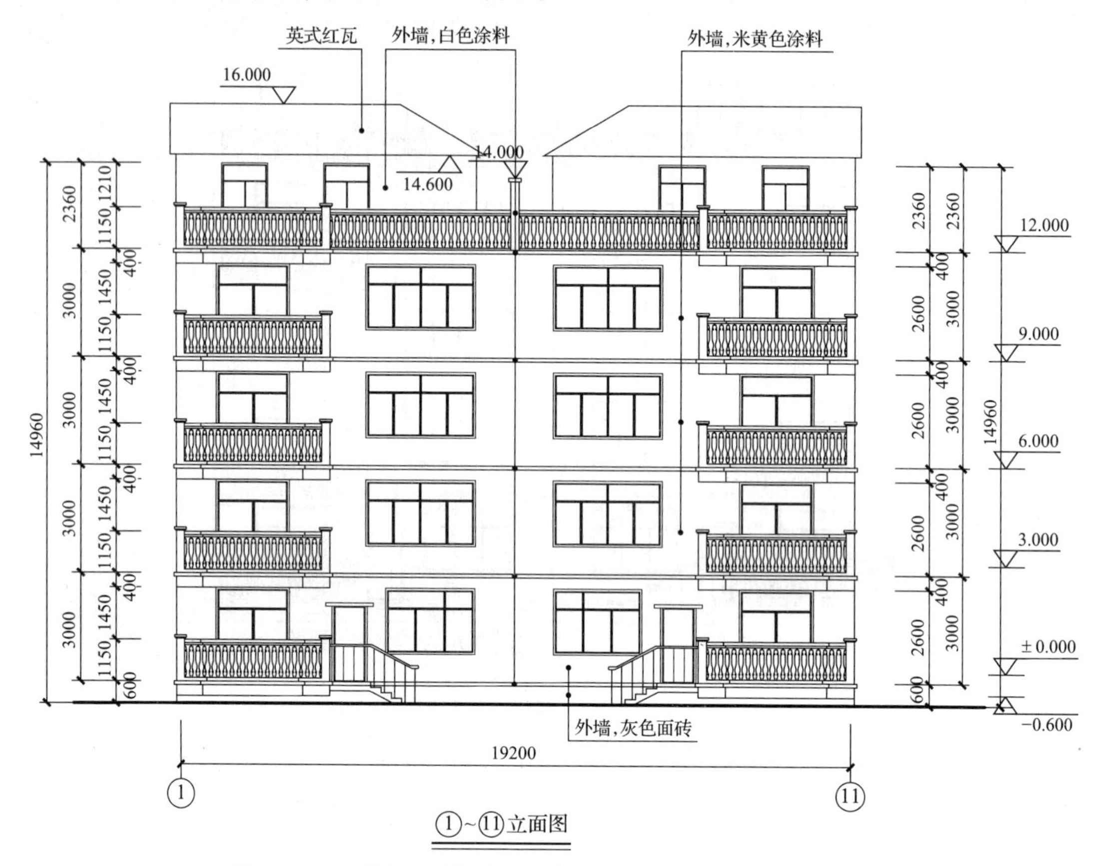

图 3-3-47 添加尺寸标注、标高、索引符号及必要的文字说明

项目 4　建筑剖面图与建筑（剖视）详图

建筑剖面图和剖视详图是建筑施工图中的重要内容，它和平面图及立面图相结合，才能使人更清楚地了解建筑物的总体结构特征。本项目主要介绍剖面图与剖视详图的形成及表达内容，以及剖面图和剖视详图的识图步骤和绘制方法。

任务1　绘制别墅剖视图

学习目标 ⇨

1. 了解剖面图的识图方法。
2. 理解剖面图的形成、表达内容。
3. 掌握剖面图的绘图步骤。

一、明确任务

本任务的图例如图 3-4-1 所示。

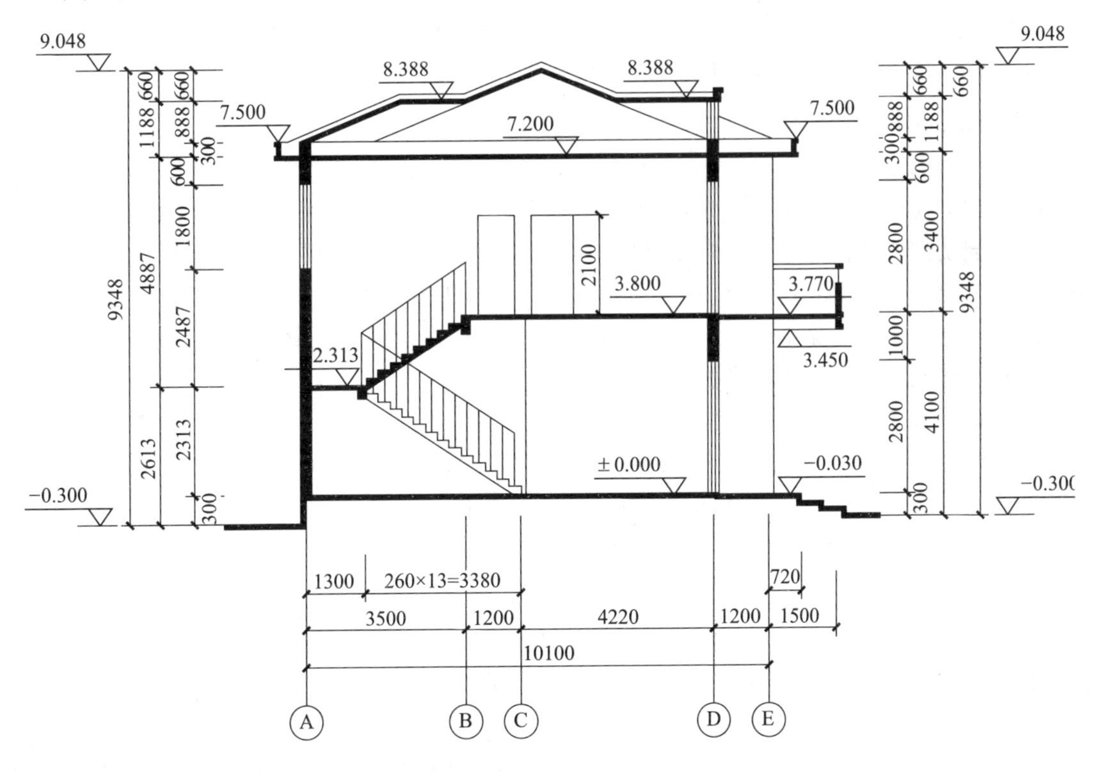

图 3-4-1　别墅剖面图

本图例利用直线、偏移、复制、旋转、阵列、修剪、拉长等命令进行绘制。

二、分析任务

建筑剖面图简称剖面图，是假想用一铅垂剖切面将房屋剖切开后移去靠近观察者的部分，绘制出剩下部分的投影图，主要用来表达建筑物内部垂直方向的结构形式、分层情况、内部构造及各部位的高度等。它与建筑平面图、立面图并结合辅助详图，就可以更加清楚地了解建筑的总体结构，是建筑施工图中不可或缺的重要图样之一。例如，根据剖面图的尺寸及标高，可以了解本建筑是由两层构成的别墅，第一层层高 3.8m，第二层层高 3.4m，屋顶高 1.848m，总高 9.348m，房屋室内外地面高差 0.3m。

绘制建筑剖面图的步骤如下。

（1）画出地坪线、定位轴线及各层的楼面线。

（2）画出剖面图门窗洞口位置、楼梯平台、女儿墙、檐口及其他可见轮廓线。

（3）画出楼梯、台阶及其他可见的细节构件图。

（4）添加尺寸标注、标高数字、索引符号和相关注释文字。

（5）为剖面图添加图名和比例。

三、知识储备

1. 建筑剖面图的作用

剖面图用以表示房屋内部的结构或构造方式，如屋面（楼、地面）形式，分层情况，以及材料、做法、高度尺寸及各部位的联系等。它与平面图、立面图相互配合用于计算工程量，指导各层楼板和屋面施工、门窗安装和内部装修等。

2. 建筑剖面图的基本内容

（1）图名、比例。

（2）被剖切到的墙、梁及其定位轴线。

（3）剖切到的室内外地面（包括台阶、明沟及散水等），各楼层面、屋顶（包括隔热层及吊顶）、剖切到的内外墙身及其门窗、楼梯梯段及楼梯平台、阳台、走廊、雨篷等。

（4）未剖切到的可见部分，如可见的楼梯梯段、栏杆扶手、走廊中的窗；可见的梁、柱，可见的水斗和雨水管及室内的各种装饰等。

（5）垂直方向的尺寸及标高。

（6）标出楼地面、屋顶各层的构造。通常用引出线说明楼地面、屋顶的构造做法。如果另画详图或已有说明，可以在剖面图中用索引符号引出。

3. 建筑剖面图的绘制要求

（1）图幅。根据要求选择合适的建筑图样尺寸。

（2）比例。用户可以根据建筑物大小采用不同的比例。绘制剖面图常用的比例有 1 ： 50、1 ： 100、1 ： 200。一般用的是 1 ： 100 的比例，当建筑过小时可采用 1 ： 50 的比例，当建筑过大时可采用 1 ： 200 的比例。

（3）剖面图中的图线。建筑剖面图中，被剖切轮廓线应采用粗实线表示，其余构配件采用细实线表示，此外，尺寸线、尺寸界线、引出线和标高符号也应采用细实线表示。但室内外的地坪线要采用 1.4 倍的特粗实线表示。

（4）定位轴线。在剖面图中，一般只标出图两端的轴线及编号，其编号应与平面图一致，以便于读图样。

（5）图例。剖面图要采用图例来绘制图形。一般情况下，剖面图上的构件，如门窗等，都应该采用国家有关标准规定的图例来绘制，而相应的具体构造会在建筑详图中采用较大的比例来绘制。常用构造及配件的图例可以查看有关建筑规范。

（6）尺寸标注。建筑剖面图中，必须标注垂直尺寸和标高。习惯上将建筑剖面图的外墙高度尺寸分为 3 道：最外侧一道为室外地面以上的总高尺寸。中间一道为层高尺寸，即底层地面到二层楼面、各层楼面到上一层楼面、顶层楼面到檐口处的屋面等，同时还注明室内外地面的高度差尺寸。里面一道为门洞、窗洞及洞间墙的高度尺寸。

【友情提示】

在标注建筑剖面图尺寸时，还应注意以下几点。

①标注某些尺寸，如室内门窗洞、窗台的高度，以及不另画详图的构配件尺寸等。

②剖面图上两轴线间的尺寸也必须注出。

③在建筑剖面图上，室内外地面、楼面、楼梯平台面、屋顶檐口都应注明标高。

④某些梁的底面、雨篷底面等应注明结构标高。

（7）详图索引符号。一般建筑立面图的细部做法，如屋顶檐口、女儿墙、雨水口等构造都需要绘制详图，需要绘制详图的地方都要标注详图符号。

【友情提示】

女儿墙是建筑物屋顶四周的矮墙，其作用是保护人员的安全，并对建筑立面起装饰作用。不上人的女儿墙的作用除立面装饰作用外，还有固定油毡或固定防水卷材的作用。依据国家建筑规范规定，上人屋面女儿墙高度一般不得低于 1.2m，不上人屋面女儿墙一般高度为 0.6m。

四、实施任务

【步骤 1】单击“默认”功能区中的“图层”→“图层特性”按钮，弹出“图层特性管理器”面板，并设置粗实线、细实线、点画线、尺寸标注 4 个图层，如图 3-4-2 所示。

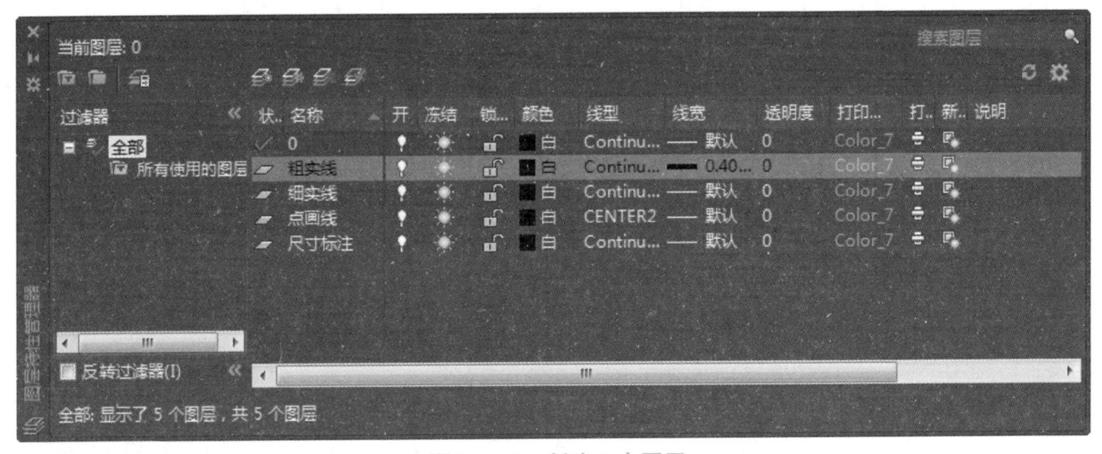

图 3-4-2　创建 4 个图层

【步骤 2】将“点画线”图层设置为当前图层，选择“默认”功能区中的“绘图”→“直线”命令，绘制垂直线段，将“细实线”图层设置为当前图层，绘制水平线段，如图 3-4-3 所示，并调整点画线的显示比例。

【步骤 3】选择“默认”功能区中的“修改”→“偏移”命令，将垂直线段向右依次偏移 1300mm、2200mm、1200mm、4220mm、1200mm，再将水平线段向上依次偏移 300mm、2313mm、1487mm、3400mm、300mm、888mm、660mm，效果如图 3-4-4 所示。

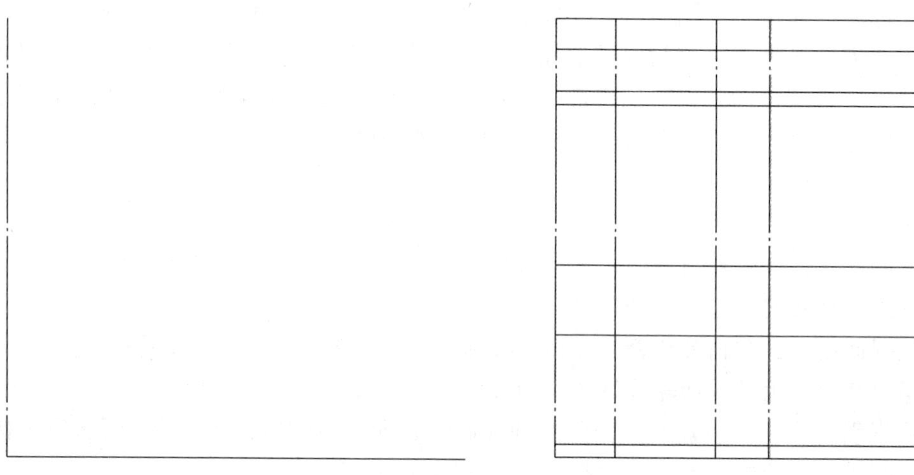

图 3-4-3　绘制线段　　图 3-4-4　偏移线段

【友情提示】根据进深尺寸，画出墙身的定位轴线；根据标高尺寸画出室内外地坪线、各楼层面、屋顶面、老虎窗顶面及女儿墙的高度位置。

【步骤 4】对步骤 3 的图形进行偏移、修剪、拉长及直线绘制等，画出室外台阶、楼梯平台、阳台、檐口、女儿墙、屋顶面等的高度位置或外形，效果如图 3-4-5 所示。

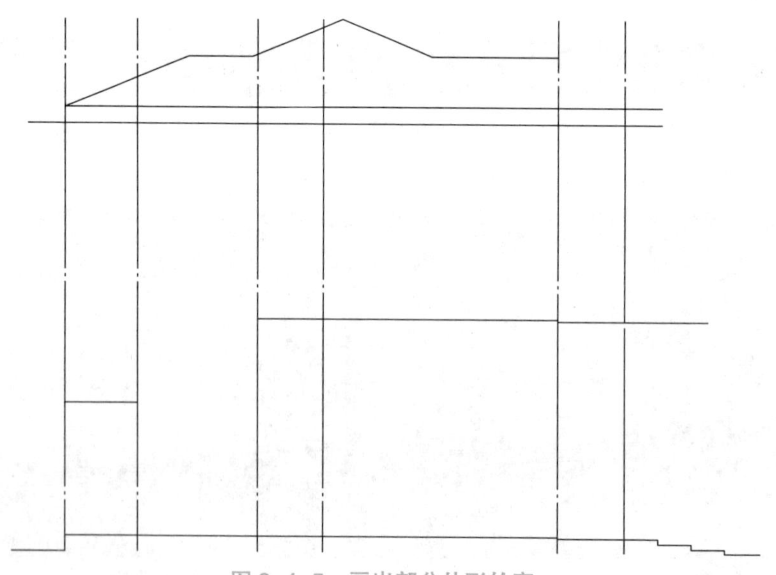

图 3-4-5　画出部分外形轮廓

【步骤 5】对步骤 4 的图形进行偏移、修剪、拉长及直线绘制等，画出墙身，并完善室外台阶、楼梯平台、阳台、檐口、女儿墙、屋顶面等的外形，效果如图 3–4–6 所示（参考：楼板厚度 100mm，承重墙厚度 240mm）。

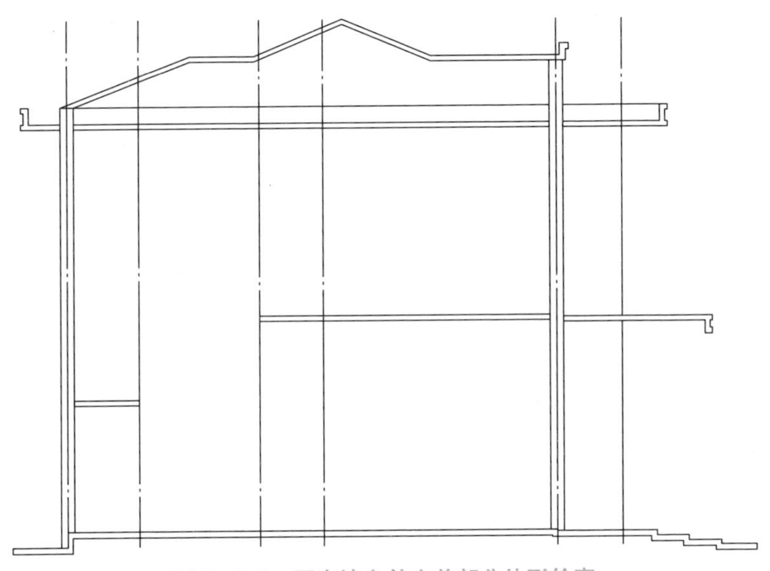

图 3–4–6　画出墙身并完善部分外形轮廓

【步骤 6】将“点画线”图层关闭，在“细实线”图层上画出剖面图门窗洞口位置，如图 3–4–7 所示（参考：绘制承重墙上的门、窗可用多线绘制）。

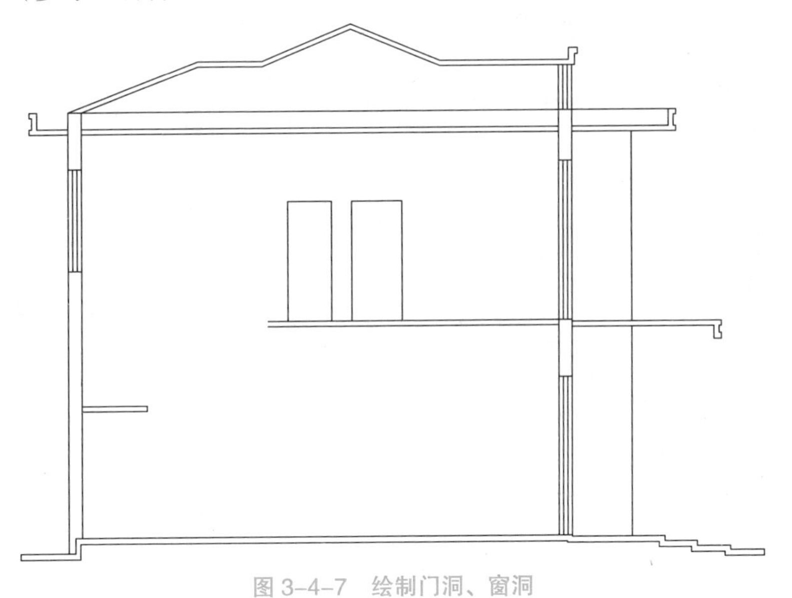

图 3–4–7　绘制门洞、窗洞

【步骤 7】绘制楼梯、扶手、阳台及其他细节，效果如图 3–4–8 所示（参考：绘制楼梯台阶，可以先根据尺寸绘制一个台阶，并确定好位置，然后使用“多重复制”命令或“带角度的矩形阵列”命令，完成其余台阶的绘制）。

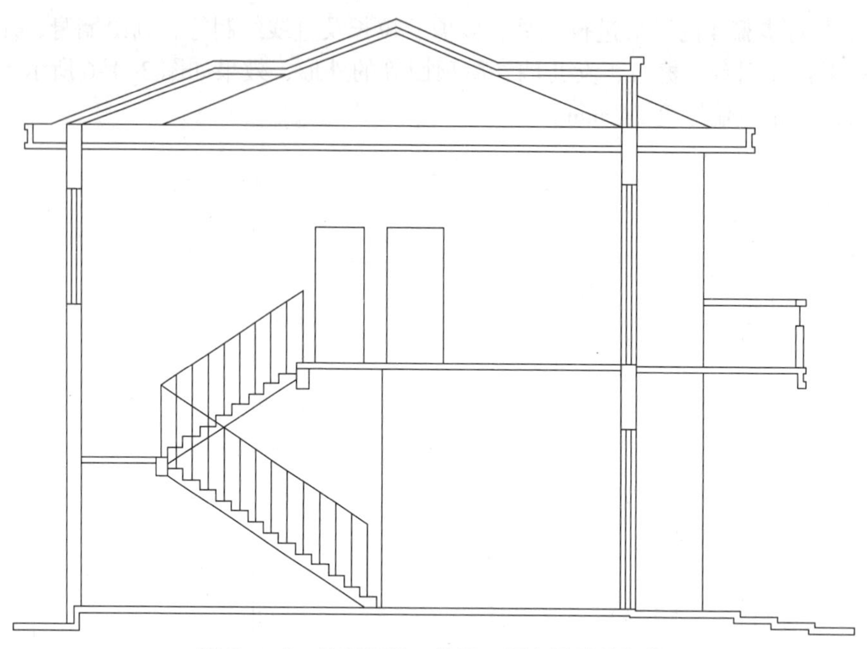

图 3-4-8 绘制楼梯、扶手、阳台及其他细节

【步骤 8】选择“默认”功能区中的“绘图”→“图案填充”命令，在图案中选择“SOLID”图形，并填充图形，效果如图 3-4-9 所示。

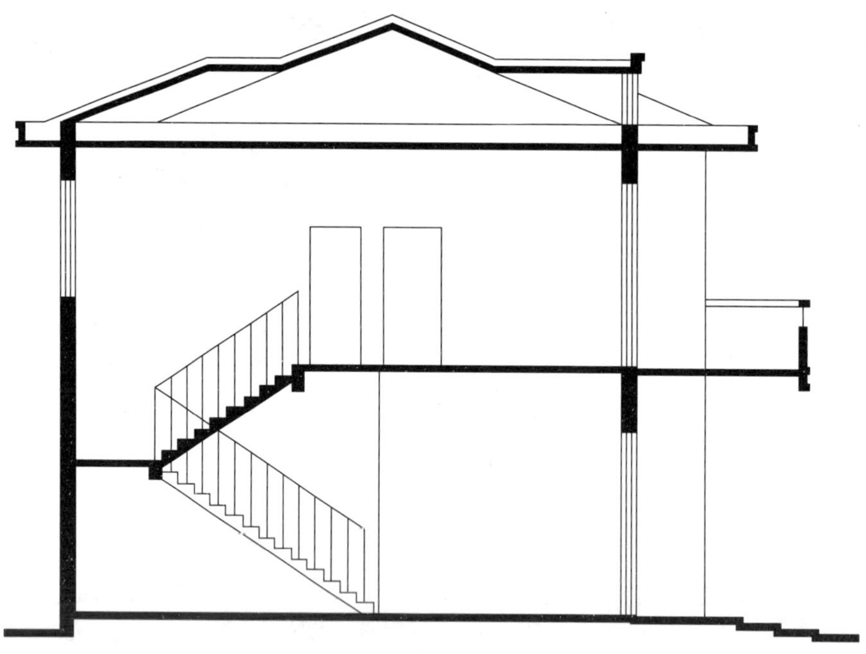

图 3-4-9 填充图形

【友情提示】在剖面图中一般不画材料图例符号，被剖切平面剖切到的墙体、楼地面、楼板、楼梯、钢筋混凝土梁等要涂黑。需要注意的是没有被剖切平面剖切到的楼梯不能涂黑。

【步骤 9】检查无误后，删去多余作图线，在“尺寸标注”图层上标注尺寸、标高和索引符号，如图 3-4-10 所示。

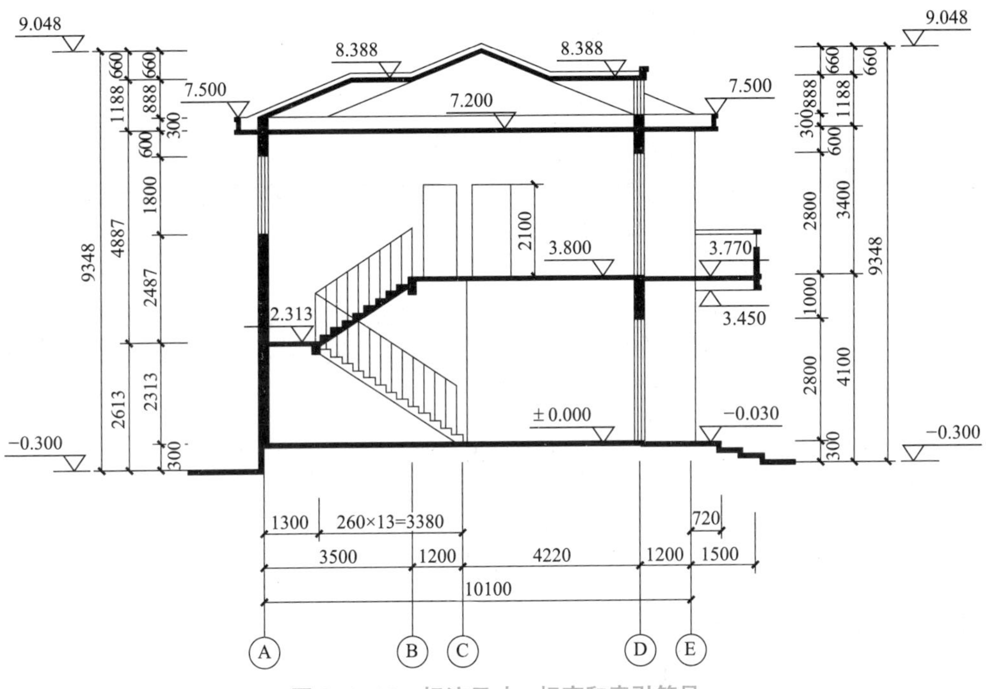

图 3-4-10　标注尺寸、标高和索引符号

【友情提示】对于标高和索引符号，可以先创建“属性块”，然后通过插入块的方式创建，并将其放在 0 图层上。

【步骤 10】添加图名和比例，效果如图 3-4-11 所示。

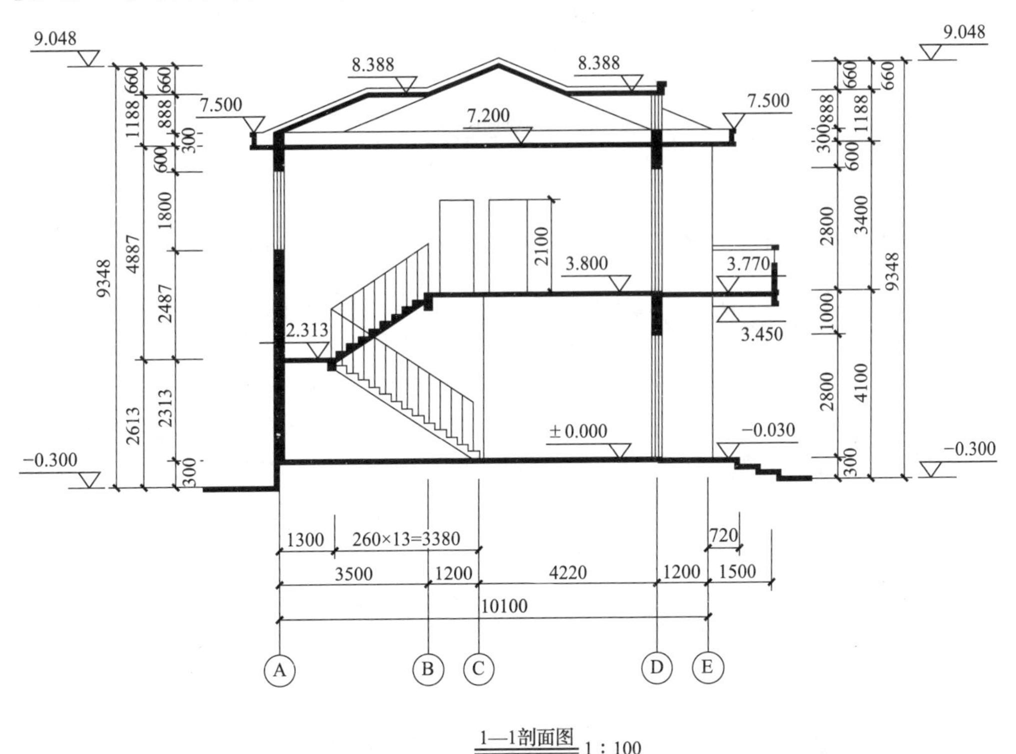

图 3-4-11　添加图名和比例

任务2 绘制台阶剖视详图

学习目标 ⇨ 1. 了解剖面详图的绘制步骤。
2. 掌握根据不同的材质，使用“图案填充”命令填充不同的图案。
3. 会作相关注释性文字说明。

一、明确任务

本任务的图例如图 3-4-12 所示。

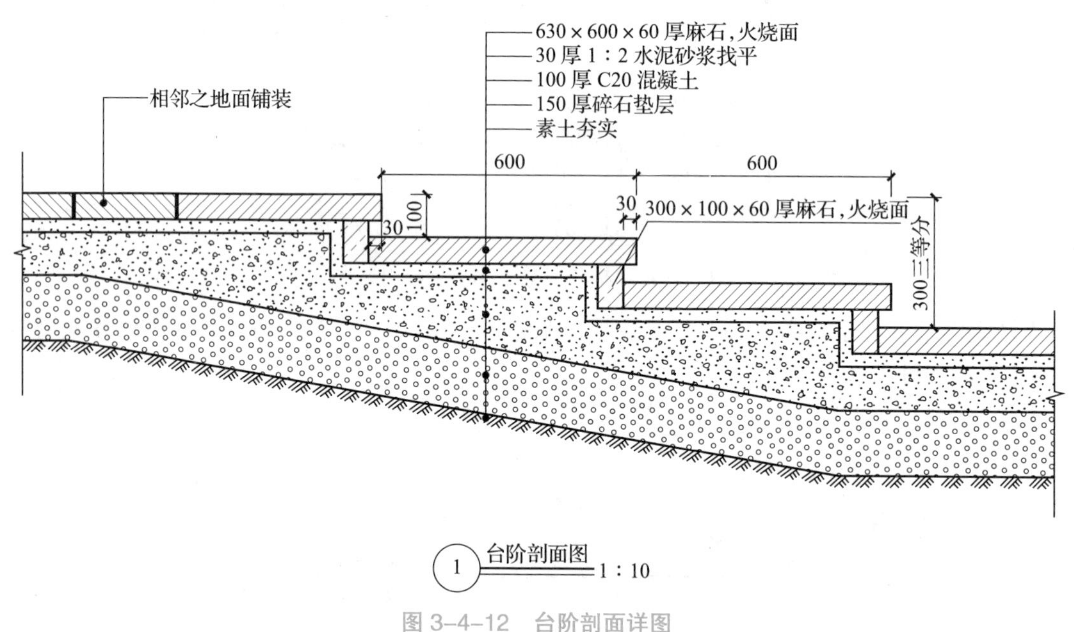

图 3-4-12 台阶剖面详图

本图例利用直线、偏移、修剪、图案填充、单行文字等命令进行绘制。

二、分析任务

由于建筑平面图、立面图、剖面图采用的比例较小，只能宏观上将房屋的主体表示出来，而无法将所有细部内容表达清楚，因此需要用比例较大的建筑详图为建筑各视图进行细部补充。这样用较大的比例将房屋的细部或构配件的构造做法、尺寸、构件的相互关系、材料等详尽地绘制出来的图样称为建筑详图。台阶剖面详图主要标明材料、各构件的尺寸（台阶的步长、步高）和构造做法。

三、知识储备

1. 建筑详图的形成与作用

（1）用较大比例绘出建筑细部的构造图样，称为建筑详图。

（2）常用的比例为 1：1、1：2、1：5、1：10、1：20、1：50。

（3）可详细地表达建筑细部的形状、层次、尺寸、材料和做法等，是建筑施工、工程预算的重要依据。

2. 建筑详图的特点

建筑详图是用较大比例绘制的，能清晰表达所绘制节点或构配件的特点，尺寸标注齐全，文字说明详尽。详图的数量与建筑物的复杂程度、平面图、立面图、剖面图的内容及比例相关，需要根据具体情况来选择，其标准就是要达到能完全表达详图的特点。

3. 建筑详图的内容

（1）详图的名称、比例。

（2）建筑详图必须画出详图符号，应与被索引样图上的索引符号相对应，在详图符号的右下侧注写比例。如需另画详图时，则在其相应部位画上索引符号。对于套用标准图或通用详图的建筑构配件和建筑节点，只要注明所套用图集的名称、编号或页次，就不必再画详图。

（3）建筑详图一般表达构配件的详细构造，如材料、规格、相互连接方法、相对位置、详细尺寸、标高、施工要求和做法的说明等。

（4）详图的平面图、剖视图一般都应画出抹灰层与楼面层的面层线，并画出材料图例。

（5）详图中的标高应与平面图、立面图、剖面图中的位置一致。

四、实施任务

【步骤 1】选择“默认”功能区中的“绘图”→“多段线”命令，开启“正交”功能。如图 3–4–13 所示，以点 *A* 为起点，分别沿 *X* 轴和 *Y* 轴绘制直线，直线长度分别为 700mm、100mm、600mm、100mm、600mm、100mm、500mm，最后结束点为点 *B*。

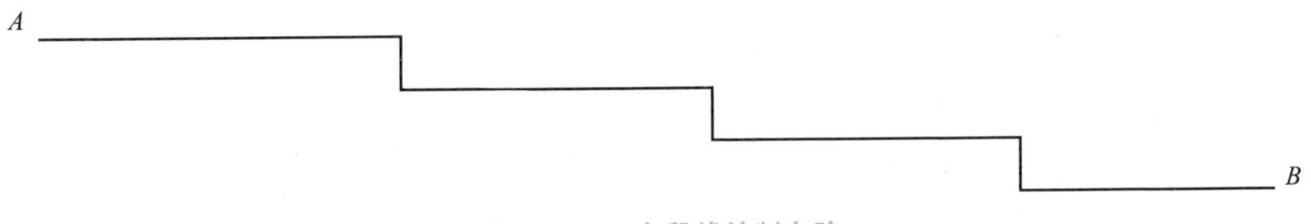

图 3–4–13　多段线绘制台阶

【步骤 2】选择“默认”功能区中的“修改”→“偏移”命令，将刚才绘制的多段线分别向上偏移 30mm、60mm，如图 3–4–14 所示。

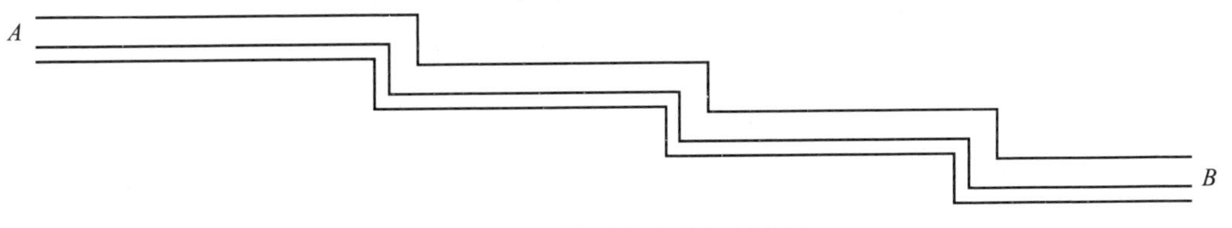

图 3–4–14　偏移多段线绘制台阶

【步骤 3】选择“默认”功能区中的“绘图”→“直线”命令，绘制台阶细节，参考尺寸如图 3–4–15 所示。

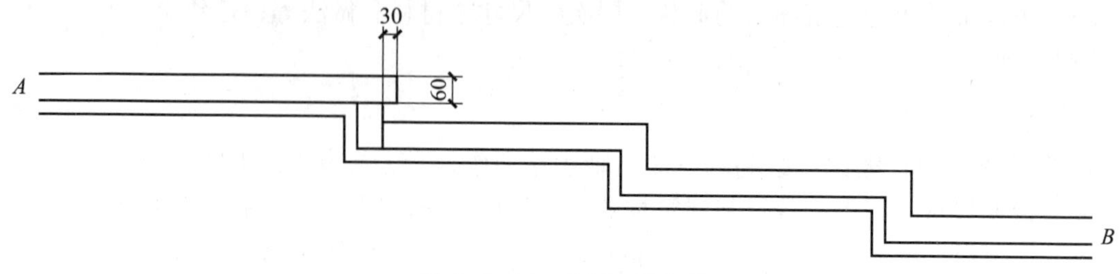

图 3–4–15　绘制台阶细节

【步骤4】选择“默认”功能区中的“修改”→“复制”命令，选择步骤3中绘制的图形，将其复制到另外两个台阶处，并选择“默认”功能区中的“修改”→“修剪”命令，将不需要的直线修剪，如图 3–4–16 所示。

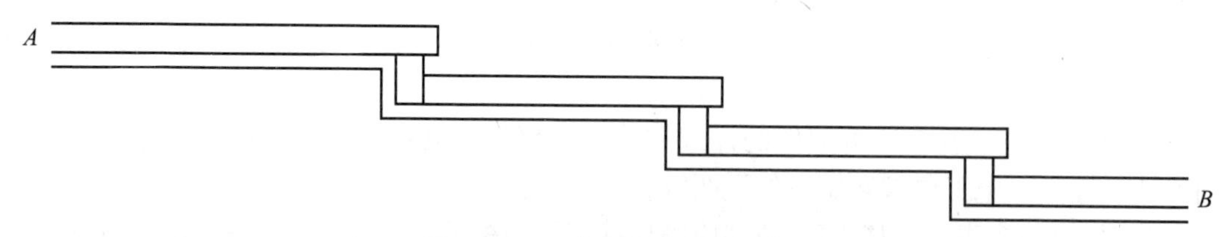

图 3–4–16　复制台阶细节并修整

【步骤5】选择“默认”功能区中的“绘图”→“直线”命令和“绘图”→“圆弧”命令，绘制台阶拼砖细节，并对其进行修剪，局部效果如图 3–4–17 所示。

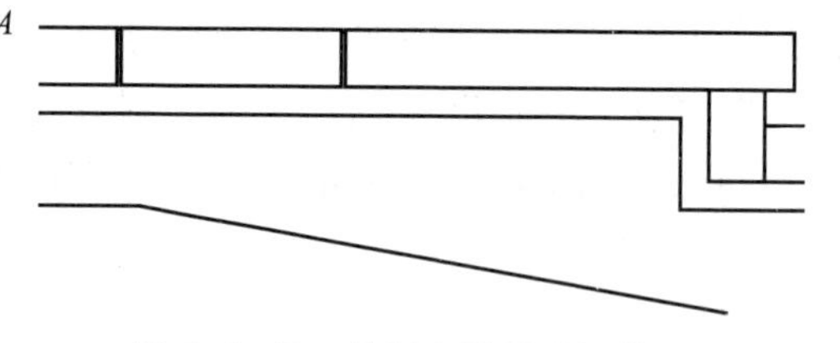

图 3–4–17　绘制台阶拼砖细节

【步骤6】选择“默认”功能区中的“修改”→“偏移”命令，将步骤1绘制的多段线 *AB* 向下方偏移 100mm。选择“默认”功能区中的“绘图”→“构造线”命令，分别捕捉点 *C*、点 *D*（如图 3–4–18 所示，在台阶拐角的正下方）。

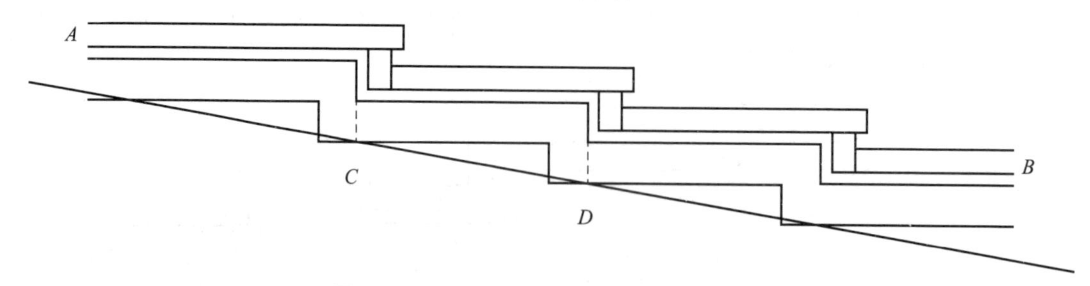

图 3–4–18　绘制 100mm 厚 C20 混凝土层

【步骤7】选择“默认”功能区中的“修改”→“修剪”命令，将步骤5绘制的线条进行修剪，并删除多余的线条。选择“默认”功能区中的“修改”→“编辑多段线”命令，将修剪的3段线条“合并”为多段线，效果如图 3–4–19 所示。

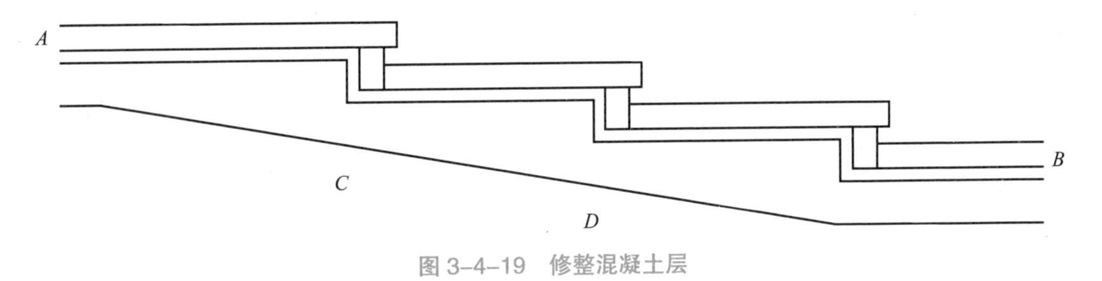

图 3–4–19　修整混凝土层

【步骤 8】选择“默认”功能区中的“修改”→“偏移”命令，将步骤 7 中的多段线分别向下偏移 150mm、60mm，如图 3–4–20 所示。

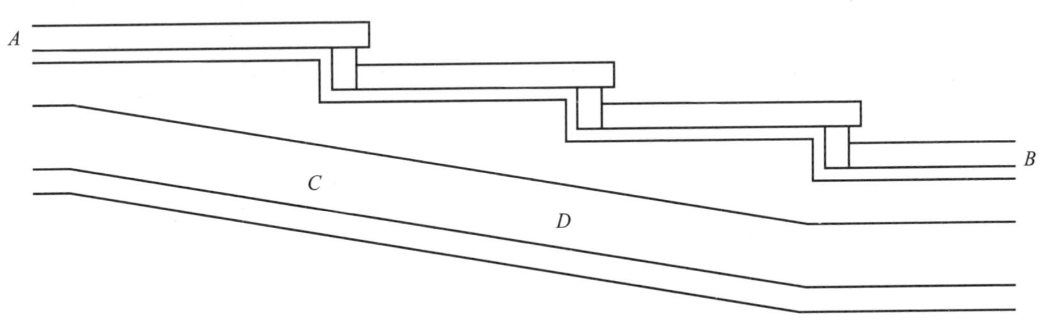

图 3–4–20　绘制 150mm 厚碎石垫层和素土夯实层

【步骤 9】选择“默认”功能区中的“绘图”→“直线”命令，绘制两边的折断线，并对相关线条做相应的调整，如图 3–4–21 所示。

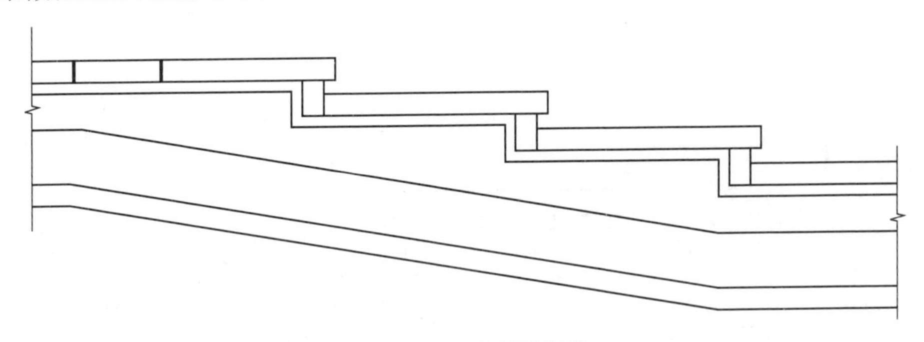

图 3–4–21　绘制折断线

【步骤 10】选择“默认”功能区中的“绘图”→“图案填充”命令，对不同的材料进行不同图案的填充，效果如图 3–4–22 所示。

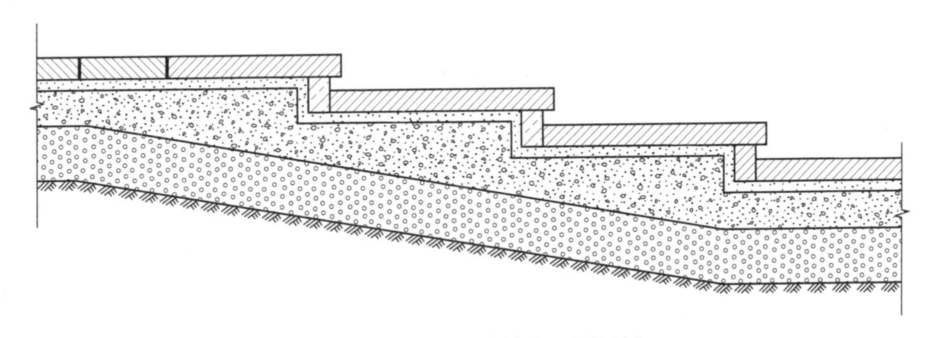

图 3–4–22　用图案填充不同材料

【友情提示】因为最下层的“素土夯实”图层是没有厚度的，因此，填充完图形后需要将最下面的多段线删除。

【步骤 11】选择“默认”功能区中的“绘图”→“圆”命令，绘制一个半径为 10mm 的圆，使用“图案填充”命令，设置“SOLID”作为填充样式，再设置黑色并填充此圆。选择“默认”功能区中的“修改”→“复制”命令，将圆复制到每个层次中，如图 3-4-23 所示。

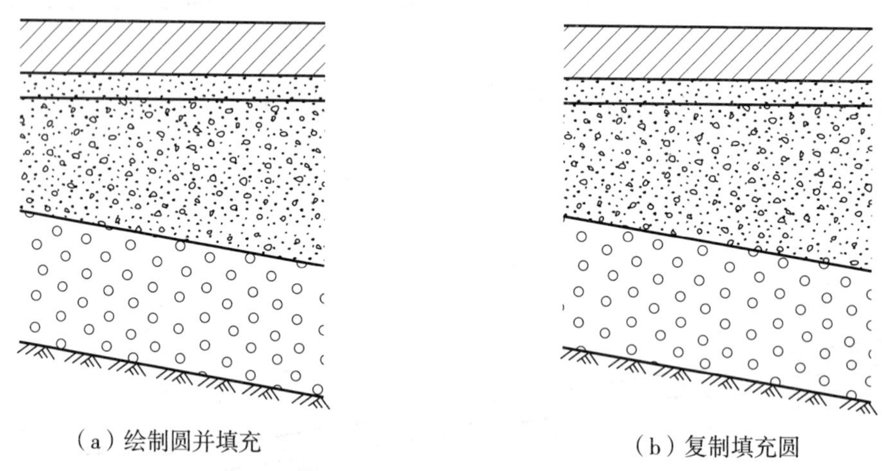

（a）绘制圆并填充　　（b）复制填充圆

图 3-4-23　绘制引线引出点

【步骤 12】选择“默认”功能区中的“绘图”→“直线”命令，以最下面的圆心为起点，向上绘制引线，如图 3-4-24 所示。

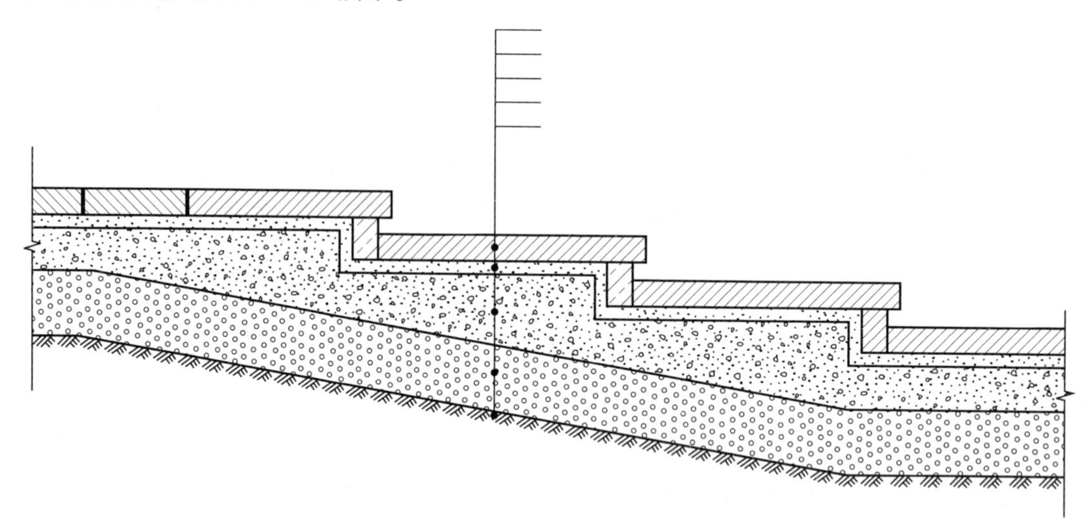

图 3-4-24　绘制引线

【步骤 13】选择“注释”功能区中的“文字”→“文字样式”命令，打开“文字样式”对话框，设置文字“高度”为 20，然后单击“置为当前”按钮，再单击“应用”按钮和“关闭”按钮返回绘图窗口。选择“注释”功能区中的“文字”→“单行文字”命令，对齐方式设置为“左中”，捕捉引线横线的端点为文字起点，旋转角度为 0，输入“630 × 600 × 60 厚麻石，火烧面”。用相同的方法，从上到下依次输入对应的文字，效果如图 3-4-25 所示。

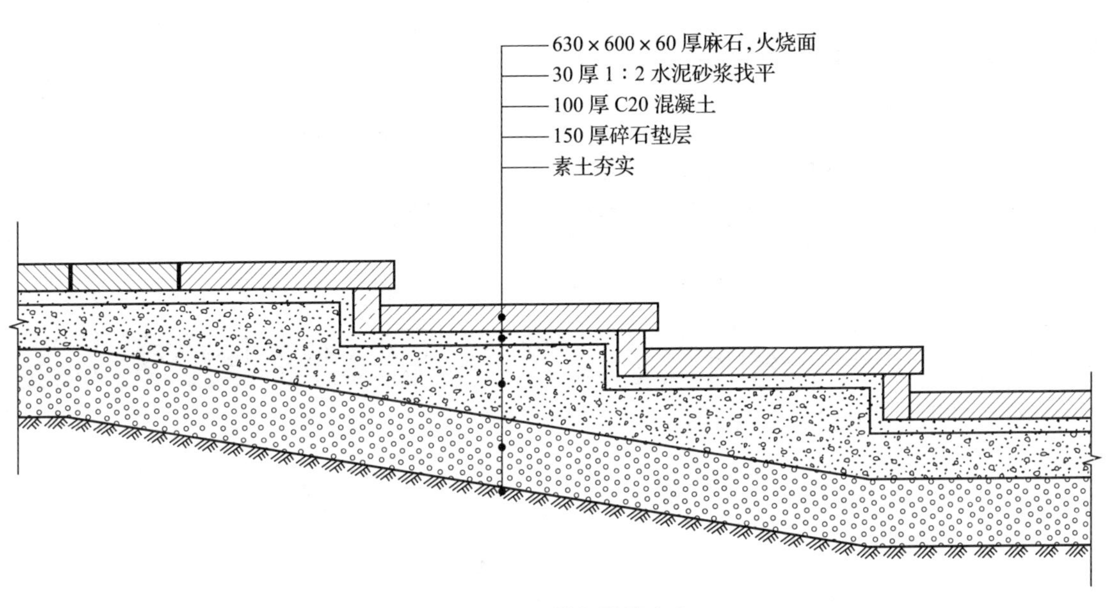

图 3-4-25　输入引线文字

【步骤 14】用同样的方法，添加其他文字注释说明；为剖面详图添加尺寸标注；最后添加详图索引、名称和比例，效果如图 3-4-26 所示。

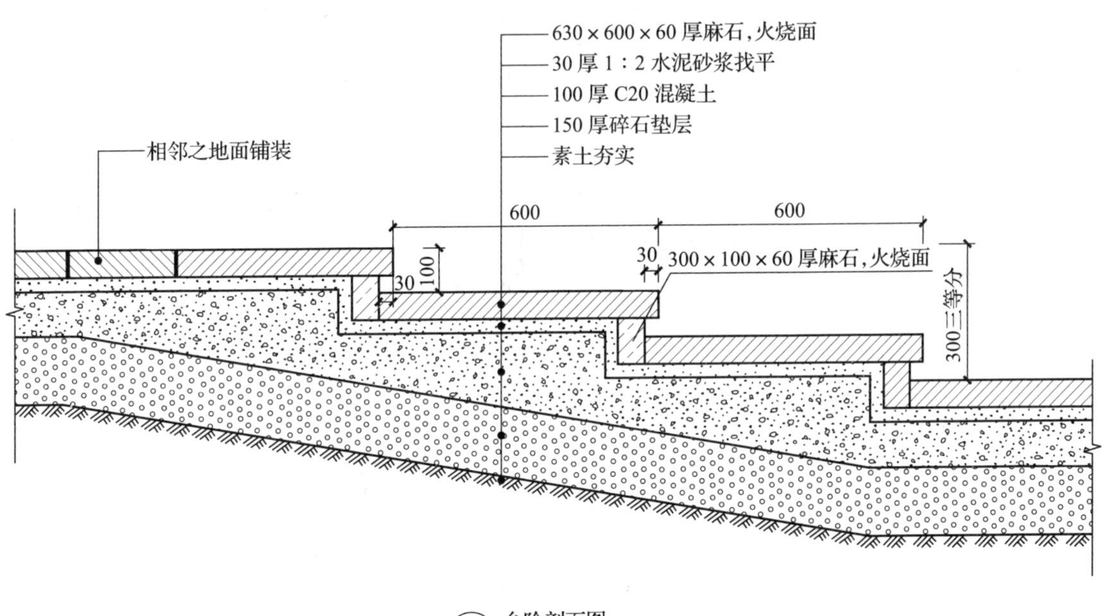

图 3-4-26　添加详图索引、尺寸标注、名称

任务3　绘制外墙剖视详图

学习目标 ⇨ 1. 了解外墙剖面详图的识图方法。
2. 了解外墙剖面详图的表达内容及注意事项。
3. 掌握剖面详图的绘图步骤。

一、明确任务

本任务的图例如图 3–4–27 所示。

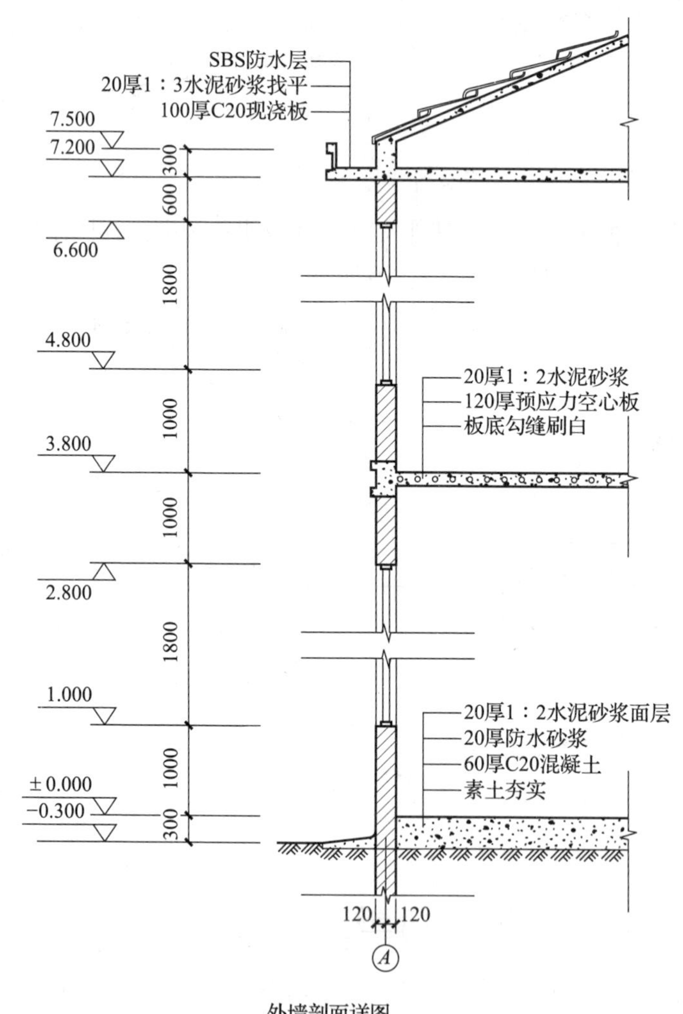

图 3–4–27　外墙剖面详图整体效果

本图例利用直线、偏移、复制、修剪、多线、图案填充、文字等命令进行绘制。

二、分析任务

外墙剖面详图简称墙身详图，也称墙身大样图，实际上是建筑剖面图有关部位的局部放大图。它主要表达墙身与地面、楼面、屋面的构造连接情况，以及檐口、门窗顶、窗台、勒脚、防潮层、散水、明沟的尺寸、材料、做法等构造情况，是砌墙、室内外装修、门窗安装、编制施工预算及材料估算等的重要依据。本图例墙体为 *A* 轴外墙，厚度为 240mm，无偏心；室内外高差为 0.3m，墙身防潮采用 20mm 防水砂浆；一层窗台标高 1m，窗高 1.8m，二层窗台标高 4.6m，窗高 1.8m；一层高 3.8m，二层高 3.4m；首层地面做法从上至下依次为“20 厚 1 : 2 水泥砂浆面层”“20 厚防水砂浆”“60 厚 C20 混凝土”“素土夯实”，二层楼板面做法从上至下依次为“20 厚 1 : 2 水泥砂浆”“120 厚预应力空心板”“板底勾缝刷白”，屋顶面做法从上至下依次为“SBS 防水层”“20 厚 1 : 3 水泥砂浆找平”“100 厚 C20 现浇板”。

三、知识储备

1. 外墙剖面详图的表达内容

（1）墙身的定位轴线及编号，墙体的厚度、材料及其本身与轴线的关系。

（2）勒脚、散水节点构造。主要反映墙身防潮做法、首层地面构造、室内外高差、散水做法，一层窗台标高等。

（3）标准层楼层节点构造。主要反映标准层梁、板等构件的位置及其与墙体的联系，构件表面抹灰、装饰等内容。

（4）檐口部位节点构造。主要反映檐口部位包括封檐构造（如女儿墙或挑檐）、圈梁、过梁、屋顶泛水构造、屋面保温、防水做法和屋面板等结构构件。

（5）图中的详图索引符号等。

2. 外墙剖面详图的注意事项

外墙剖面详图往往在窗洞口断开，因此在窗洞口出现双折断线（该部位图形高度变小，但标注的窗洞竖向尺寸不变），成为几个节点详图的组合。在多层房屋中，若各层的构造情况一样时，可只画墙脚、檐口和中间层（含门窗洞口）3 个节点，按上下位置整体排列。有时墙身详图不以整体形式布置，而是把各个节点详图分别单独绘制，也称墙身节点详图。

四、实施任务

【步骤 1】单击“默认”功能区中的“图层”→“图层特性”按钮，弹出“图层特性管理器”面板，创建并设置粗实线、细实线、尺寸标注、图案填充 4 个图层，如图 3-4-28 所示。

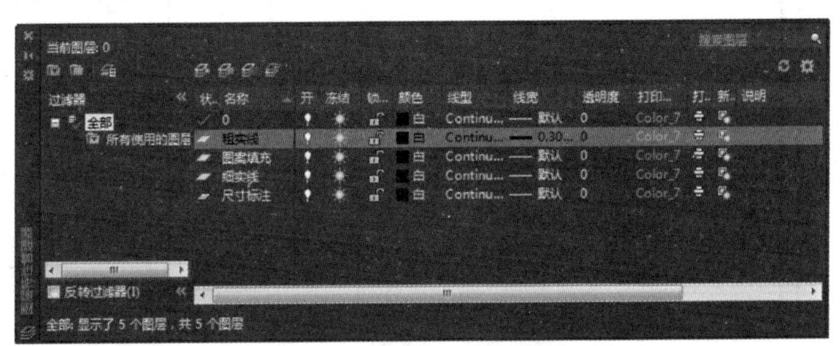

图 3-4-28　创建图层

【步骤 2】将“粗实线”图层设为当前图层，选择“默认”功能区中的“绘图”→“直线”命令，绘制一条水平线和一条垂直线，如图 3-4-29 所示。

【步骤 3】选择“默认”功能区中的“修改”→“偏移”命令，将水平线依次向上偏移 300mm、3660mm、140mm、3280mm、120mm，将垂直线向左偏移 240mm，如图 3-4-30 所示。

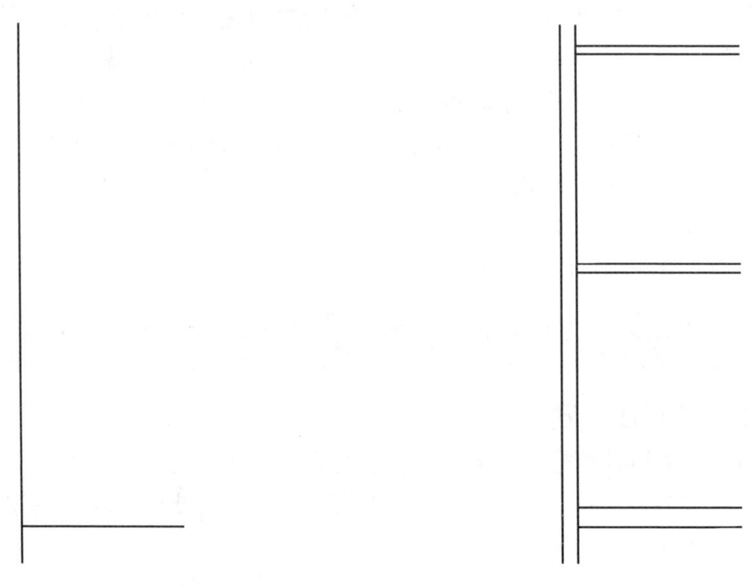

图 3-4-29　绘制线段　　　　图 3-4-30　偏移线段

【步骤 4】绘制左侧地面“散水”和“楼顶构造”，效果如图 3-4-31 所示。

【步骤 5】选择“默认”功能区中的“修改”→“修剪”命令，对步骤 4 中绘制的图形进行修剪，如图 3-4-32 所示。

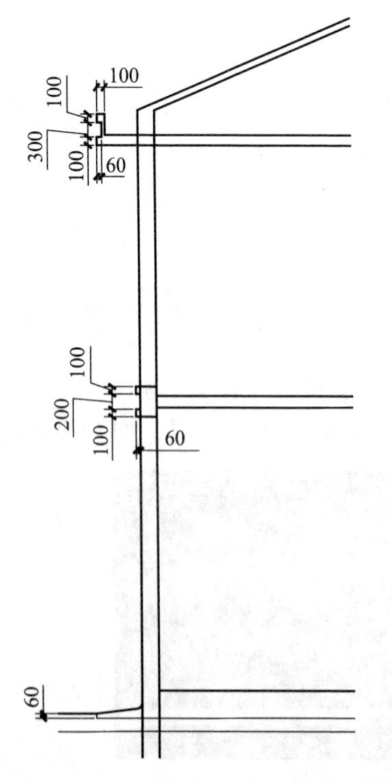

图 3-4-31　绘制散水和楼顶构造

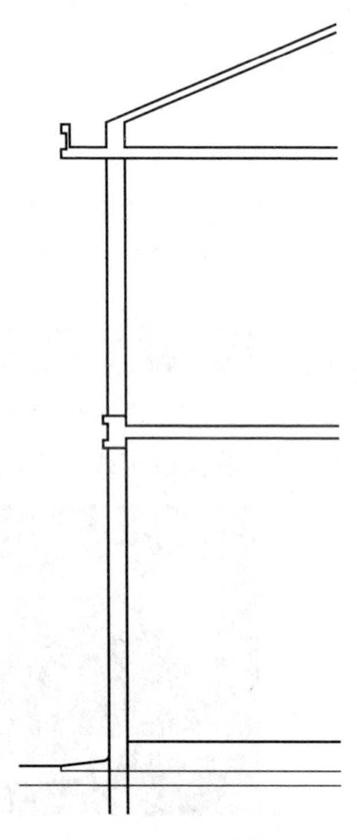

图 3-4-32　修剪图形

【步骤 6】将“细实线”图层设为当前图层，在外墙绘制窗洞，并使用“多线”“直线”等命令绘制窗户；在屋顶绘制瓦片造型；在墙体外侧绘制 20mm 的防水砂浆层，如图 3-4-33 所示。

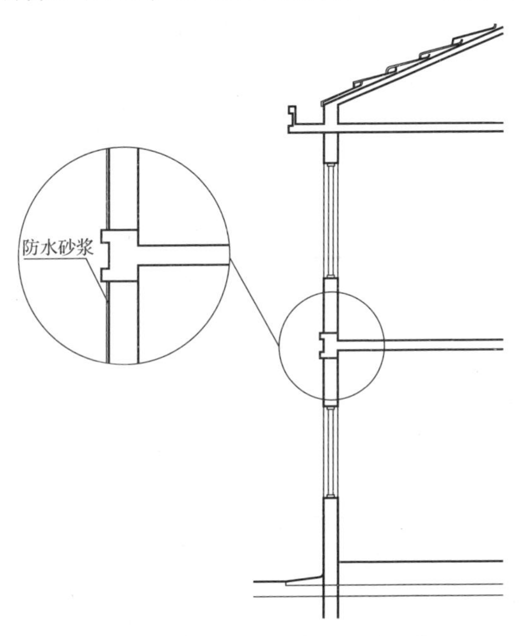

图 3-4-33　绘制窗户和其他细节

【步骤 7】为图形添加“折断线”，效果如图 3-4-34 所示。

【步骤 8】将“图案填充”图层设为当前图层，根据不同的材料，使用“图案填充”命令，为图形添加图案，效果如图 3-4-35 所示。

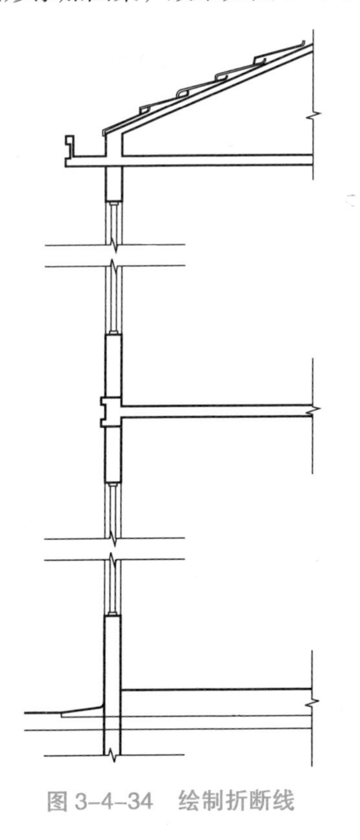

图 3-4-34　绘制折断线

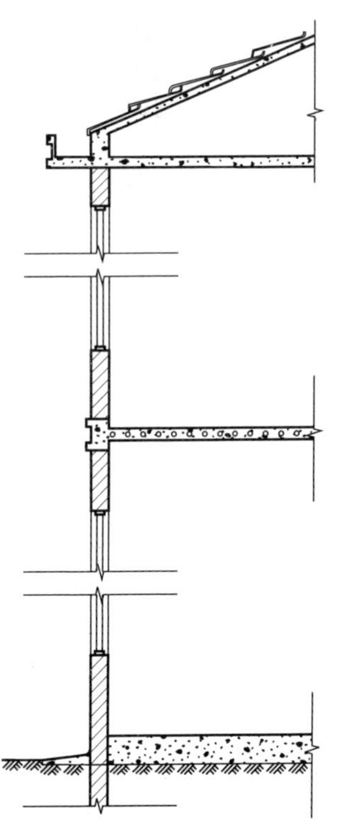

图 3-4-35　图案填充

【步骤 9】检查无误后，删去多余作图线，在“尺寸标注”图层上标注尺寸、标高、引线文字说明和索引符号，如图 3-4-36 所示。

【步骤 10】添加图名和比例，效果如图 3-4-37 所示。

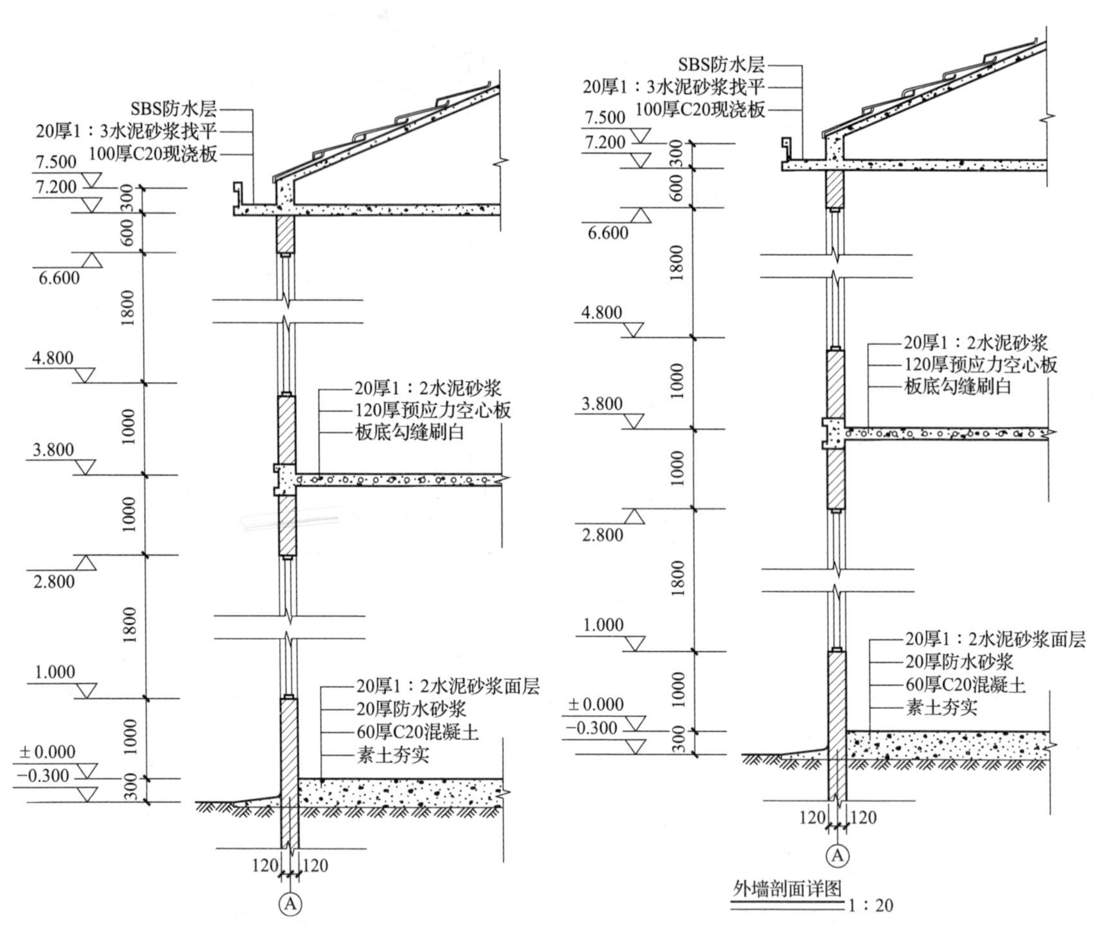

图 3-4-36　添加标注、标高、引线文字说明和索引符号

图 3-4-37　添加图名和比例

参 考 文 献

[1] 刘姝，范景泽．AutoCAD2016.从入门到精通[M]．北京：中国电力出版社，2016.

[2] 陈志民．AutoCAD2016室内设计全套图纸绘制大全[M]．北京：机械工业出版社，2016.

[3] 胡仁喜、刘昌丽．AutoCAD2016中文版精彩百例解析[M]．北京：机械工业出版社，2016.

[4] 王芳．AutoCAD2016建筑制图实例教程[M]．北京：北京交通大学出版社，2017.

[5] 赵昌葆，刘建邦．AutoCAD2016机械设计实例教程[M]．北京：中国电力出版社，2016.